图解学技能从入门到精通丛书

自动化综合技能从入门到精通

（图解版）

韩雪涛　主　编
吴　瑛　韩广兴　副主编

机械工业出版社

本书以市场就业为导向，采用完全图解的表现方式，系统全面地介绍了自动化控制技术相关岗位从业的专业知识与实用技能。本书充分考虑自动化类工作岗位的需求和从业特点，将自动化控制技术综合技能划分成 15 个项目模块，每章即为一个模块。第 1 章，电气控制电路基础；第 2 章，电气控制关系；第 3 章，供配电系统中的电气控制；第 4 章，直流电动机的电气控制；第 5 章，单相交流电动机的电气控制；第 6 章，三相交流电动机的电气控制；第 7 章，传感器与微处理器电路；第 8 章，机电设备的自动化控制；第 9 章，变频控制与变频器；第 10 章，变频电路的控制特点与应用；第 11 章，PLC 与 PLC 控制技术；第 12 章，PLC 的控制特点与应用；第 13 章，PLC 的编程语言；第 14 章，西门子 PLC 的编程控制；第 15 章，三菱 PLC 的编程控制。各个项目模块的知识技能严格遵循国家职业资格标准和行业规范，注重模块之间的衔接，确保自动化技能培训的系统、专业和规范。本书收集整理了大量自动化控制技术所应用的专业知识、电路数据及设计案例，并将其直接移植到图书中，为读者今后实际工作积累经验，真正实现从入门到精通的技能飞跃。本书既可作为专业技能认证的培训教材，也可作为各职业技术院校的实训教材，适合从事和希望从事电工电子及自动化领域相关工作的技术人员和业余爱好者阅读。

图书在版编目（CIP）数据

自动化综合技能从入门到精通：图解版/韩雪涛主编. —北京：机械工业出版社，2017.8（2019.7重印）

（图解学技能从入门到精通丛书）

ISBN 978-7-111-57769-0

Ⅰ. ①自… Ⅱ. ①韩… Ⅲ. ①自动控制－图解 Ⅳ. ①TP273－64

中国版本图书馆 CIP 数据核字（2017）第 200817 号

机械工业出版社（北京市百万庄大街 22 号　邮政编码 100037）

策划编辑：张俊红　责任编辑：林　桢
责任校对：肖　琳　封面设计：路恩中
责任印制：李　昂

北京机工印刷厂印刷

2019 年 7 月第 1 版第 3 次印刷

184mm×260mm·24 印张·587 千字

标准书号：ISBN 978-7-111-57769-0

定价：79.00元

本书编委会

主　　编：韩雪涛
副主编：吴　瑛　韩广兴
编　　委：张丽梅　宋明芳　朱　勇　吴　玮
　　　　　唐秀鸳　周文静　韩雪冬　张湘萍
　　　　　吴惠英　高瑞征　周　洋　吴鹏飞

丛 书 前 言

目前，我国在现代电工行业和现代家电售后服务领域对人才的需求非常强烈。家装电工、水电工、新型电子产品维修及自动化控制和电工电子综合技能应用等领域，有广阔的就业空间。而且，伴随着科技的进步和城镇现代化发展步伐的加速，这些新型岗位的从业人员也逐年增加。

经过大量的市场调研我们发现，虽然人才市场需求强烈，但是这些新型岗位都具有明显的技术特色，需要从业人员具备专业知识和操作技能，然而社会在专业化技能培训方面却存在严重的脱节，尤其是相关的培训教材难以适应岗位就业的需要，难以在短时间内向学习者传授专业完善的知识技能。

针对上述情况，特别根据这些市场需求强烈的热门岗位，我们策划编写了"图解学技能从入门到精通丛书"。丛书将岗位就业作为划分标准，共包括10本图书，分别为《家装电工技能从入门到精通（图解版）》《装修水电工技能从入门到精通（图解版）》《制冷维修综合技能从入门到精通（图解版）》《中央空调安装与维修从入门到精通（图解版）》《智能手机维修从入门到精通（图解版）》《电动自行车维修从入门到精通（图解版）》《办公电器维修技能从入门到精通（图解版）》《电子技术综合技能从入门到精通（图解版）》《自动化综合技能从入门到精通（图解版）》《电工综合技能从入门到精通（图解版）》。

本套丛书重点以岗位就业为目标，所针对的读者对象为广大电工电子初级与中级学习者，主要目的是帮助学习者完成从初级入门到专业技能的进阶，进而完成技能的提升飞跃，能够使读者完善知识体系，增进实操技能，增长工作经验，力求打造大众岗位就业实用技能培训的"金牌图书"。需要特别提醒广大读者注意的是，为了尽量与广大读者的从业习惯一致，所以本书在部分专业术语和图形符号方面，并没有严格按照国家标准进行生硬的统一改动，而是尽量采用行业内的通用术语。整体来看，本套丛书特色非常鲜明：

1. 确立明确的市场定位

本套丛书首先对读者的岗位需求进行了充分调研，在知识构架上将传统教学模式与岗位就业培训相结合，以国家职业资格为标准，以上岗就业为目的，通过全图解的模式讲解电工电子从业中的各项专业知识和专项使用技能，最终目的是让读者明确行业规范、明确从业目标、明确岗位需求，全面掌握上岗就业所需的专业知识和技能，能够独立应对实际工作。

为达到编写初衷，丛书在内容安排上充分考虑当前社会上的岗位需求，对实际工作中的实用案例进行技能拆分，让读者能够充分感受到实际工作所需的知识点和技能点，然后有针对性地学习掌握相关的知识技能。

2. 开创新颖的编排方式

丛书在内容编排上引入项目模块的概念，通过任务驱动完成知识的学习和技能的掌握。

在系统架构上，丛书大胆创新，以国家职业资格标准作为指导，明确以技能培训为主的教学原则，注重技能的提升、操作的规范。丛书的知识讲解以实用且够用为原则，依托项目案例引领，使读者能够有针对性地自主完成技能的学习和锻炼，真正具备岗位从业所需的技能。

为提升学习效果，丛书增设"图解演示""提示说明"和"相关资料"等模块设计，增加版式设计的元素，使阅读更加轻松。

3. 引入全图全解的表达方式

本套图书大胆尝试全图全解的表达方式，充分考虑行业读者的学习习惯和岗位特点，将专业知识技能运用大量图表进行演示，尽量保证读者能够快速、主动、清晰地了解知识技能，力求让读者能一看就懂、一学就会。

4. 耳目一新的视觉感受

丛书采用双色版式印刷，可以清晰准确地展现信号分析、重点指示、要点提示等表达效果。同时，两种颜色的互换补充也能够使图书更加美观，增强可读性。

丛书由具备丰富的电工电子类图书全彩设计经验的资深美编人员完成版式设计和内容编排，力求让读者体会到看图学技能的乐趣。

5. 全方位立体化的学习体验

丛书的编写得到了数码维修工程师鉴定指导中心的大力支持，为读者在学习过程中和以后的技能进阶方面提供全方位立体化的配套服务。读者可登录数码维修工程师的官方网站（www. chinadse. org）获得超值技术服务。网站提供有技术论坛和最新行业信息，以及大量的视频教学资源和图样手册等学习资料。读者可随时了解最新的数码维修工程师考核培训信息，把握电子电气领域的业界动态，实现远程在线视频学习，下载所需要的图样手册等学习资料。此外，读者还可通过网站的技术交流平台进行技术交流与咨询。

通过学习与实践，读者还可参加相关资质的国家职业资格或工程师资格认证考试，以求获得相应等级的国家职业资格或数码维修工程师资格证书。如果读者在学习和考核认证方面有什么问题，可通过以下方式与我们联系。

数码维修工程师鉴定指导中心

网址：http：//www. chinadse. org

联系电话：022 - 83718162/83715667/13114807267

E - mail：chinadse@163. com

地址：天津市南开区榕苑路 4 号天发科技园 8 - 1 - 401

邮编：300384

作 者

目 录

电气控制电路基础

1.1　直流电与直流电路

1.1.1　直流电

直流电（Direct Current，DC）是指电流流向单一，其方向不随时间做周期性变化，即电流的方向固定不变，是由正极流向负极，但电流的大小可能不固定。

直流电可以分为脉动直流和恒定直流两种，如图 1-1 所示，脉动直流中直流电流大小不稳定；而恒定电流中的直流电流大小能够一直保持恒定不变。

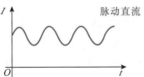

图 1-1　脉动直流和恒定直流

一般将可提供直流电的装置称为直流电源，它是一种能在电路中形成并保持恒定直流的供电装置，例如干电池、蓄电池、直流发电机等直流电源，直流电源有正、负两级、当直流电源为电路供电时，直流电源能够使电路两端之间保持恒定的电位差，从而在外电路中形成由电源正极到负极的电流，如图 1-2 所示。

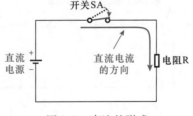

图 1-2　直流的形成

1.1.2　直流电路

有直流电通过的电路称为直流电路，该电路是指电流流向单一的电路，即电流方向不随时间产生变化，它是最基本也是最简单的电路。

在生活和生产中由电池供电的电器，都采用直流供电方式，如低压小功率照明灯、直流电动机等。还有许多电器是利用交流－直流变换器，将交流变成直流再为电器产品供电。图1-3所示为直流电动机驱动电路，它采用直流电源供电，这是一个典型的直流电路。

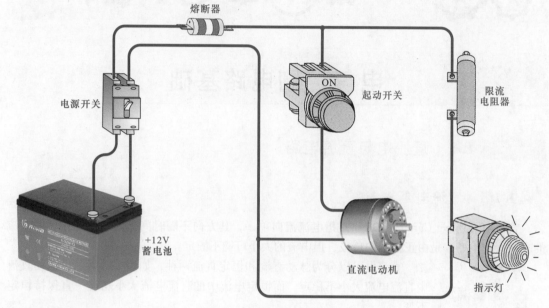

图1-3 直流电动机驱动电路

家庭或企事业单位的供电都是采用交流220V、50Hz的电源，而在机器内部各电路单元及其元件则往往需要多种直流电压，因而需要一些电路将交流220V电压变为直流电压，供电路各部分使用，如图1-4所示，交流220V电压经变压器T，先变成交流低压（12V）。再经整流二极管VD整流后变成脉动直流，脉动直流经LC滤波后变成稳定的直流电压。

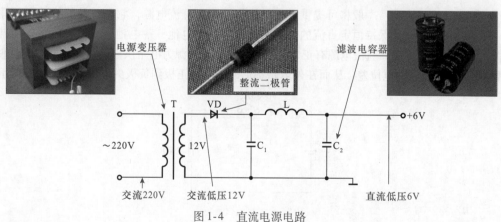

图1-4 直流电源电路

一些电器如电动车、手机、收音机、随身听等，是借助充电器给电池充电后获取电池的直流电压。值得一提的是，不论是电动车的大充电器，还是手机、收音机等的小充电器，都需要从市电交流220V的电源中获得能量，充电器将交流 220V 变为所需的直流电压进行充电。还有一些电子产品将直流电源作为附件，制成一个独立的电路单元又称为适配器。如笔记本电脑、摄录一体机等，通过电源适配器与 220V 相连，适配器将 220V 交流电转变为直流电后为用电设备提供所需要的电压，如图 1-5 所示。

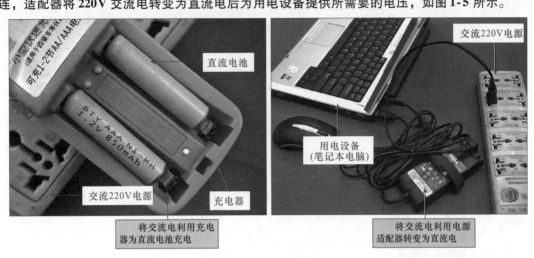

图 1-5　利用 220V 交流供电的设备

1.2　交流电与交流电路

1.2.1　交流电

交流电（Alternating Current，AC）一般是指电流的大小和方向会随时间做周期性的变化。

我们在日常生活中所有的电气产品都需要有供电电源才能正常工作，大多数的电器设备都是由交流 220V、50Hz 的市电作为供电电源。这是我国公共用电的统一标准，交流 220V 电压是指相线（即火线）对零线的电压。

交流电是由交流发电机产生的，交流发电机可以产生单相和多相交流电压，如图 1-6 所示。

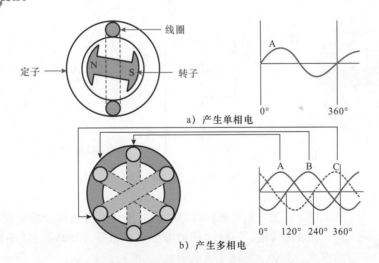

图 1-6　单相交流电压和多相交流电压的产生

1. 单相交流电

单相交流电是以一个交变电动势作为电源的电力系统，在单相交流电路中，只具有单一的交流电压，其电流和电压都是按一定的频率随时间变化。

图1-7所示为单相交流电的产生。在单相交流发电机中，只有一个线圈绕制在铁心上构成定子，转子是永磁体，当其内部的定子和线圈为一组时，它所产生的感应电动势（电压）也为一组，由两条线进行传输，这种电源就是单相电源，这种配电方式称为单相二线制。

图1-7　单相交流电的产生

2. 多相交流电

多相交流电根据相线的不同，还可以分为二相交流电和三相交流电。

（1）二相交流电

在发电机内设有两组定子线圈互相垂直的分布在转子外围。如图1-8所示。转子旋转时两组定子线圈产生两组感应电动势，这两组电动势之间有90°的相位差，这种电源为两相电源，这种方式多在自动化设备中使用。

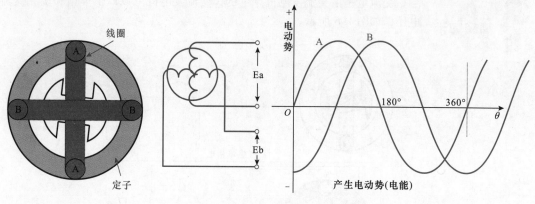

图1-8　两相交流电的产生

（2）三相交流电

通常，把三相电源的线路中的电压和电流统称三相交流电，这种电源由三条线来传输，三线之间的电压大小相等（380V）、频率相同（50Hz）、相位差为120°，如图1-9所示。

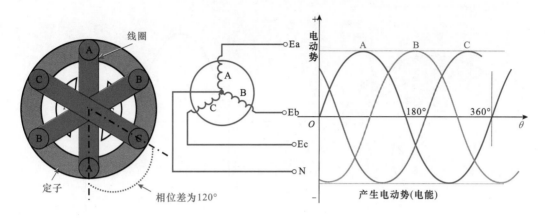

图1-9　三相交流电的产生

　　三相交流电是由三相交流发电机产生的。在定子槽内放置着三个结构相同的定子绕组 A、B、C，这些绕组在空间互隔 120°。转子旋转时，其磁场在空间按正弦规律变化，当转子由水轮机或汽轮机带动以角速度 ω 等速地顺时针方向旋转时，在三个定子绕组中，就产生频率相同、幅值相等、相位上互差 120°的三个正弦电动势，这样就形成了对称三相电动势。

　　三相交流电路中，相线与零线之间的电压为 220V，而相线与相线之间的电压为 380V，如图1-10 所示。

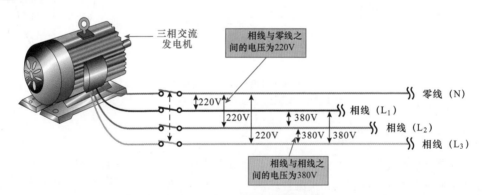

图1-10　三相交流电路电压的测量

　　发电机是根据电磁感应原理产生电动势的，当线圈受到变化磁场的作用时，即线圈切割磁力线便会产生感应磁场，感应磁场的方向与作用磁场方向相反。发电机的转子可以被看作是一个永磁体，如图1-11a 所示，当 N 极旋转并接近定子线圈时，会使定子线圈产生感应磁场，方向为 N/S，线圈产生的感应电动势为一个逐渐增强的曲线，当转子磁极转过线圈继续旋转时，感应磁场则逐渐减小。

　　当转子磁极继续旋转时，转子磁极 S 开始接近定子线圈，磁场的磁极发生了变化，如图1-11b 所示，定子线圈所产生的感应电动势极性也翻转 180°，感应电动势输出为反向变化的曲线。转子旋转一周，感应电动势又会重复变化一次。由于转子旋转的速度是均匀恒定的，因此输出电动势的波形则为正弦波。

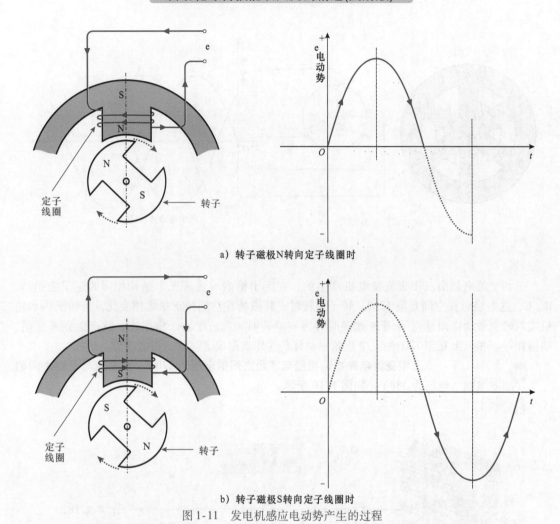

a）转子磁极N转向定子线圈时

b）转子磁极S转向定子线圈时

图1-11　发电机感应电动势产生的过程

1.2.2　交流电路

我们将交流电通过的电路称为交流电路。交流电路普遍用于人们的日常生活和生产中，下面就分别介绍一下单相交流和三相交流。

1. 单相交流电路

单相交流电路的供电方式主要有单相两线式、单相三线式供电方式，一般的家庭用电都是单相交流电路。

（1）单相两线式

图1-12所示为单相两线式照明配电线路图，从三相三线高压输电线上取其中的两线送入柱上高压变压器输入端。例如，高压6600V电压经过柱上变压器变压后，其次级向家庭照明线路提供220V电压。变压器初级与次级之间隔离，输出端相线与零线之间的电压为220V。

（2）单相三线式

图1-13所示为单相三线式配电线路图。单相三线式供电电路中的一条线路作为地线应与大地相接。此时，地线与相线之间的电压为220V，零线N（中性线）与相线（L）之间电压为220V。由于不同接地点存在一定的

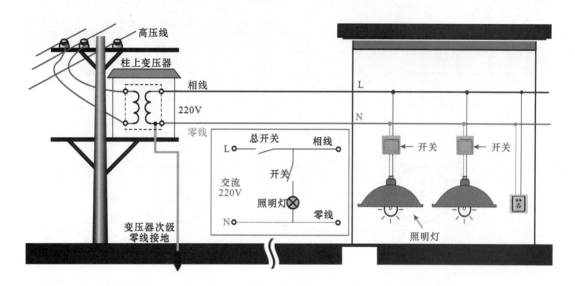

图 1-12　单相两线式照明配电线路图

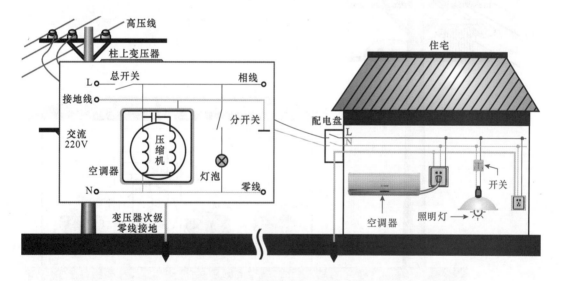

图 1-13　单相三线式配电线路图

电位差,因而零线与地线之间可能有一定的电压。

2. 三相交流电路

三相交流电路的供电方式主要有三相三线式、三相四线式和三相五线式三种供电方法,一般的工厂中的电器设备常采用三相交流电路。

(1) 三相三线式

图 1-14 所示为典型三相三线式交流电动机供电配电线路图。高压(6600V 或 10 000V)经柱上变压器变压后,由变压器引出三根相线,送入工厂中,为工厂中的电气设备供电,每根相线之间的电压为 380V,因此工厂中额定电压为 380V 的电气设备可直接接在相线上。

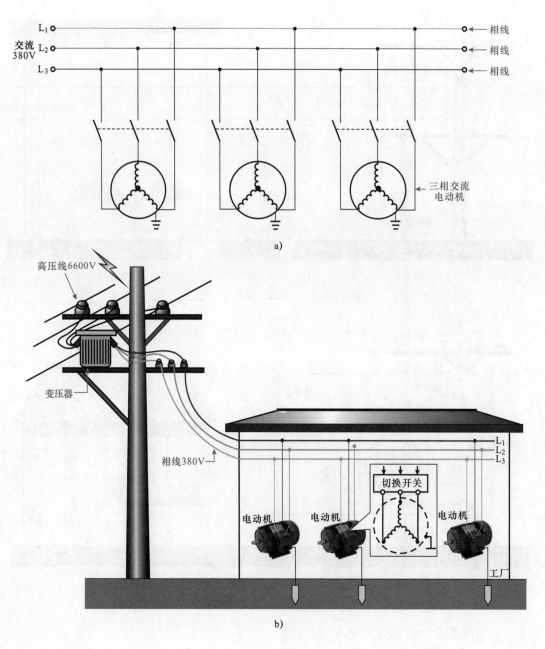

图 1-14　典型三相三线式交流电动机供电配电线路图

（2）三相四线式

图 1-15 所示为典型三相四线式供电方式的交流电路示意。三相四线式供电方式与三相三线式供电方法不同的是从配电系统多引出一条零线。接上零线的电气设备在工作时，电流经过电气设备做功，没有做功的电流就经零线回到电厂，对电气设备起到了保护的作用，这种供配电方式常用于 380/220V 低压动力与照明混合配电。

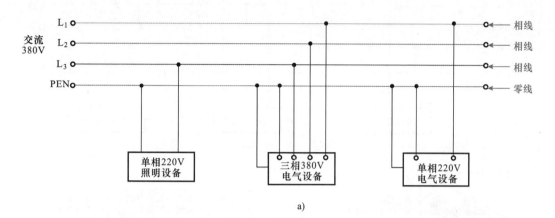

a)

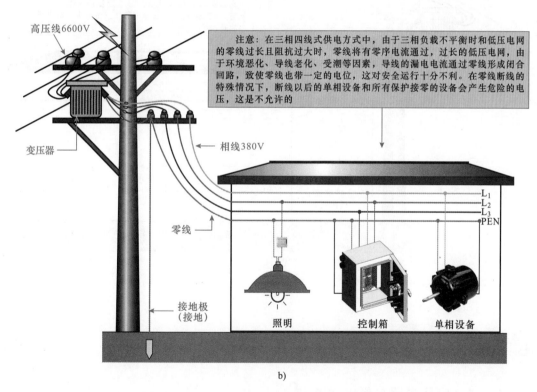

b)

图 1-15 典型三相四线式供电方式的交流电路示意图

（3）三相五线式

图 1-16 所示为典型三相五线式供电方式的示意图。在前面所述的三相四线式供电方式中，把零线的两个作用分开，即一根线做工作零线（N），另一根线做保护零线（PE），这样的供电接线方式称为三相五线式供电方式的交流电路。

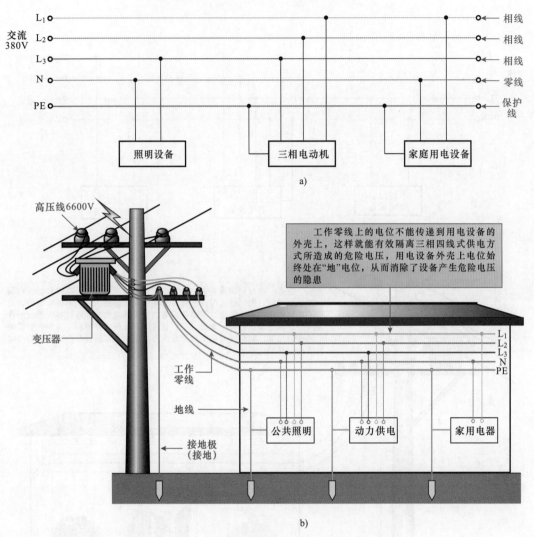

图 1-16　典型三相五线式供电方式的示意图

1.3　常用电气设备和供电线路

1.3.1　家用电器与供电线路

　　在日常生活中，家用电器常常用到交流电，在我们的生活中所有的家用电器产品几乎都需要有供电电源才能正常工作，大多数的电器设备都是由交流 220V、50Hz 市电作为供电电源，在其供电线路中最常需要用到的电器部件就是配电盘。图 1-17 所示为典型交流供电的家用电器产品。

　　通常家用电器的供电线路有两条，如图 1-18 所示，其中一条线为相线；另一线为零线（中性线）。因此家用电器一般安装在两条线路之间，不过有的还可以有另外一条线为接地线，该线接设备（空调）的外壳，它与零线不连接。

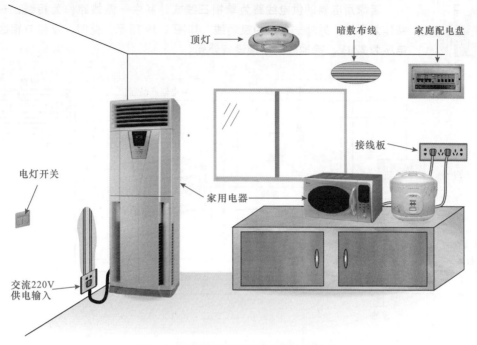

图 1-17　典型交流供电的家用电器产品

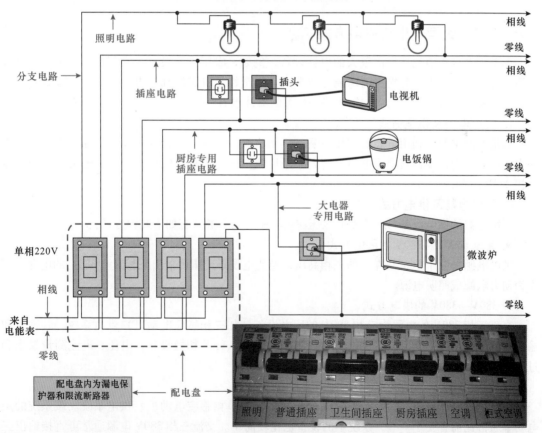

图 1-18　家用电器的供电线路

若家用电器的供电线路为单相三线式，其中一条线路作为相线、一条线路作为零线、另外一条应为接地线，如图1-19所示，此时，零线与相线之间电压为220V，接地线用于接设备外壳。

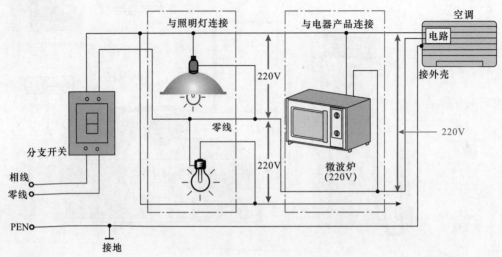

图1-19　单相三线式供电线路

1.3.2　大型机电与供电方式

大型机电是指消耗功率比较大的电器设备，例如，农用排灌设备、农用机械、机床、电焊机等，这些设备由于需要提供的电能比较多，其安全性、可靠性都要求比较高。这些设备往往与高电压和大电流相关，因而传输线路和相关的器件也有特殊的要求。

1. 农用电器及供电方式

农用电器主要是利用电能的农用设备，例如水泵、割草机、粉碎机、粮食加工设备等，都是农村中常见的设备，其中与电相关的大多是机械中的电动机。农用电器的供电大部分为交流二相220V电源。

2. 厂房电器及供电方式

厂房电器的供电设备与所需要的电压和电功率有关。通常有如下几种方式：

● 高压6600V→380V的供电方式

供电电源来源于6600V左右的三相高压，经变电设备变压后输出三相交流380V的电源，可作为动力电源或照明电源。

● 380V→380V的供电方式

交流三相380V的电源为三相380V的用电设备（如三相感应电动机）供电系统，其输入和输出的电压和相数不变，只是在供电和控制系统中加入开关切换设备，电压、电流测量仪表和过电压、过电流保护设备。

● 380V→220V的供电方式

交流三相380V的电源为单相220V的用电器（如单相感应电动机）供电系统。该系统的用电功率通常比前者要小一些，系统中的设备也比较简单。交流三相380V电源通常可直接输出三组单相220V的电压。

3. 典型供电方式的应用

（1）三相交流 380V 供电方式

图 1-20 是直接由三相交流 380V 供电的电路及相关设备。其中主要的用电设备是三相感应电动机，这种电动机广泛用于工厂车间中的各种加工机械之中。图中的电流表串联在电机的一相线路中，补偿电容与负载并联，补偿电容的接地端要接地良好。补偿电容的引线端有 380V 电压注意触电危险。

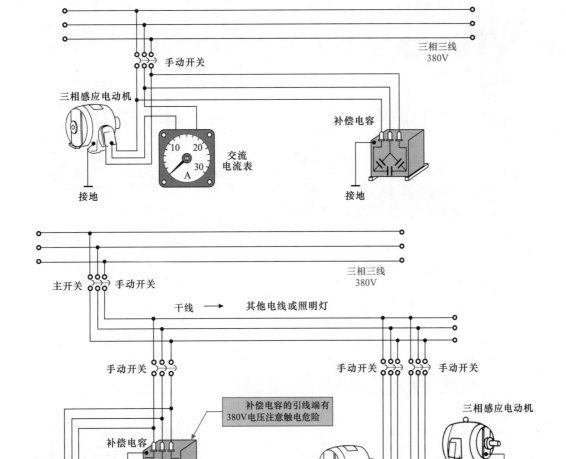

图 1-20　三相交流 380V 供电方式

（2）三相交流 380V 分支供电方式

图 1-21 为三相交流 380V 分支供电方式的结构示意图，用电设备是三台交流感应电动机，电动机可以通过齿轮及传动机构驱动各种机械。三个电动机可以由三个分支开关（带过电流保护装置）进行独立控制，因而可直接由动力干线取得。干线的供电能力应大于各分支的总和。

主线380V三相电源经开关（带过电流保护功能）后输出干线380V交流三线。三组机械设备的电动机供电均从干线上引出，每一组各设一个具有过电流保护功能的开关，再加到三个电机上，线路采用三线式，电动机的外壳要与大地接好。主干线电流容量的选择要等于三组电动机的用电量之和。开关的选择要与电动机的最大耗电功率相适应。

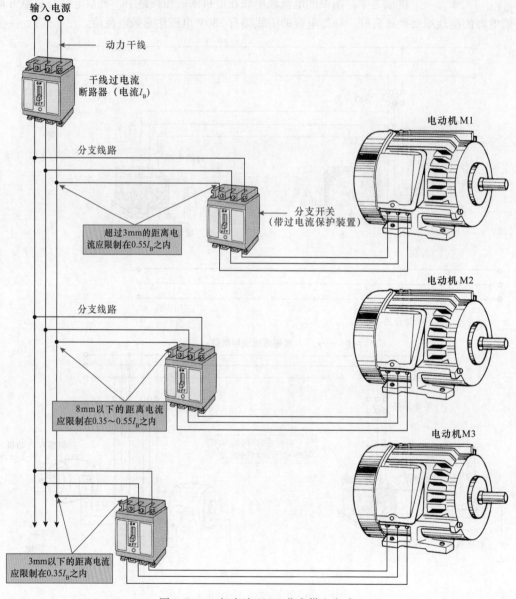

输入电源

动力干线

干线过电流
断路器（电流I_B）

电动机 M1

分支线路

分支开关
（带过电流保护装置）

超过3mm的距离电
流应限制在$0.55I_B$之内

电动机 M2

分支线路

8mm以下的距离电流
应限制在$0.35\sim0.55I_B$之内

电动机M3

3mm以下的距离电流
应限制在$0.35I_B$之内

图 1-21　三相交流 380V 分支供电方式

第②章

电气控制关系

2.1 开关的控制关系

2.1.1 电源开关的控制关系

电源开关在电工电路中主要用于接通用电设备的供电电源，图 2-1 所示为电源开关的连接关系。从图可看出该电源开关采用的是三相断路器，通过断路器来控制三相交流电动机电源的接通与断开，从而实现对三相交流电动机运转与停机的控制。

交流380V　电源开关（三相断路器）

操作手柄

三相交流电动机

a) 电源开关实物连接

L₁　L₂　L₃

交流 380V

电源开关（三相断路器）

三相交流电动机

b) 电源开关电路连接

图 2-1　电源开关的连接关系

图 2-2 所示为电源开关的控制关系。电源开关未动作时，其内部三组常开触点处于断开状态，切断三相交流电动机的三相供电电源，三相交流电动机不能起动运转；拨动电源开关的操作手柄，使其内部三组常开触点处于闭合状态，三相电源经电源开关内部的三组常开触点为三相交流电动机供电，三相交流电动机起动运转。

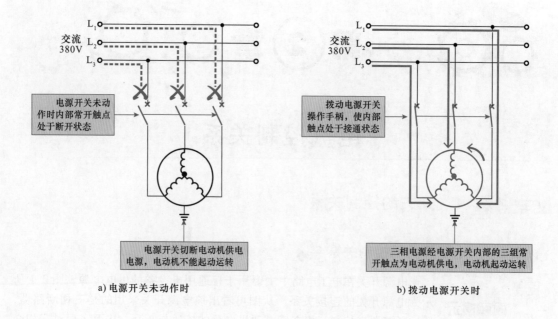

a) 电源开关未动作时　　　　　　　　　　　　　　b) 拨动电源开关时

图 2-2　电源开关的控制关系

2.1.2　按钮开关的控制关系

按钮开关在电工电路中主要用于发出远距离控制信号或指令去控制继电器、接触器或其他负载设备，实现对控制电路的接通与断开，从而达到对负载设备的控制。

按钮开关是电路中的关键控制部件，无论是不闭锁按钮开关还是闭锁按钮开关，根据电路需要，都可分为常开、常闭和复合三种形式。

下面，本小节以不闭锁按钮开关为例，分别为大家介绍一下这三种形式按钮开关的控制功能。

1. 不闭锁的常开按钮

不闭锁的常开按钮是指操作前内部触点处于断开状态，手指按下时内部触点处于闭合状态，而手指放松后，按钮自动复位断开，该按钮在电工电路中常用作启动控制按钮。

图 2-3 所示为不闭锁的常开按钮的连接控制关系。从图可看出该不闭锁的常开按钮连接在电源与灯泡（负载）之间，用于控制灯泡的点亮与熄灭，在未对其进行操作时，灯泡处于熄灭状态。按下按钮时，其内部常开触点闭合，电源经按钮内部闭合的常开触点为灯泡供电，灯泡点亮；当松开按钮时，其内部常开触点复位断开，切断灯泡供电电源，灯泡熄灭。

2. 不闭锁的常闭按钮

不闭锁的常闭按钮是指操作前内部触点处于闭合状态，手指按下时内部触点处于断开状态，而手指放松后，按钮自动复位闭合，该按钮在电工电路中常用作停止控制按钮。

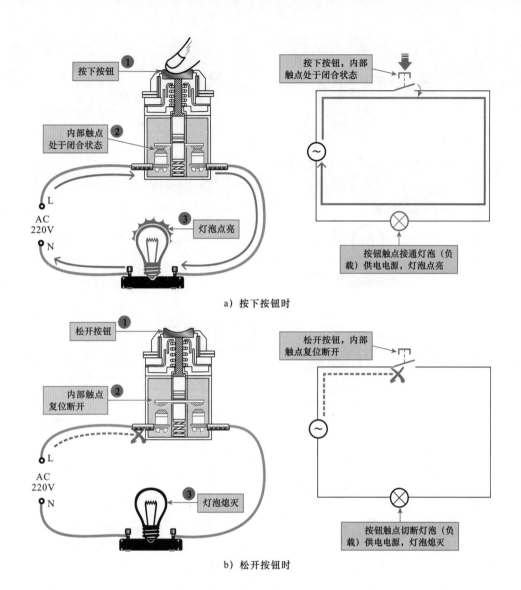

a) 按下按钮时

b) 松开按钮时

图 2-3 不闭锁的常开按钮的连接控制关系

图 2-4 所示为不闭锁的常闭按钮的连接控制关系。从图可看出该不闭锁的常闭按钮连接在电源与灯泡（负载）之间，用于控制灯泡的点亮与熄灭，在未对其进行操作时，灯泡处于点亮状态。按下按钮时，其内部常闭触点断开，切断灯泡供电电源，灯泡熄灭；松开按钮时，其内部常闭触点复位闭合，接通灯泡供电电源，灯泡点亮。

3. 不闭锁的复合按钮

不闭锁的复合按钮是指按钮内部设有两组触点，分别为常开触点和常闭触点。操作前常闭触点闭合，常开触点断开。当手指按下按钮时，常闭触点断开，而常开触点闭合；手指放松后，常闭触点复位闭合，常开触点复位断开。该按钮在电工电路中常用作启动联锁控制按钮。

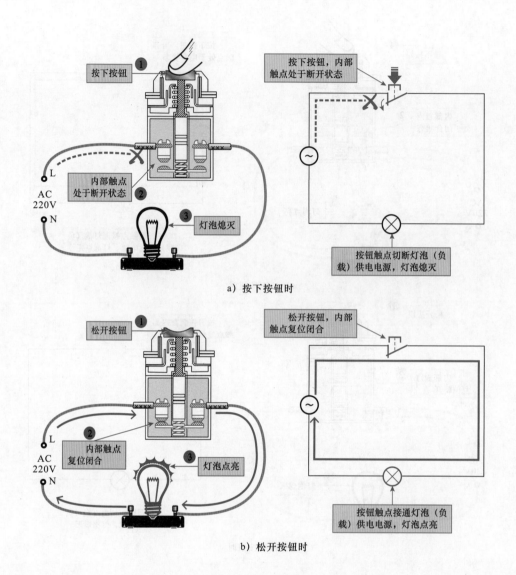

图 2-4 不闭锁的常闭按钮的连接控制关系

　　图 2-5 所示为不闭锁的复合按钮的连接控制关系。从图可看出该不闭锁的复合按钮连接在电源与灯泡（负载）之间，分别控制灯泡 EL1 和灯泡 EL2 的点亮与熄灭，在未对其进行操作时，灯泡 EL2 处于点亮状态，灯泡 EL1 处于熄灭状态。

按下按钮时，其内部常开触点闭合，接通灯泡 EL1 的供电电源，灯泡 EL1 点亮；常闭触点断开，切断灯泡 EL2 的供电电源，灯泡 EL2 熄灭；当松开按钮时，其内部常开触点复位断开，切断灯泡 EL1 的供电电源，灯泡 EL1 熄灭；常闭触点复位闭合，接通灯泡 EL2 的供电电源，灯泡 EL2 点亮。

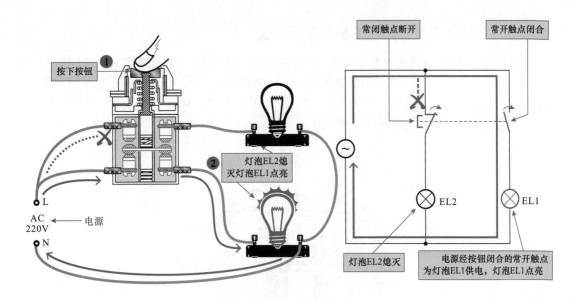

常闭触点断开

常开触点闭合

按下按钮

灯泡EL2熄灭灯泡EL1点亮

L

AC 220V ← 电源

N

EL2

EL1

灯泡EL2熄灭

电源经按钮闭合的常开触点为灯泡EL1供电,灯泡EL1点亮

a) 按下按钮时

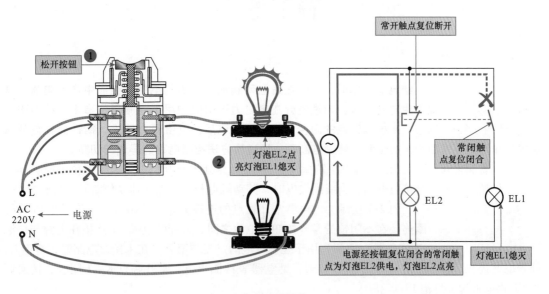

常开触点复位断开

松开按钮

灯泡EL2点亮灯泡EL1熄灭

L

AC 220V ← 电源

N

EL2

EL1

常闭触点复位闭合

电源经按钮复位闭合的常闭触点为灯泡EL2供电,灯泡EL2点亮

灯泡EL1熄灭

b) 松开按钮时

图2-5 不闭锁的复合按钮的连接控制关系

2.2 继电器的控制关系

2.2.1 继电器常开触点的控制关系

继电器是使用得非常普遍的电子元件，在许多机械控制上及电子电路中都采用这种器件。本节从继电器的常开触点、常闭触点和转换触点这三个方面来为大家讲解一下继电器的控制关系。

继电器通常都是由铁心、线圈、衔铁、触点等组成的，图2-6所示为典型继电器的内部结构。

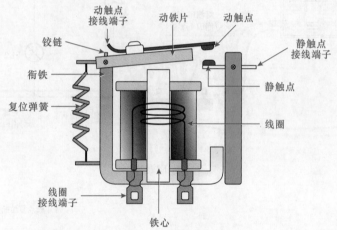

图2-6 典型继电器的内部结构

继电器工作时，通过在线圈两端加上一定的电压，线圈中产生电流，从而产生电磁效应，衔铁就会在电磁力吸引的作用下克服复位弹簧的拉力吸向铁心，来控制触点的闭合，当线圈失电后，电磁吸力消失，衔铁会在复位弹簧的反作用力下返回原来的位置，使触点断开，通过该方法控制电路的导通与切断。

继电器的常开触点是指继电器内部的动触点和静触点处于断开状态，当线圈得电时，其动触点和静触点立即闭合接通电路；当线圈失电时，其动触点和静触点立即复位断开，切断电路。

图2-7所示为继电器常开触点的连接关系。从图可看出该继电器K线圈连接在不闭锁的常开按钮与电池之间，常开触点K-1连接在电源与灯泡EL（负载）之间，用于控制灯泡的点亮与熄灭，在未接通电路时，灯泡EL处于熄灭状态。按下按钮SB时，电路接通，继电器K线圈得电，常开触点K-1闭合，接通灯泡EL供电电源，灯泡EL点亮。

图2-8所示为继电器常开触点的控制关系。松开按钮SB时，电路断开，继电器K线圈失电，常开触点K-1复位断开，切断灯泡EL供电电源，灯泡EL熄灭。

2.2.2 继电器常闭触点的控制关系

继电器的常闭触点是指继电器内部的动触点和静触点处于闭合状态，当线圈得电时，其动触点和静触点立即断开切断电路；当线圈失电时，其动触点和静触点立即复位闭合，接通电路。

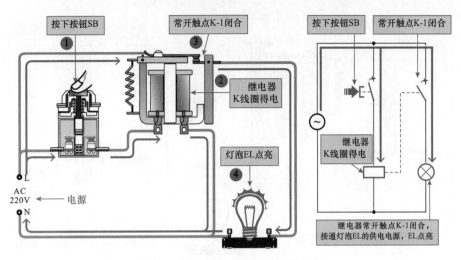

图 2-7　继电器常开触点的连接关系

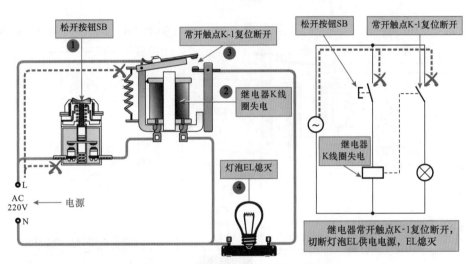

图 2-8　继电器常开触点的控制关系

　　图 2-9 所示为继电器常闭触点的连接关系。从图可看出该继电器 K 线圈连接在不闭锁的常开按钮与电池之间，常闭触点 K - 1 连接在电源与灯泡 EL（负载）之间，用于控制灯泡的点亮与熄灭，在未接通电路时，灯泡 EL处于点亮状态。按下按钮 SB 时，电路接通，继电器 K 线圈得电，常闭触点 K - 1 断开，切断灯泡 EL 供电电源，灯泡 EL 熄灭。

　　图 2-10 所示为继电器常闭触点的控制关系。松开按钮 SB 时，电路断开，继电器 K 线圈失电，常闭触点 K - 1 复位闭合，接通灯泡 EL 供电电源，灯泡 EL 点亮。

2.2.3　继电器转换触点的控制关系

　　继电器的转换触点是指继电器内部设有一个动触点和两个静触点，其中动触点与静触点 1 处于闭合状态，称为常闭触点，动触点与静触点 2 处于断开状态，称为常开触点，如图 2-11 所示。

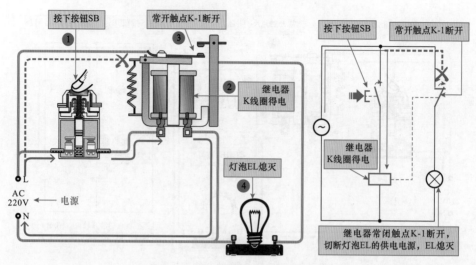

按下按钮SB ①

常开触点K-1断开 ③

② 继电器K线圈得电

灯泡EL熄灭 ④

L

AC 220V ← 电源

N

按下按钮SB

常开触点K-1断开

继电器K线圈得电

继电器常闭触点K-1断开，切断灯泡EL的供电电源，EL熄灭

图 2-9　继电器常闭触点的连接关系

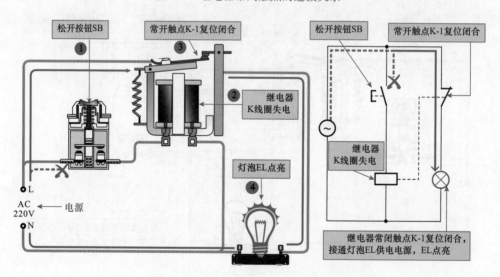

松开按钮SB ①

常开触点K-1复位闭合 ③

② 继电器K线圈失电

灯泡EL点亮 ④

L

AC 220V ← 电源

N

松开按钮SB

常开触点K-1复位闭合

继电器K线圈失电

继电器常闭触点K-1复位闭合，接通灯泡EL供电电源，EL点亮

图 2-10　继电器常闭触点的控制关系

动触点

静触点1

静触点2

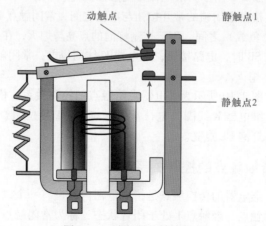

图 2-11　继电器的转换触点

当线圈得电时，其动触点与静触点 1 立即断开并与静触点 2 闭合，切断静触点 1 的控制电路，接通静触点 2 的控制电路；当线圈失电时，动触点复位，即动触点与静触点 2 复位断开并与静触点 1 复位闭合，切断静触点 2 的控制电路，接通静触点 1 的控制电路。

图 2-12 所示为继电器转换触点的连接关系。从图可看出该继电器 K 线圈连接在不闭锁的常开按钮与电池之间；常闭触点 K-1 连接在电池与灯泡 EL1（负载）之间，用于控制灯泡 EL1 的点亮与熄灭；常开触点 K-2 连接在电池与灯泡 EL2（负载）之间，用于控制灯泡 EL2 的点亮与熄灭。在未接通电路时，灯泡 EL1 处于点亮状态，灯泡 EL2 处于熄灭状态。

按下按钮 SB 时，电路接通，继电器 K 线圈得电，常闭触点 K-1 断开，切断灯泡 EL1 的供电电源，灯泡 EL1 熄灭；同时常开触点 K-2 闭合，接通灯泡 EL2 的供电电源，灯泡 EL2 点亮。

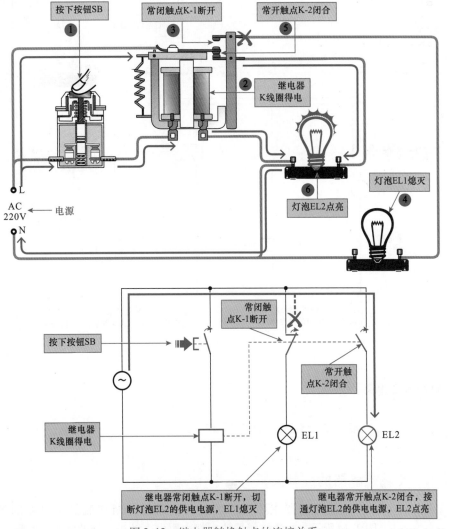

图 2-12　继电器转换触点的连接关系

图 2-13 所示为继电器转换触点的控制关系。松开按钮 SB 时，电路断开，继电器 K 线圈失电，常闭触点 K-1 复位闭合，接通灯泡 EL1 的供电电源，灯泡 EL1 点亮；同时常开触点 K-2 复位断开，切断灯泡 EL2 的供

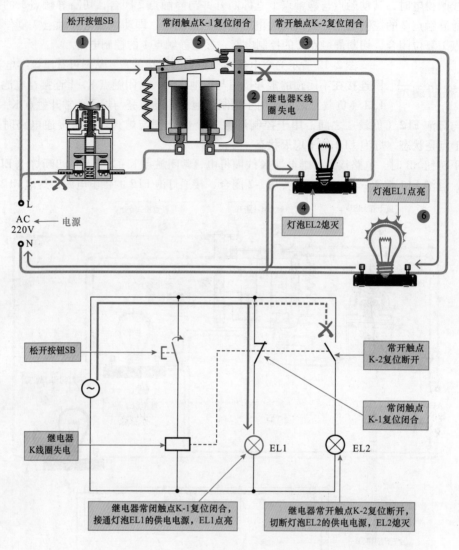

图 2-13 继电器转换触点的控制关系

电电源，灯泡 EL2 熄灭。

2.3 接触器的控制关系

2.3.1 交流接触器的控制关系

交流接触器主要用于远距离接通与分断交流供电电路的器件，如图 2-14所示。交流接触器的内部主要由主触头、辅助触头、线圈、静铁心、动铁心及接线端等构成，在交流接触器的铁心上装有一个短路环，主要用于减小交流接触器吸合时所产生的振动和噪声。

交流接触器是通过线圈得电，来控制常开触点闭合、常闭触点断开的；而当线圈失电时，

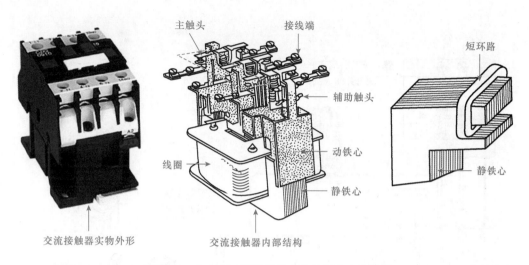

图 2-14　典型交流接触器的实物外形及内部结构

控制常开触点复位断开，常闭触点复位闭合。

图 2-15 所示为交流接触器的连接关系。从图可看出该交流接触器 KM 线圈连接在不闭锁的常开按钮 SB（启动按钮）与电源总开关 QF）（总断路器）之间；常开主触点 KM-1 连接在电源总开关 QF 与三相交流电动机之间，用于控制电动机的起动与停机；常闭辅助触点 KM-2 连接在电源总开关 QF 与停机指示灯 HL1 之间，用于控制指示灯 HL1 的点亮与熄灭；常开辅助触点 KM-3 连接在电源总开关 QF 与运行指示灯 HL2 之间，用于控制指示灯 HL2 的点亮与熄灭。合上电源总开关 QF，电源经交流接触器 KM 的常闭辅助触点 KM-2 为停机指示灯 HL1 供电，HL1 点亮。

图 2-16 所示为电路接通时交流接触器的控制关系。按下启动按钮 SB 时，电路接通，交流接触器 KM 线圈得电，常开主触点 KM-1 闭合，三相交流电动机接通三相电源起动运转；常开辅助触点 KM-2 断开，切断停机指示灯 HL1 的供电电源，HL1 熄灭；常开主触点 KM-3 闭合，运行指示灯 HL2 点亮，指示三相交流电动机处于工作状态。

松开起动按钮 SB 时，电路断开，交流接触器 KM 线圈失电，常开主触点 KM-1 复位断开，切断三相交流电动机的供电电源，电动机停止运转；常闭辅助触点 KM-2 复位闭合，停机指示灯 HL1 点亮，指示三相交流电动机处于停机状态；常开主触点 KM-3 复位断开，切断运行指示灯 HL2 的供电电源，HL2 熄灭。

2.3.2　直流接触器的控制关系

直流接触器是一种用于远距离接通与分断直流供电电路的器件，主要由灭弧罩、静触点、动触点、吸引线圈、复位弹簧等部分组成，如图 2-17 所示。

直流接触器和交流接触器的结构虽有不同，但其控制方式基本相同，都是通过线圈得电，控制常开触点闭合，常闭触点断开；而当线圈失电时，控制常开触点复位断开，常闭触点复位闭合。分析时可参照交流接触器的控制关系进行，在此不再赘述。

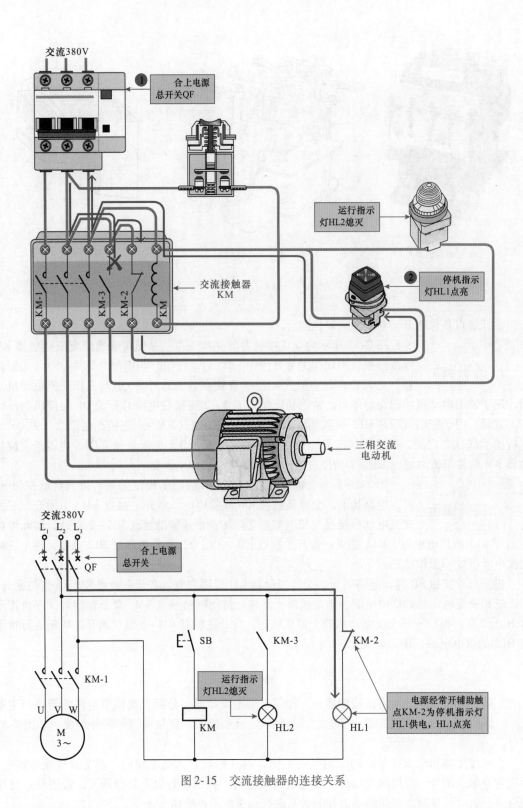

图 2-15　交流接触器的连接关系

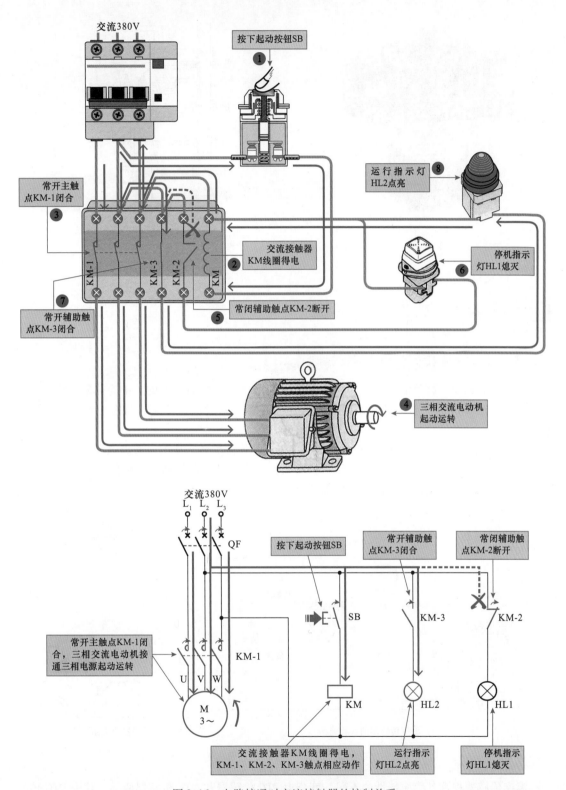

交流380V

按下起动按钮SB ①

运行指示灯 HL2点亮 ⑧

常开主触点KM-1闭合 ③

交流接触器KM线圈得电 ②

停机指示灯HL1熄灭 ⑥

常闭辅助触点KM-2断开 ⑤

常开辅助触点KM-3闭合 ⑦

三相交流电动机起动运转 ④

交流380V

L_1 L_2 L_3

QF

按下起动按钮SB

常开辅助触点KM-3闭合

常闭辅助触点KM-2断开

SB

KM-3

KM-2

常开主触点KM-1闭合，三相交流电动机接通三相电源起动运转

KM-1

U V W

M 3～

KM

HL2

HL1

交流接触器KM线圈得电，KM-1、KM-2、KM-3触点相应动作

运行指示灯HL2点亮

停机指示灯HL1熄灭

图2-16　电路接通时交流接触器的控制关系

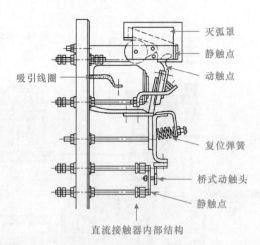

直流接触器实物外形   直流接触器内部结构

图 2-17   典型直流接触器的实物外形及内部结构

2.4   传感器的控制关系

2.4.1   温度传感器的控制关系

温度传感器是一种将温度信号转换为电信号的器件，而检测温度的关键为热敏元件，因此温度传感器也称为热－电传感器，主要用于各种需要对温度进行测量、监视控制及补偿等的场合。

图 2-18 所示为温度传感器的连接关系。从图可看出该温度传感器采用的是热敏电阻器作为感温元件，热敏电阻器是利用电阻值随温度变化而变化这一特性来测量温度变化的。

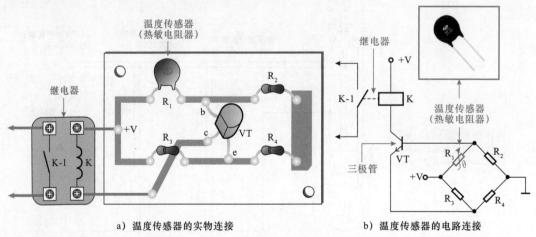

a）温度传感器的实物连接   b）温度传感器的电路连接

图 2-18   温度传感器的连接关系

温度传感器根据其感应特性的不同，可分为 PTC 传感器和 NTC 传感器两类，其中 PTC 传感器为正温度系数传感器，即传感器阻值随温度的升高而增大，随温度的降低而减小；NTC 传感器为负温度系数传感器，即传感器阻值随温度的升高而减小，随温度的降低而增大。图 2-19 中采用的为 NTC 传感器，即负温度系数传感器。

图 2-19 所示为正常环境温度下温度传感器的控制关系。在正常环境温度下时，电桥的电阻值 $R_1/R_2 = R_3/R_4$，电桥平衡，此时 A、B 两点间电位相等，输出端 A 与 B 间没有电流流过，三极管 VT 的基极 b 与发射极 e 间的电位差为零，三极管 VT 截止，继电器 K 线圈不能得电。

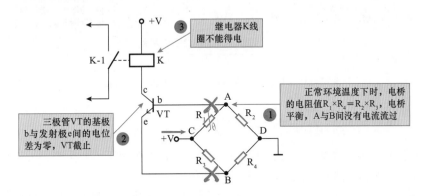

图 2-19　正常环境温度下温度传感器的控制关系

图 2-20 所示为环境温度升高时温度传感器的控制关系。当环境温度逐渐上升时，温度传感器 R_1 的阻值不断减小，电桥失去平衡，此时 A 点电位逐渐升高，三极管 VT 的基极 b 电压逐渐增大，此时基极 b 电压高于发射极 e 电压，三极管 VT 导通，继电器 K 线圈得电，常开触点 K-1 闭合，接通负载设备的供电电源，负载设备即可启动工作。

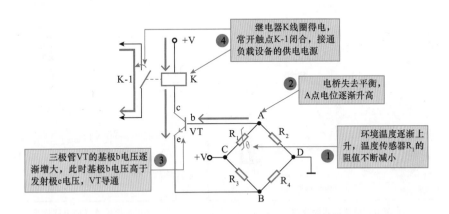

图 2-20　环境温度升高时温度传感器的控制关系

图 2-21 所示为环境温度降低时温度传感器的控制关系。当环境温度逐渐下降时，温度传感器 R_1 的阻值不断增大，此时 A 点电位逐渐降低，三极管 VT 的基极 b 电压逐渐减小，当基极 b 电压低于发射极 e 电压时，三极管 VT 截止，继电器 K 线圈失电，常开触点 K-1 复位断开，切断负载设备的供电电源，负载设备停止工作。

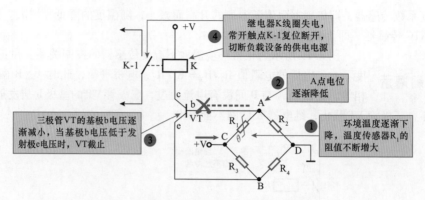

图 2-21　环境温度降低时温度传感器的控制关系

2.4.2　湿度传感器的控制关系

　　湿度传感器是一种将湿度信号转换为电信号的器件，主要用于工业生产、天气预报、食品加工等行业中对各种湿度进行控制、测量和监视。

　　图 2-22 所示为湿度传感器的连接关系。从图可看出该湿度传感器采用湿敏电阻器作为湿度测控器件，湿敏电阻器是利用电阻值随湿度变化而变化这一特性来测量湿度变化的。

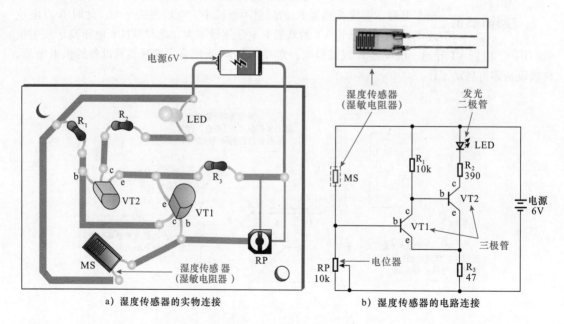

图 2-22　湿度传感器的连接关系

　　图 2-23 所示为环境湿度较小时湿度传感器的控制关系。当环境湿度较小时，湿度传感器 MS 的阻值较大，三极管 VT1 的基极 b 为低电平，使基极 b 电压低于发射极 e 电压，三极管 VT1 截止；此时三极管 VT2 基极 b 电压升高，基极 b 电压高于发射极 e 电压，三极管 VT2 导通，发光二极管 LED 点亮。

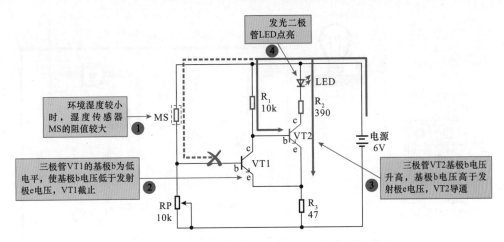

图 2-23 环境湿度较小时湿度传感器的控制关系

图 2-24 所示为环境湿度增加时湿度传感器的控制关系。当环境湿度增加时，湿度传感器 MS 的阻值逐渐变小，三极管 VT1 的基极 b 电压逐渐升高，使基极 b 电压高于发射极 e 电压，三极管 VT1 导通；此时三极管 VT2 基极 b 电压降低，三极管 VT2 截止，发光二极管 LED 熄灭。

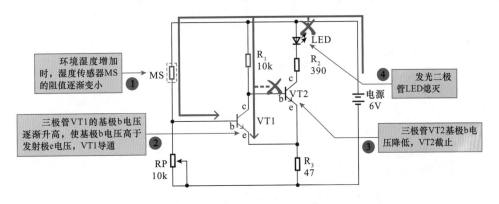

图 2-24 环境湿度增加时湿度传感器的控制关系

2.4.3 光电传感器的控制关系

光电传感器是一种能够将可见光信号转换为电信号的器件，也可称为光电器件，主要用于光控开关、光控照明、光控报警等领域中，对各种可见光进行控制。

图 2-25 所示为光电传感器的连接关系。从图可看出该光电传感器采用光敏电阻器作为光电测控器件，光敏电阻器是一种对光敏感的元件，其电阻值随入射光线的强弱发生变化而变化。

图 2-26 所示为环境光较强时光电传感器的控制关系。当环境光较强时，光电传感器 MG 的阻值较小，使电位器 RP 与光电传感器 MG 处的分压值变低，不能达到双向触发二极管 VD 的触发电压值，双向触发二极管 VD 截止，进而使双向晶闸管 VS 也截止，照明灯 EL 熄灭。

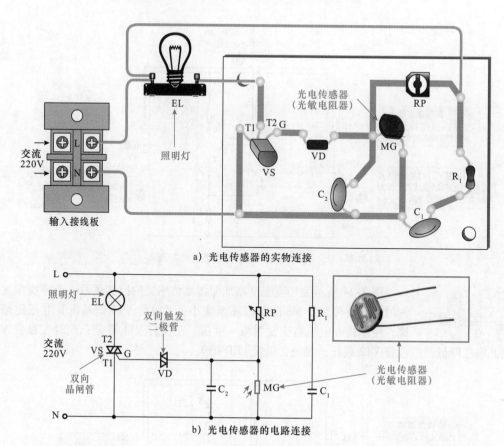

a) 光电传感器的实物连接

b) 光电传感器的电路连接

图 2-25 光电传感器的连接关系

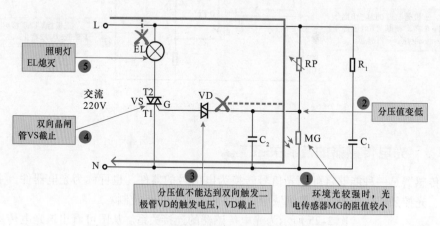

图 2-26 光照强度较强时光电传感器的控制关系

图 2-27 所示为环境光较弱时光电传感器的控制关系。当环境光较弱时，光电传感器 MG 的阻值变大，使电位器 RP 与光电传感器 MG 处的分压值变高，随着光照强度的逐渐增强，光电传感器 MG 的阻值逐渐变大，当电位器 RP 与光电传感器 MG 处的分压值达到双向触发二极管 VD 的触发电压时，双向二极管 VD 导通，进而触发双向晶闸管 VS 也导通，照明灯 EL 点亮。

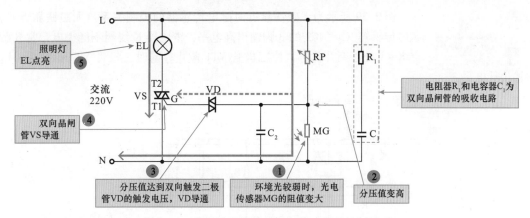

图 2-27　光照强度较弱时光电传感器的控制关系

2.4.4　磁电传感器的控制关系

　　磁电传感器是一种能够将磁感应信号转换为电信号的器件，常用于机械测试及自动化测量的领域中，对各种磁场的磁感应信号进行控制。

　　图 2-28 所示为磁电传感器的连接关系。从图可看出该磁电传感器采用霍尔传感器作为磁场测控器件，霍尔传感器是一种特殊的半导体器件，能够直接感知外界变化的磁场，并将其转换为电信号。

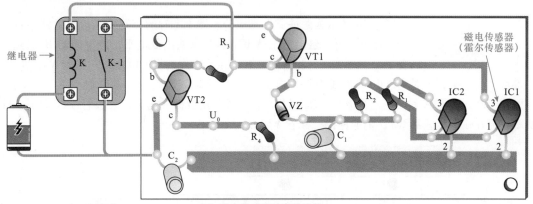

a）磁电传感器的实物连接

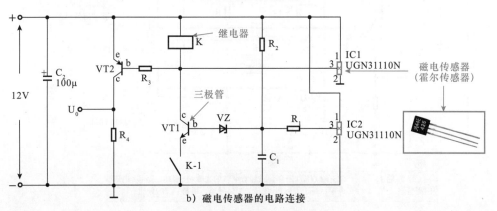

b）磁电传感器的电路连接

图 2-28　磁电传感器的连接关系

图 2-29 所示为无磁铁靠近时磁电传感器的控制关系。无磁铁靠近时，磁电传感器 IC1、IC2 的③脚输出高电平，继电器 K 线圈不能得电，常开触点 K-1 处于断开状态，使三极管 VT1 截止；同时三极管 VT2 也截止，U_0 端输出低电平。

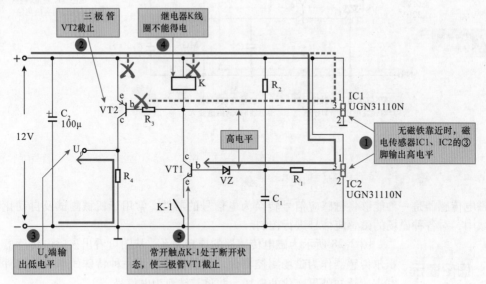

图 2-29　无磁铁靠近时磁电传感器的控制关系

图 2-30 所示为磁铁靠近磁电传感器 IC1 时的控制关系。当磁铁靠近磁电传感器 IC1 时，磁电传感器 IC1 的③脚输出低电平，经电阻器 R_3 加到三极管 VT2 的基极 b，此时基极 b 电压低于发射极 e 电压，三极管 VT2 导通，U_0 端输出高电平；同时为继电器 K 线圈提供电流，继电器 K 线圈得电，常开触点 K-1 闭合，三极管 VT1 的发射极 e 接地，基极 b 电压为高电平，高于发射极 e 电压，三极管 VT1 导通，即使磁铁离开磁电传感器 IC1，仍能保持三极管 VT2 的导通。

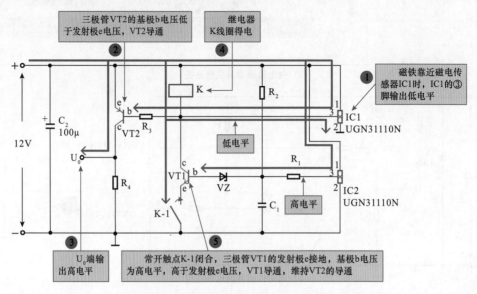

图 2-30　磁铁靠近磁电传感器 IC1 时的控制关系

当磁铁离开磁电传感器 IC1 靠近 IC2 时，磁电传感器 IC1 的③脚输出高电平，IC2 的③脚输出低电平，稳压二极管将 VT1 基极钳位在低电平，进而使三极管 VT1 截止，继电器 K 线圈失电，常开触点 K−1 复位断开。此时三极管 VT2 的基极 b 变为高电平，VT2 截止，U_0 端输出低电平。

2.4.5 气敏传感器的控制关系

气敏传感器是一种将气体信号转换为电信号的器件，它可检测出环境中某种气体及其浓度，并将其转换成不同的电信号，该传感器主要用于可燃或有毒气体泄露的报警电路中。

图 2-31 所示为气敏传感器的连接关系。从图可看出该气敏传感器采用气敏电阻器作为气体检测器件，气敏电阻器是利用电阻值随气体浓度变化而变化这一特性来进行气体测量的。

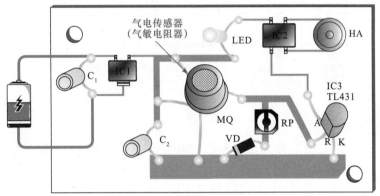

a）气敏传感器的实物连接

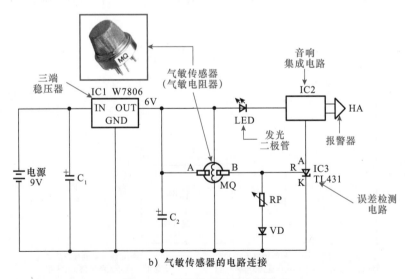

b）气敏传感器的电路连接

图 2-31　气敏传感器的连接关系

图 2-32 所示为空气中气敏传感器的控制关系。电路开始工作时，9V 直流电源经滤波电容器 C_1 滤波后，由三端稳压器 IC1 稳压输出 6V 直流电源，再经滤波电容器 C_2 滤波后，为气敏检测控制电路提供工作条件。

在空气中，气敏传感器 MQ 的阻值较大，其 B 端为低电平，误差检测电路 IC3 的输入极 R 电压较低，IC3 不能导通，发光二极管 LED 不能点亮，报警器 HA 无报警声。

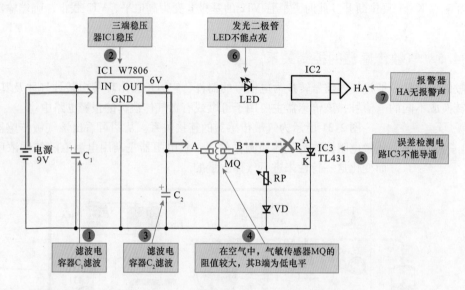

图 2-32　空气中气敏传感器的控制关系

图解演示

图 2-33 所示为有害气体泄露时气敏传感器的控制关系。当有害气体泄露时，气敏传感器 MQ 的阻值逐渐变小，其 B 端电压逐渐升高，当 B 端电压升高到预设的电压值时（可通过电位器 RP 进行调节），误差检测电路 IC3 导通，接通音响集成电路 IC2 的接地端，IC2 工作，发光二极管 LED 点亮，报警器 HA 发出报警声。

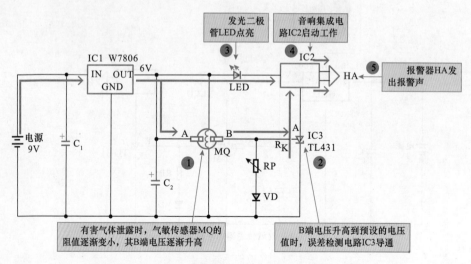

图 2-33　有害气体泄露时气敏传感器的控制关系

2.4.6　振动传感器的控制关系

振动传感器是一种将撞击某种物体产生的振动波信号转换为电信号的器件，该传感器主要用于防盗报警电路中。

图 2-34 所示为振动传感器的连接关系。从图可看出该振动传感器采用 XDZ－01 振动传感器作为检测振动波信号的器件，它能够直接感知外界的振动波信号并将其转换为电信号，对报警电路进行控制。

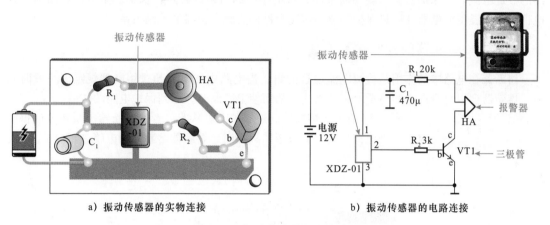

a）振动传感器的实物连接　　　　　　　　b）振动传感器的电路连接

图 2-34　振动传感器的连接关系

图 2-35 所示为无振动时振动传感器的控制关系。无振动时，XDZ－01 振动传感器的②脚输出低电平，三极管 VT1 截止，报警器 HA 无报警声。

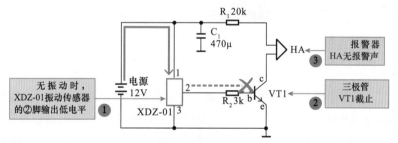

图 2-35　无振动时振动传感器的控制关系

图 2-36 所示为振动时振动传感器的控制关系。当振动时，XDZ－01 振动传感器的②脚输出高电平，经电阻器 R_2 加到三极管 VT1 的基极 b，此时基极 b 电压高于发射极 e 电压，三极管 VT1 导通，报警器 HA 发出报警提示声。

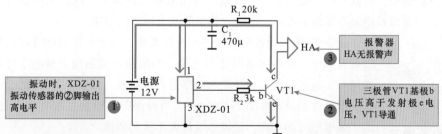

图 2-36　振动时振动传感器的控制关系

2.5 保护器的控制关系

保护器是一种保护电路的器件,只允许安全限制内的电流通过,当电路中的电流超过保护器的额定电流时,保护器会自动切断电路,对电路中的负载设备进行保护。本节以熔断器、漏电保护器、温度继电器和过热保护继电器这四个器件讲解保护器的控制关系。

2.5.1 熔断器的控制关系

熔断器在电路中的作用是检测电流通过的量,当电路中的电流超过熔断器规定值一段时间时,熔断器会以自身产生的热量使熔体熔化,从而使电路断开,起到保护电路的作用。

图 2-37 所示为熔断器的连接关系。从图可看出熔断器串联在被保护电路中,当电路出现过载或短路故障时,熔断器熔断切断电路进行保护。

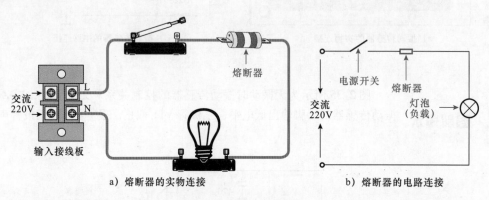

a) 熔断器的实物连接   b) 熔断器的电路连接

图 2-37 熔断器的连接关系

图 2-38 所示为熔断器的控制关系。闭合电源开关,接通灯泡电源,灯泡点亮,电路正常工作;当灯泡之间由于某种原因而被导体连在一起时,电源被短路,电流由短路的捷径通过,不再流过灯泡,此时回路中仅有很小的电源内阻,导致电路中的电流很大,流过熔断器的电流也很大,这时熔断器会自身熔断,切断电路,进行保护。

2.5.2 漏电保护器的控制关系

漏电保护器是一种具有对漏电、触电、过载、短路故障进行保护功能的保护器件,对于防止触电伤亡事故以及避免因漏电电流而引起的火灾事故具有明显的效果。

图 2-39 所示为漏电保护器的连接关系。从图可看出相线 L 和零线 N 经过带有漏电保护器的断路器的支路,当电路出现漏电、触电、过载、短路故障时,通过漏电保护器切断电路进行电路及人身安全的保护。

漏电检测原理如图 2-40 所示。当被保护电路发生漏电或有人触电时,由于漏电电流的存在,使供电电流大于返回电流。

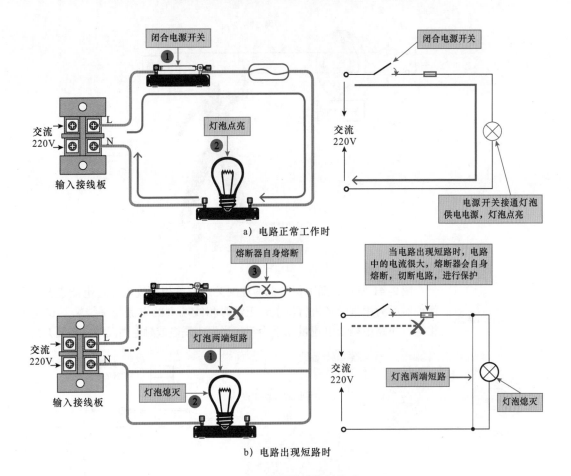

a) 电路正常工作时

b) 电路出现短路时

图 2-38 熔断器的控制关系

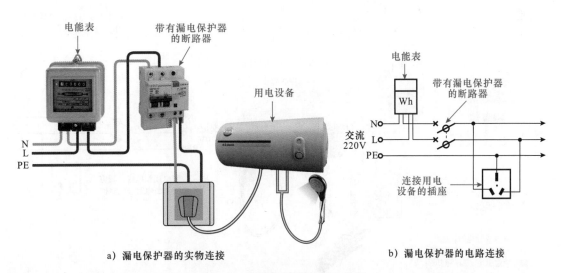

a) 漏电保护器的实物连接

b) 漏电保护器的电路连接

图 2-39 漏电保护器的连接关系

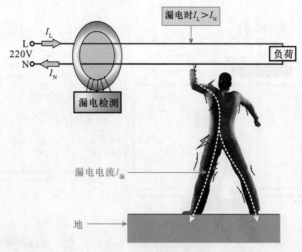

图 2-40　漏电检测原理

　　图 2-41 所示为漏电保护器的控制关系。单相交流电经过电能表及漏电保护器后为用电设备进行供电，正常时相线端 L 的电流与零线端 N 的电流相等，回路中剩余电流量几乎为零；当发生漏电或触电情况时，相线 L 的一

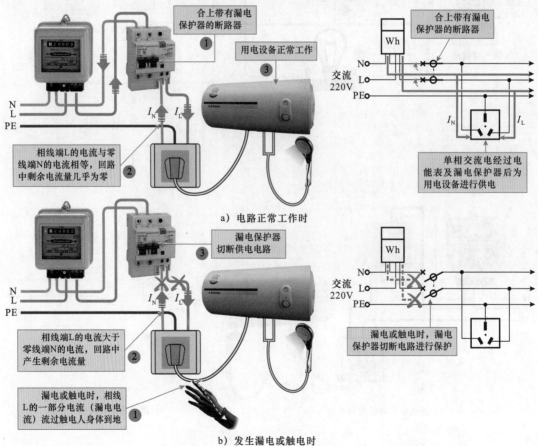

图 2-41　漏电保护器的控制关系

部分电流流过触电人身体到地，而出现相线端 L 的电流大于零线端 N 的电流，回路中产生剩余的电流量，漏电保护器感应出剩余的电流量，切断电路进行保护。

2.5.3 温度继电器的控制关系

温度继电器主要由电阻加热丝、碟形双金属片、一对动、静触点和两个接端子组成，如图 2-42 所示。

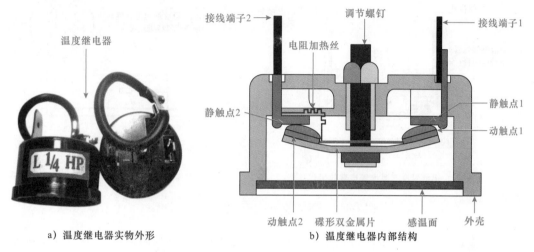

a）温度继电器实物外形　　　　b）温度继电器内部结构

图 2-42　温度继电器的外形及内部结构

温度继电器是一种用于防止负载设备因温度过高或过电流而烧坏的保护器件，其感温面紧贴在负载设备的外壳上，接线端子与供电电路串联一起，图 2-43 所示为温度继电器的连接关系。

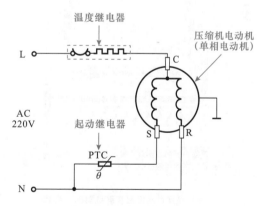

a）温度继电器的实物连接　　　　b）温度继电器的电路连接

图 2-43　温度继电器的连接关系

当负载设备温度过高或流过的电流过大时，温度继电器断开，切断电路，进行设备及电路的保护。

图 2-44 所示为正常温度下温度继电器的控制关系。正常温度下，交流 220V 电源经温度继电器内部闭合的触点，接通压缩机电动机的供电，起动继电器起动，压缩机电动机工作，待压缩机电动机转速升高到一定值时，启动继电器断开起动绕组，起动结束，压缩机电动机进入正常的运转状态。

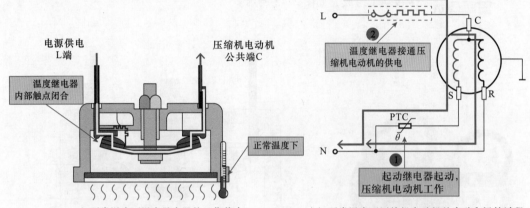

a) 正常温度下温度继电器的工作状态　　　　b) 正常温度下压缩机电动机的启动和运转过程

图 2-44　正常温度下温度继电器的控制关系

图 2-45 所示为温度过高时温度继电器的控制关系。当压缩机电动机温度过高时，温度继电器的碟形双金属片受热反向弯曲变形，断开压缩机电动机的供电电源，起到保护作用。

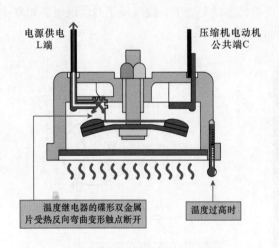
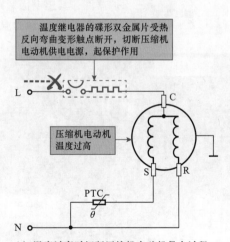

a) 温度过高时温度继电器的工作状态　　　　b) 温度过高时切断压缩机电动机供电过程

图 2-45　温度过高时温度继电器的控制关系

待压缩机电动机和温度继电器的温度逐渐冷却时，双金属片又恢复到原来的形态，触点再次接通，压缩机电动机再次起动运转。

2.5.4　过热保护继电器的控制关系

过热保护继电器是利用电流的热效应来推动动作机构使其内部触点闭合或断开的，主要用于电动机的过载保护、断相保护、电流不平衡保护以及热保护，主要由复位按钮、常闭触点、动作机构以及热元件等构成，如图 2-46 所示。

a) 过热保护继电器的外部结构

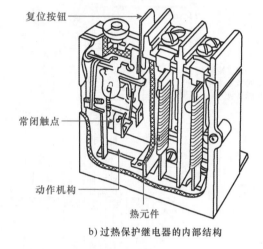

b) 过热保护继电器的内部结构

图 2-46　过热保护继电器的外形及内部结构

图 2-47 所示为过热保护继电器的连接关系。从图可看出该过热保护继电器 FR 连接在主电路中，用于主电路的过载、断相、电流不平衡以及三相交流电动机的热保护；常闭触点 FR - 1 连接在控制电路中，用于控制控制电路的通断。合上电源总开关 QF，按下起动按钮 SB1，过热保护继电器的常闭触点 FR - 1 接通控制电路的供电，交流接触器 KM 线圈得电，常开主触点 KM - 1 闭合，接通三相交流电源，电源经过热保护继电器的热元件 FR 为三相交流电动机供电，三相交流电动机起动运转；常开辅助触点 KM - 2 闭合，实现自锁功能，即使松开起动按钮 SB1，三相交流电动机仍能保持运转状态。

图 2-48 所示为电路异常时过热保护继电器的控制关系。当主电路中出现过载、断相、电流不平衡或三相交流电动机过热时，由其过热保护继电器的热元件 FR 产生的热效应来推动动作机构使其常闭触点 FR - 1 断开，切断控制电路供电电源，交流接触器 KM 线圈失电，常开主触点 KM - 1 复位断开，切断电动机供电电源，电动机停止运转，常开辅助触点 KM - 2 复位断开，解除自锁功能，从而实现了对电路的保护作用。

待主电路中的电流正常或三相交流电动机温度逐渐冷却时，过热保护继电器 FR 的常闭触点 FR - 1 复位闭合，再次接通电路，此时只需重新起动电路，三相交流电动机便可起动运转。

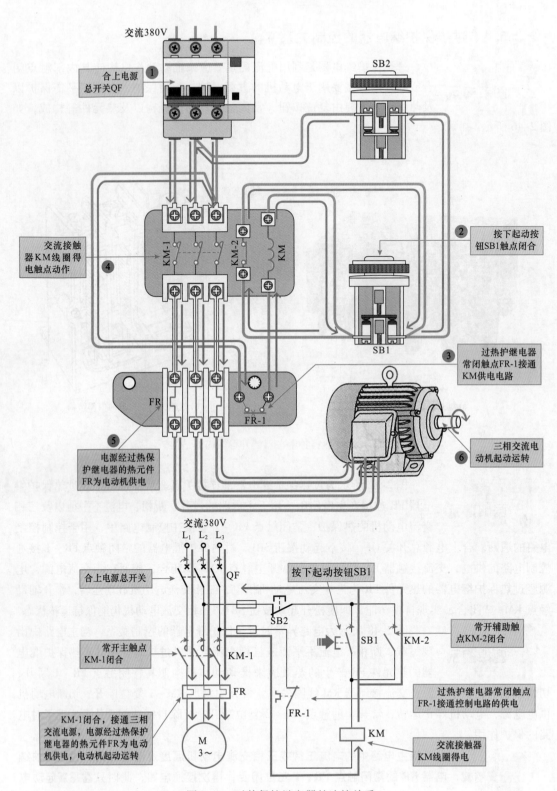

交流380V

合上电源
总开关QF ①

SB2

交流接触
器KM线圈得
电触点动作 ④

KM-1 KM-2 KM

② 按下起动按
钮SB1触点闭合

SB1

③ 过热护继电器
常闭触点FR-1接通
KM供电电路

FR

FR-1

⑤ 电源经过热保
护继电器的热元件
FR为电动机供电

⑥ 三相交流电
动机起动运转

交流380V
L₁ L₂ L₃

合上电源总开关

QF

按下起动按钮SB1

SB2

常开主触点
KM-1闭合

KM-1

SB1 KM-2

常开辅助触
点KM-2闭合

FR

FR-1

过热护继电器常闭触点
FR-1接通控制电路的供电

KM-1闭合,接通三相
交流电源,电源经过热保护
继电器的热元件FR为电动
机供电,电动机起动运转

M
3~

KM

交流接触器
KM线圈得电

图 2-47　过热保护继电器的连接关系

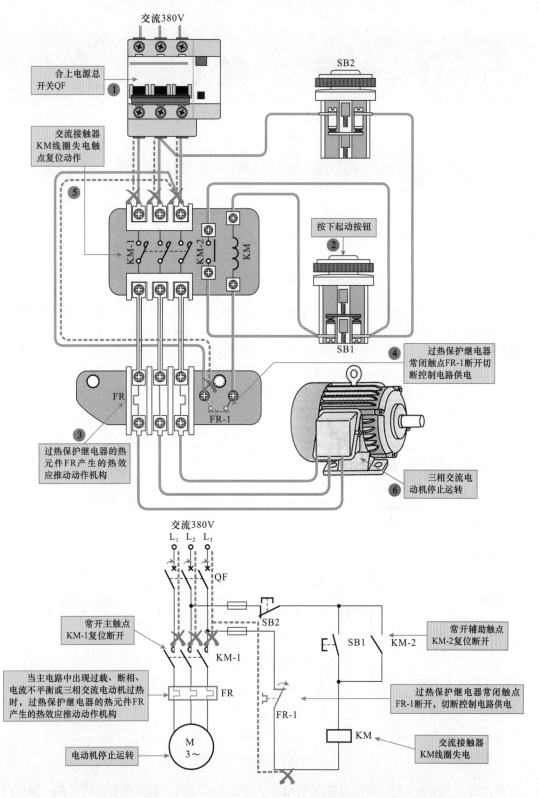

交流380V

合上电源总开关QF ①

交流接触器KM线圈失电触点复位动作

⑤

SB2

按下起动按钮 ②

KM-1　KM-2　KM

SB1

④ 过热保护继电器常闭触点FR-1断开切断控制电路供电

FR

FR-1

③ 过热保护继电器的热元件FR产生的热效应推动动作机构

⑥ 三相交流电动机停止运转

交流380V

L₁　L₂　L₃

QF

常开主触点KM-1复位断开

KM-1

当主电路中出现过载、断相、电流不平衡或三相交流电动机过热时，过热保护继电器的热元件FR产生的热效应推动动作机构

FR

SB2

常开辅助触点KM-2复位断开

SB1　KM-2

过热保护继电器常闭触点FR-1断开，切断控制电路供电

FR-1

M
3~

电动机停止运转

KM

交流接触器KM线圈失电

图2-48　电路异常时过热保护继电器的控制关系

第③章

供配电系统中的电气控制

3.1 低压供配电系统的电气控制

3.1.1 低压供电系统的电气控制

低压供电系统的电气控制电路是指为低压设备或器件供电的线路，一般应用在传输和分配低压电的场合，如低压配电箱、低压配电盘以及各种低压电气设备控制线路等。

不同的控制电路，所采用的低压供电器件和线路结构也不尽相同，也正是通过对这些器件、部件间的巧妙连接和组合设计，使得低压供电控制电路可以具有不同功能，并适用于不同的场合和环境，如图3-1所示的大棚照明灯控制电路中就采用了多个低压开关器件。

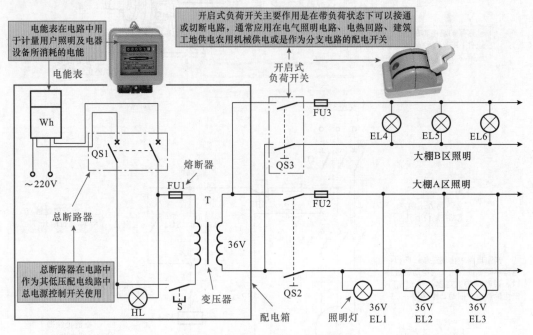

图 3-1　典型大棚照明灯控制电路

通过图3-1所示可知，该电气控制电路中主要是由电能表、总断路器、熔断器、指示灯、变压器、开启式负荷开关、照明灯、配电箱等构成的。

　　　　　　我们根据该电气控制电路图中，各低压供电系统及相关电气部件通过连接导线将相关的部件进行连接后，即构成了大棚照明控制电路，如图3-2所示。

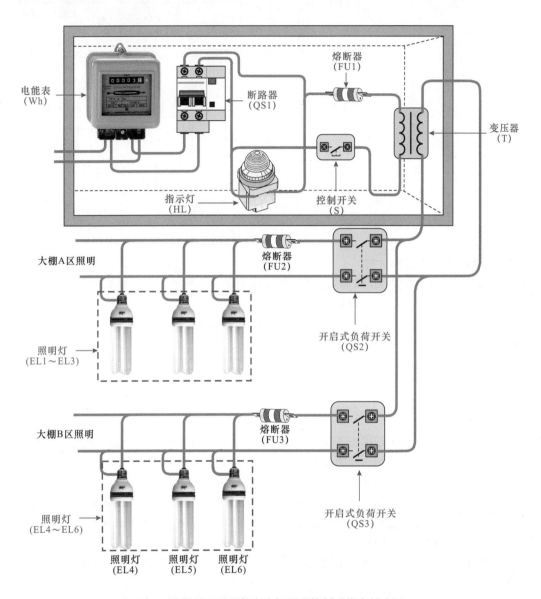

图 3-2　低压开关器件在大棚照明控制系统中的应用

　　大棚的照明电气控制系统是依靠低压开关器件（如总断路器、开启式负荷开关）进行控制的，下面就以典型的电气控制电路为例详细讲解一下低压开关器件的功能。

1. 总断路器的工作过程

　　　　　　如图3-3所示，交流220V市电经电能表 Wh、总断路器 QS1 后为降压变压器供电，指示灯 HL 接在总断路器输出端用以指示电源的状态，总断路器 QS1 接通则指示灯 HL 点亮，表明交流供电电压正常。

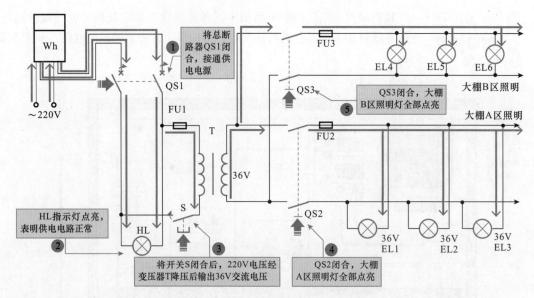

图 3-3　照明灯开关的工作过程

2. 照明灯开关的工作过程

将操作开关 S 闭合后，交流 220V 电源经熔断器 FU1 后加到电源变压器 T 初级绕组上，并由变压器的次级绕组输出 36V 交流低压。

由配电箱输出的 36V 交流低压分为两个相同结构的支路，分别为蔬菜大棚中 A 区和 B 区供电：

闭合开关 SQ2，交流 36V 电源电压经熔断器 FU2 后为 EL1～EL3 供电，照明灯点亮。

闭合开关 SQ3，交流 36V 电源电压经熔断器 FU3 后为 EL4～EL6 供电，照明灯点亮。

3.1.2　低压配电开关设备的电气控制

低压配电系统是一种为低压设备供电的配电线路，6～10kV 的高压经变压器变压后成为交流低压，经开关为低压动力柜、照明设备或动力设备提供工作电压。

图 3-4 所示为典型低压配电系统控制电路，由图可知，该电路主要是由高压输入和变压电路、低压配电线路等构成的，其中隔离开关 QS1/QS9、电力变压器 T、避雷器 F、断路器 QF1～QF8、熔断器式隔离开关 FU2～FU8 等为低压配电开关设备控制的核心器件。

由图可知，在 6～10kV 高压的进线处设置有避雷器 F，合上高压负荷隔离开关 QL1，便可为高压配电柜供电。

6～10kV 高压送入电力变压器 T 的输入端，经降压后由输出端输出 220/380V 低压。

合上隔离开关 QS1、断路器 QF1 后，220/380V 低压经 QS1、QF1 和电流互感器 TA1 送入 220/380V 母线中。

在 220/380V 母线上接有各个支路，如图 3-5 所示，当合上断路器 QF2～QF6 后，220/380V 电压经 QF2～QF6、电流互感器 TA2～TA6 为低压动力柜进行供电。

合上熔断器式隔离开关 FU2、断路器 FU7/FU8，220/380V 电压经 FU2、FU7/FU8 为低压照明进行供电。

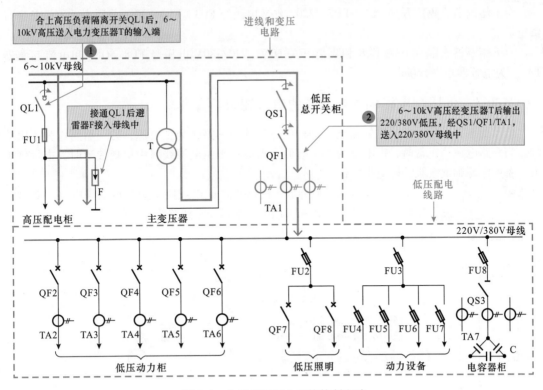

图 3-4 典型低压配电系统控制电路

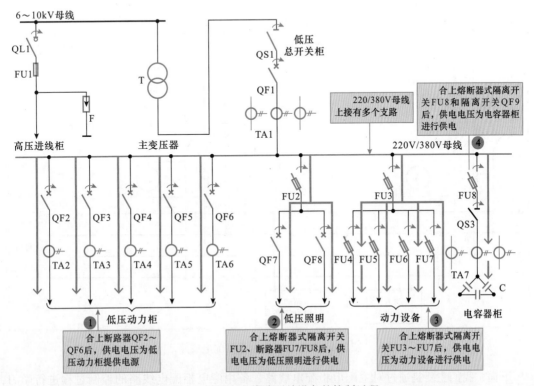

图 3-5 低压配电线路开关设备的控制过程

合上熔断器式隔离开关 FU3 ~ FU7，220/380V 电压经 FU3、FU4 ~ FU7 分别为动力设备进行供电。

合上熔断器式隔离开关 FU8 和隔离开关 QF9，220/380V 电压经 FU8、QF9 和电流互感器 TA7，为电容器柜进行供电。

3.1.3 低压配电柜供配电线路的电气控制

低压配电柜供配电常采用两路电源进行供电：其中一路作为主电源，另一路则作为备用电源。当两路电源均正常时，供电处的指示灯便会点亮；当主电源线路中出现故障时，指示灯熄灭，备用电源则继续维持配电柜工作。

图 3-6 所示为典型低压配电柜供配电线路，由图可知该电路主要是由主配电柜供配电线路和备用配电柜供配电线路等构成的。

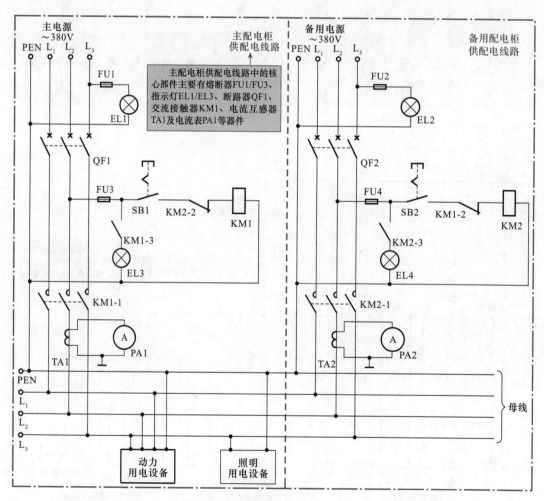

图 3-6 典型低压配电柜供配电线路

下面，我们主要是通过对主配电柜配电线路、备用配电柜配电线路的控制过程进行学习，从而了解这些电气设备的控制是怎样实现的。

1. 主配电柜配电线路的配电过程

主配电和备用配电均采用三相四线制供电线路，当这两路供电均正常时，指示灯 EL1 和 EL2 被点亮。

 使用主配电柜时，应首先闭合总断路器 QF1，接通主配电柜三相交流电源，如图 3-7 所示，然后按下按钮开关 SB1，使触点闭合，交流接触器 KM1 线圈得电，相应的触点动作。

常开辅助触点 KM1 – 3 闭合，指示灯 EL3 点亮。

常闭辅助触点 KM1 – 2 断开，防止交流接触器 KM2 线圈得电。

常开主触点 KM1 – 1 闭合，用电设备接通三相电源。

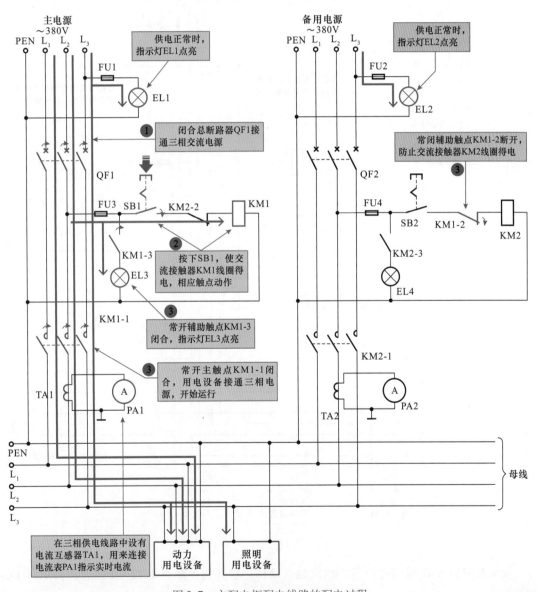

图 3-7　主配电柜配电线路的配电过程

2. 备用配电柜配电线路的配电过程

如果主电源发生故障，可使用备用电源，应先合上总断路器 QF2，接通备用配电柜三相交流电源，如图 3-8 所示，然后按下按钮开关 SB2。

当主电源有故障时，电源指示灯 EL1 熄灭，交流接触器 KM1 线圈失电，相应的触点复位，其中主触点 KM1-1 断开，KM1-2 复位接通。这种情况下为启动备用电源提供了工作条件。常闭辅助触点 KM1-2 复位闭合，使交流接触器 KM2 线圈得电。

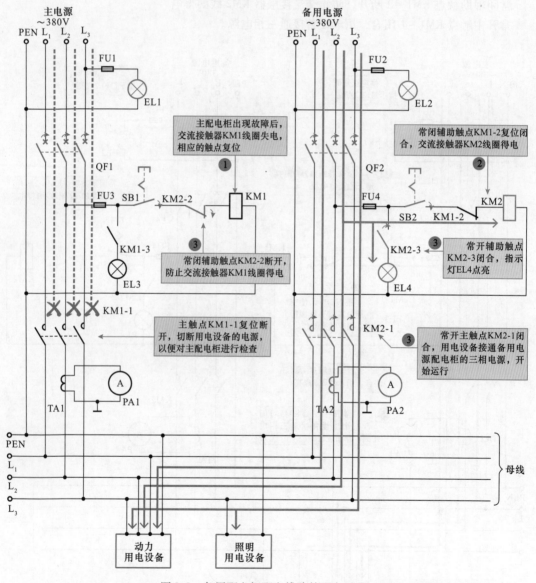

图 3-8　备用配电柜配电线路的配电过程

交流接触器 KM2 线圈得电后，相应触点动作：常开辅助触点 KM2-3 闭合，指示灯 EL4 点亮；

常闭辅助触点 KM2-2 断开，防止交流接触器 KM1 线圈得电；

常开主触点 KM2 – 1 闭合，用电设备接通备用电源配电柜的三相电源；

在三相供电线路中设有电流互感器 TA2，用来连接电流表 PA2，用以指示工作电流。

3.1.4 锅炉房低压供电系统的电气控制是如何实现的

锅炉房低压供电系统是一种应用在锅炉房的低压配电系统，其中设置有多个低压开关，分别用来控制风机电动机、出渣电动机以及水泵电动机的工作。

图 3-9 所示为典型锅炉房低压供电系统的控制电路。

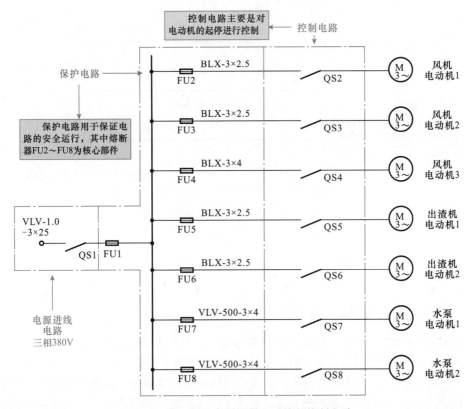

图 3-9　典型锅炉房低压供电系统的控制电路

由图可知，典型锅炉房低压供电系统的控制电路主要是由电源进线电路、保护电路以及控制电路等构成的。

图 3-10 所示为各支路上开关设备的控制过程，接通总电源开关 QS1 后，电源经熔断器 FU1 为母线供电。

在母线上接有多个支路，分别为多个风机电动机、出渣电动机和水泵电动机供电。

每一路都设有电源开关和熔断器，可单独对相应的风机电动机、出渣电动机和水泵电动机进行起停控制。

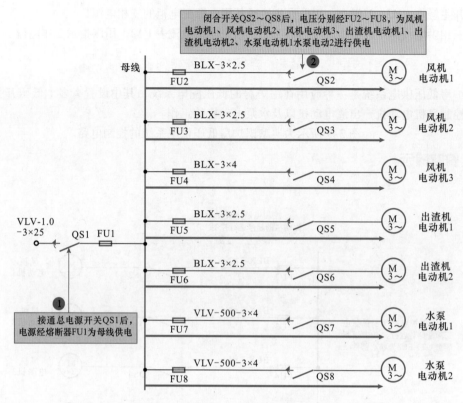

图 3-10　各支路上开关设备的控制过程

3.2　高压供配电系统的电气控制

3.2.1　高压供电系统的电气控制

高压供电系统的电气控制电路是指在高压环境下工作的线路和设备，通常这种电路主要应用在传输和分配高压电的场合，例如高压变电所、高压变电站、高压配电柜等。

不同的控制电路，所采用的高压供电系统和线路结构也不尽相同，也正是通过对这些设备、部件间的巧妙连接和组合设计，使得高压供电系统控制电路可以具有不同功能，并适用于不同的场合和环境。图 3-11 所示为典型的高压供电系统的控制电路的结构。

该高压供电系统的电气控制电路中主要是由高压隔离开关、高压断路器、高压熔断器、电压互感器、电流互感器、电力变压器、避雷器等构成的。

我们根据该电气控制电路的连接关系，将各高压供电系统及相关电气部件实物通过线路进行连接后，即可得实物连接图，如图 3-12 所示。

图 3-13 所示为典型高压供电系统控制电路的划分，该电路主要是由 35kV 电源进线控制电路、35kV/10kV 降压控制电路和 10kV 输出控制电路三个部分构成的。

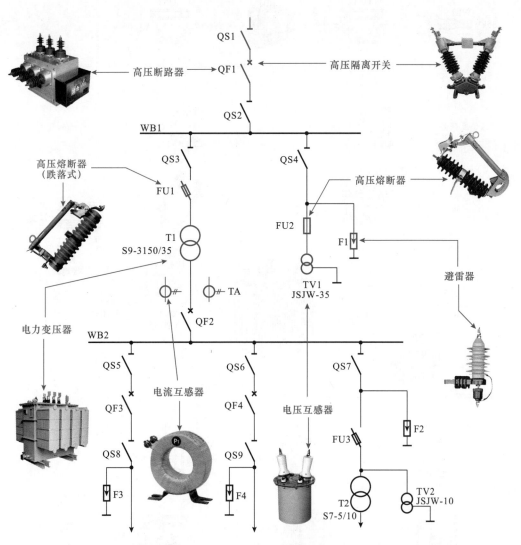

图 3-11 典型的高压供电系统的控制电路的结构

1. 35kV 高压电源的供电过程

图 3-14 所示为 35kV 高压电源的供电过程。35kV 电源电压经高压架空线路引入后，送至控制电路中。依次接通高压隔离开关 QS1、高压断路器 QF1、高压隔离开关 QS2 后，35kV 电源电压加到母线 WB1 上，为母线 WB1 提供 35kV 电压。

35kV 电源经母线 WB1 后，分为两路。一路经高压隔离开关 QS3、跌落式高压熔断器 FU1 后送至电力变压器 T1，将 35kV 高压降为 10kV，再经电流互感器、高压断路器 QF2 后加到 WB2 母线上。

另一路经高压隔离开关 QS4 后，连接到高压熔断器 FU2、电压互感器 TV1 以及避雷器 F1 等高压设备，以便对高压电源进行检测和指示。

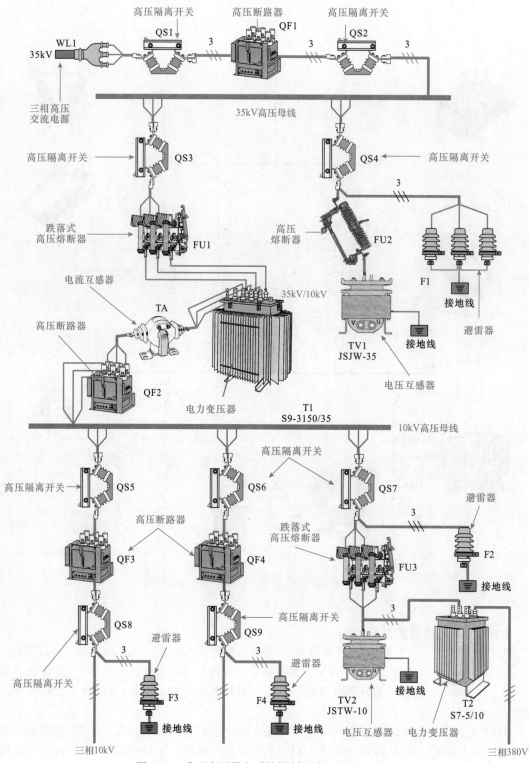

图 3-12　典型高压供电系统控制电路的实物连接图

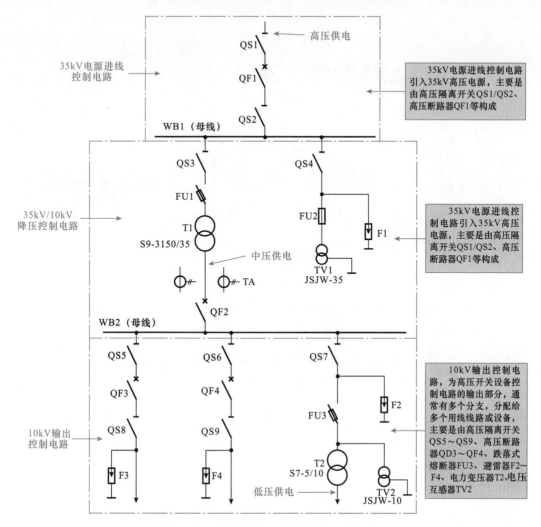

高压供电

35kV电源进线
控制电路

35kV电源进线控制电路
引入35kV高压电源，主要是
由高压隔离开关QS1/QS2、
高压断路器QF1等构成

WB1（母线）

35kV/10kV
降压控制电路

35kV电源进线控
制电路引入35kV高压
电源，主要是由高压隔
离开关QS1/QS2、高压
断路器QF1等构成

中压供电

WB2（母线）

10kV输出
控制电路

10kV输出控制电
路，为高压开关设备控
制电路的输出部分，通
常有多个分支，分配给
多个用线线路或设备，
主要是由高压隔离开关
QS5～QS9、高压断路
器QD3～QF4、跌落式
熔断器FU3、避雷器F2～
F4、电力变压器T2、电压
互感器TV2

低压供电

图 3-13　典型高压供电系统控制电路的划分

2. 10kV 输出控制电路的供电过程

图 3-15 所示为 10kV 输出控制电路的供电过程。10kV 电压加到母线 WB2 后分为三个支路。第一个支路和第二个支路相同，均经高压隔离开关（QS5、QS6、QS8、QS9）、高压断路器（QF3、QF4）后送出，并在线路中安装有避雷器（F3、F4）。

第三个支路首先经高压隔离开关 QS7、跌落式高压熔断器 FU2，送至电力变压器 T2 上，经 T2 降压为 0.4kV 电压后输出。在变压器 T2 前部安装有电压互感器 TV2，由电压互感器测量配电线路中的电压。

3.2.2 楼宇变电所高压供电系统的电气控制

楼宇变电所高压供电系统控制电路是一种应用在高层住宅小区或办公楼中的变电所，其内部采用多个高压供电系统对线路的通断进行控制，从而为高层的各个楼层进行供电。

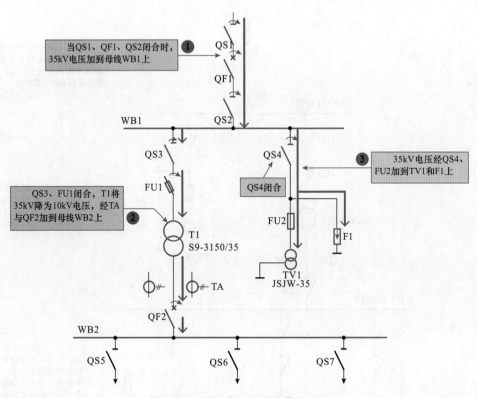

图 3-14　35kV 高压电源的供电过程

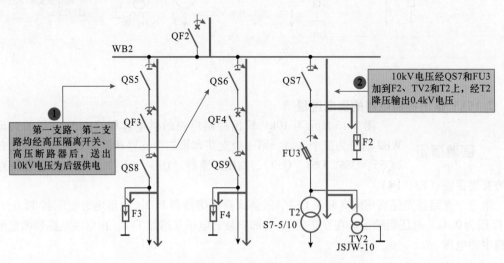

图 3-15　10kV 输出控制电路的供电过程

　　图 3-16 所示为典型楼宇变电所高压供电系统控制电路的供电过程。该楼宇变电所高压供电系统控制电路主要是由 1 号电源电路和 2 号电源电路构成的。电路中设置有高压断路器 QF1～QF4、低压断路器 QF5～QF9、电

流互感器 TA1/TA2、电压互感器 TV1/TV2、避雷器 F1/F2、电力变压器 T1/T2 等器件。

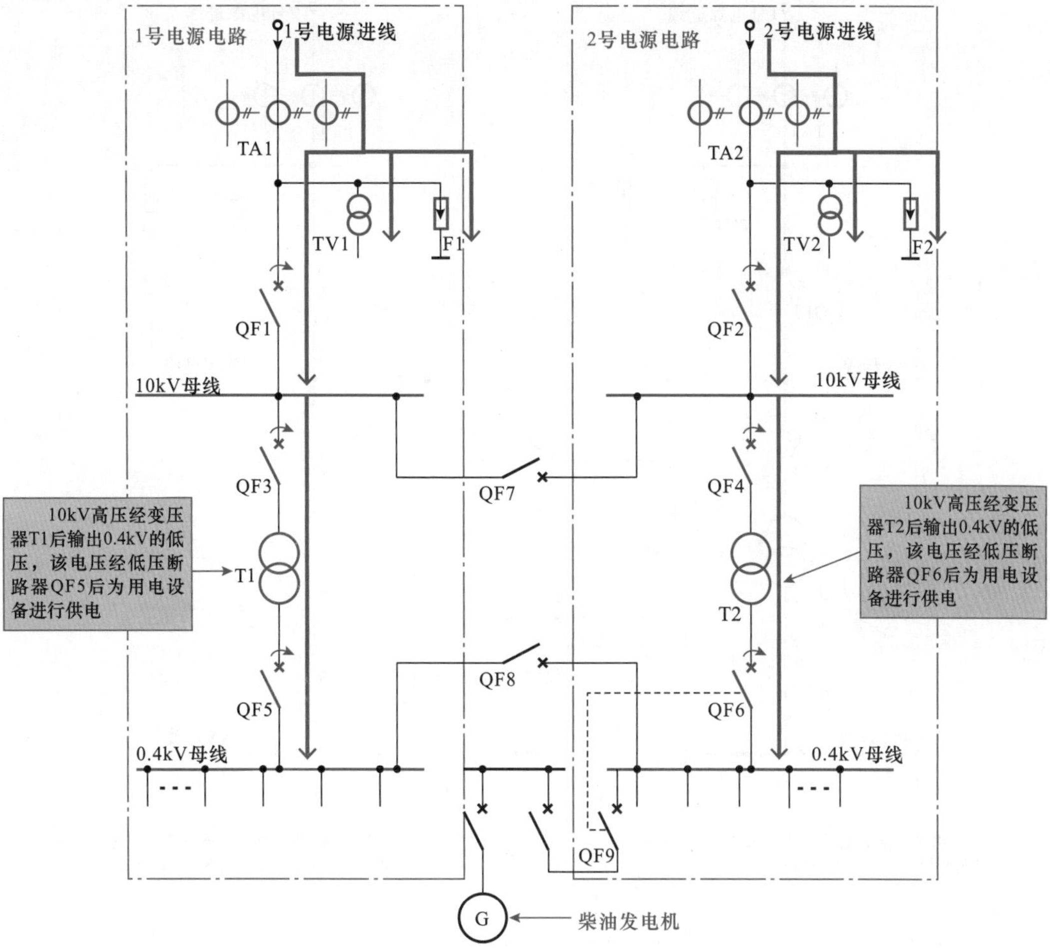

图 3-16　典型楼宇变电所高压供电系统控制电路的供电过程

1 号电源电路的工作过程：10kV 高压经电流互感器 TA1 送入，在进线处安装有电压互感器 TV1 和避雷器 F1。合上高压断路器 QF1 和 QF3，10kV 高压经母线后送入电力变压器 T1 的输入端，T1 输出端输出 0.4kV 低压。合上低压断路器 QF5 后，0.4kV 低压经 QF5 为用电设备进行供电。

2 号电源电路的工作过程：10kV 高压经电流互感器 TA2 送入，在进线处安装有电压互感器 TV2 和避雷器 F2。合上高压断路器 QF2 和 QF4，10kV 高压经母线后送入电力变压器 T2 的输入端，T2 输出端输出 0.4kV 低压。合上低压断路器 QF6 后，0.4kV 低压经 QF6 为用电设备进行供电。

若一台电力变压器出现故障，可由另一台电力变压器提供电压，以 **1 号电源电路中的电力变压器 T1** 出现故障为例，两路电源的备用工作过程如图 **3-17**所示。当 **1 号电源电路中的电力变压器 T1 出现故障后，1 号电源电路停止工作。合上低压断路器 QF8，由 2 号电源电路输出的 0.4kV 电压便会经 QF8 为 1 号电源电路中的负载设备供电，以维持其正常工作。此外，在该电路中还设有柴油发电机 G，在两路电源均出现故障后，则可起动柴油发电机，进行临时供电。**

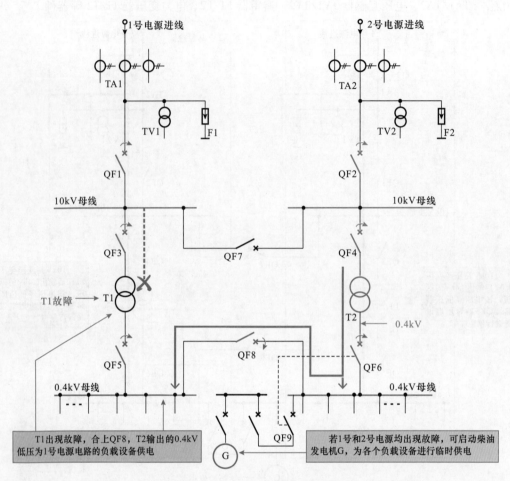

图 3-17　两路电源的备用工作过程

3.2.3　企业 10kV 配电柜高压供电系统的电气控制

企业 10kV 配电柜高压供电系统控制电路是一种企业中比较常见的配电线路，可将 10kV 的高压通过配电线路为各个设备进行供电，在线路中还接有电流互感器等设备。此外电路中还接有备用电源，在主电源出现故障时，可维持负载设备的正常工作。

1. 控制电路的供电过程

图 3-18 所示为典型企业 10kV 配电柜高压供电系统控制电路的供电过程。该电路主要是由电源进线电路、高压配电柜以及备用电源进线电路构成的。电路中包括高压隔离开关 QS1 ～ QS10、高压断路器 QF1 ～ QF6、电流互感器 TA1 ～ TA6、电压互感器 TV1/TV2、避雷器 F1/F2、电力变压器 T1/T2 等器件。

在电源进线处设置有避雷器 F1 和 F2、电压互感器 TV1 等设备。合上高压隔离开关 QS2 和高压断路器 QF1，10kV 高压经 QS2 和 QF1、电流互感器 TA1 送入 10kV 母线中，10kV 母线将高压分为多路，为各个配电柜进行供电。在每个分支供电电路中，都设有控制供电的开关（高压隔离开关和高压断路器），可单独进行控制。

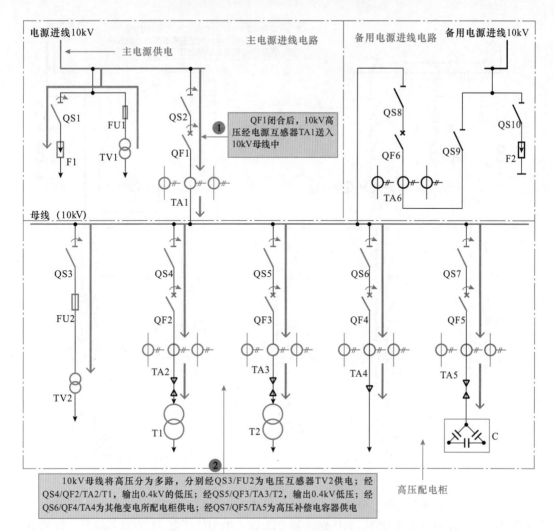

图 3-18 典型企业 10kV 配电柜高压供电系统控制电路的供电过程

2. 备用电源的工作过程

图 3-19 所示为备用电源的工作过程。当主电源电路出现故障后，可合上高压隔离开关 QS8 和 QS9，以及高压断路器 QF6，备用电源的 10kV 高压经 TA6 为母线继续供电，确保高压配电柜能够继续工作。

3.2.4　工厂配电高压供电系统的电气控制

工厂配电高压供电系统控制电路是一种为工厂车间进行供电的配线系统，电路中设置有多个高压供电系统，例如高压断路器、高压隔离开关等设备，这些开关设备可以控制线路的通断，从而为车间的用电设备进行供电。

图 3-20 所示为典型工厂配电高压供电系统控制电路的工作过程。该电路主要包括高压隔离开关 QS1～QS25、高压断路器 QF1～QF16、高压负荷隔离开关 QL1～QL3、电力变压器 T1～T8 等器件。

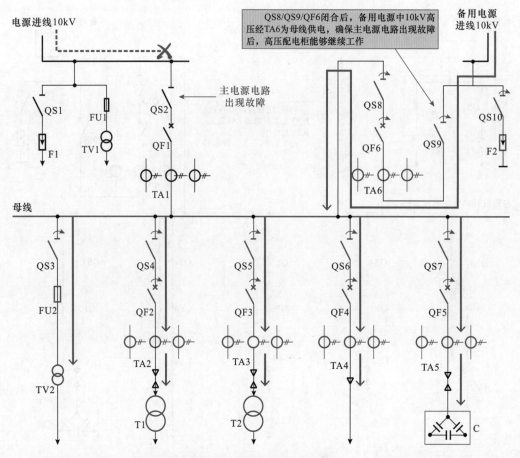

图 3-19　备用电源的工作过程

　　高压配电线路主要有两条，分别为 1 号配电线路和 2 号配电线路。1 号配电线路中，35kV 高压经高压隔离开关 QS1 和 QS3、高压断路器 QF1 送入电力变压器 T1 的输入端上，T1 降压后输出 6kV 高压，经高压断路器 QF4 和高压隔离开关 QS7，送到 6kV 母线 WB1 上。

　　6kV 母线 WB1 分为多路，为各个车间进行供电。一路经高压隔离开关 QS9、高压断路器 QF6 和高压负荷隔离开关 QL1 送入电力变压器 T3 的输入端，T3 输出端输出的电压为金工车间进行供电。

　　一路经高压隔离开关 QS10、高压断路器 QF7 和高压负荷隔离开关 QL2 送入电力变压器 T4 的输入端，T4 输出端输出的电压为铸件清理车间进行供电。

　　一路经高压隔离开关 QS11、高压断路器 QF8、高压隔离开关 QS18/QS22、高压断路器 QF13 送入电力变压器 T5 的输入端，T5 输出端输出的电压为铸钢车间进行供电。

　　一路经高压隔离开关 QS12、高压断路器 QF9、高压隔离开关 QS19/QS23、高压断路器 QF14 送入电力变压器 T6 的输入端，T6 输出端输出的电压为铸铁车间进行供电。

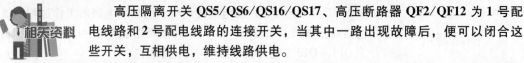

高压隔离开关 QS5/QS6/QS16/QS17、高压断路器 QF2/QF12 为 1 号配电线路和 2 号配电线路的连接开关，当其中一路出现故障后，便可以闭合这些开关，互相供电，维持线路供电。

2 号配电线路与 1 号线路结构相同，35kV 高压经高压隔离开关 QS2 和 QS4、高压断路器

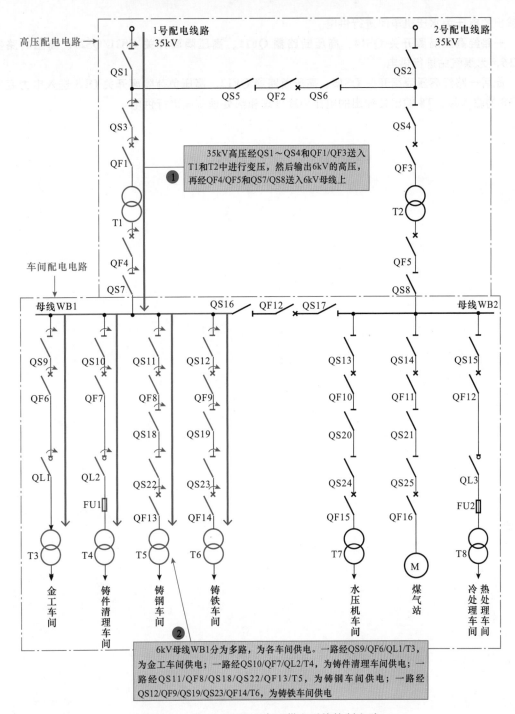

高压配电电路→

1号配电线路
35kV

2号配电线路
35kV

QS1　QS2

QS5　QF2　QS6

QS3　QS4

QF1　QF3

① 35kV高压经QS1～QS4和QF1/QF3送入T1和T2中进行变压，然后输出6kV的高压，再经QF4/QF5和QS7/QS8送入6kV母线上

T1　T2

车间配电电路→

QF4　QF5

QS7　QS8

母线WB1　QS16　QF12　QS17　母线WB2

QS9　QS10　QS11　QS12　QS13　QS14　QS15

QF6　QF7　QF8　QF9　QF10　QF11　QF12

QS18　QS19　QS20　QS21

QL1　QL2　QS22　QS23　QS24　QS25　QL3

FU1　QF13　QF14　QF15　QF16　FU2

T3　T4　T5　T6　T7　M　T8

金工车间　铸件清理车间　铸钢车间　铸铁车间　水压机车间　煤气站　冷处理车间　热处理车间

② 6kV母线WB1分为多路，为各车间供电。一路经QS9/QF6/QL1/T3，为金工车间供电；一路经QS10/QF7/QL2/T4，为铸件清理车间供电；一路经QS11/QF8/QS18/QS22/QF13/T5，为铸钢车间供电；一路经QS12/QF9/QS19/QS23/QF14/T6，为铸铁车间供电

图3-20　典型工厂配电高压供电系统控制电路

QF3送入电力变压器**T2**的输入端上，经降压后输出**6kV**高压，经高压断路器**QF5**和高压隔离开关**QS8**，送入**6kV**母线**WB2**上。

6kV母线**WB2**又分为多路，为各个车间进行供电。一路经高压隔离开关**QS13**、高压断路器**QF10**、高压隔离开关**QS20/QS24**、高压断路器**QF15**送入电力变压器**T7**的输入端，**T7**输出端输出的电压为水压机车间进行供电。

一路经高压隔离开关 QS14、高压断路器 QF11、高压隔离开关 QS21/QS25、高压断路器 QF16，为煤气站进行供电。

最后一路经高压隔离开关 QS15、高压断路器 QF12、高压负荷隔离开关 QL3 送入电力变压器 T8 的输入端，T8 输出端输出的电压为冷处理和热处理车间进行供电。

第④章

直流电动机的电气控制

4.1 直流电动机的控制电路

4.1.1 直流电动机控制电路的特点

图解演示

直流电动机控制电路采用直流供电，控制线路通过各种电器部件的组合连接可实现多种不同的控制功能，例如直流电动机的起动、运转、变速、制动和停机等的多种控制。无论是实现怎样的功能，均是通过相关控制部件、功能部件以及直流电动机以不同的连接方式构成的。图4-1所示为典型直流电动机控制电路。

熔断器在电路中用于过载、短路保护 ← 熔断器

起动按钮（不闭锁的常开按钮）用于直流电动机的起动控制

停止按钮 ← 停止按钮（不闭锁的常闭按钮）用于直流电动机的停机控制

QS1　FU1

KM1-1

SB2　KM1-3　KT1-1

起动按钮

直流电动机 →

L_1

L_2　WS

M

SB1

KM1-2

该电路中的时间继电器的触点为延时闭合的常闭触点。该触点在时间继电器线圈得电时立即断开，在时间继电器线圈失电后延时复位闭合

直流电动机在电路中通过控制部件控制，接通电源起动运转，为不同的机械设备提供动力

KM2-1　R_1

KM3-1　R_2

KT2-1

电源总开关 →

FU2

KM1　KT1　KT2　KM2　KM3

熔断器

直流接触器

时间继电器

电源总开关在电路中用于接通直流电源

直流接触器通过线圈的得电，触点动作，接通直流电动机的直流电源，起动直流电动机工作

时间继电器通过延时或周期性定时接通、切断某些控制电路，控制直流电动机、继电器等电气设备工作

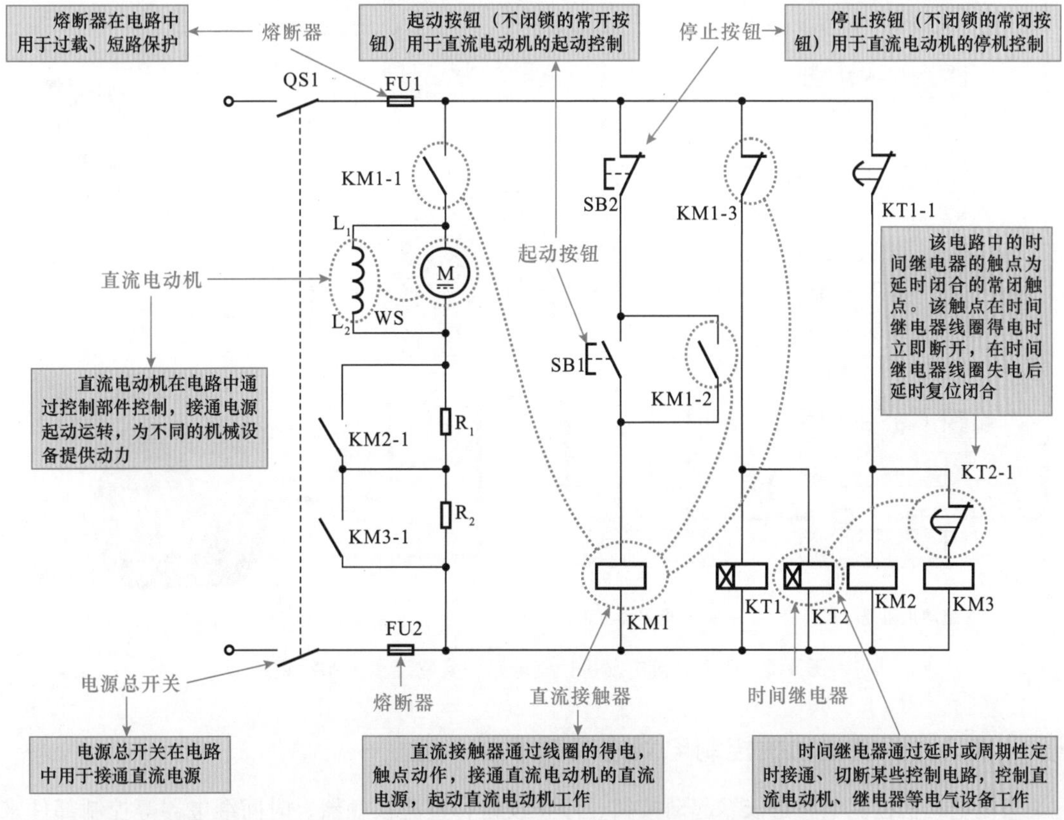

图4-1　典型直流电动机控制电路

直流电动机主要是由电源总开关 QS、熔断器 FU、直流电动机（M）、起动按钮（SB）、停止按钮/不闭锁的常闭按钮（SB）、直流接触器（KM）、时间继电器（KT）等构成。图 4-2 所示为典型直流电动机控制电路的实物连接关系示意图。

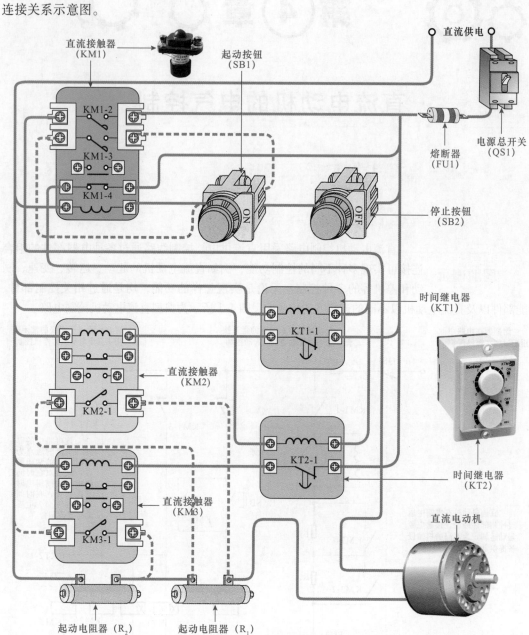

图 4-2　典型直流电动机控制电路的实物连接关系示意图

4.1.2　直流电动机控制电路的控制过程

直流电动机控制电路是依靠起动按钮、停止按钮、直流接触器、时间继电器等控制部件来对直流电动机进行控制的。

图 4-3 所示为典型的直流电动机控制电路。直流电动机控制电路主要是由供电电路、保护电路、控制电路及直流电动机等部分构成的。

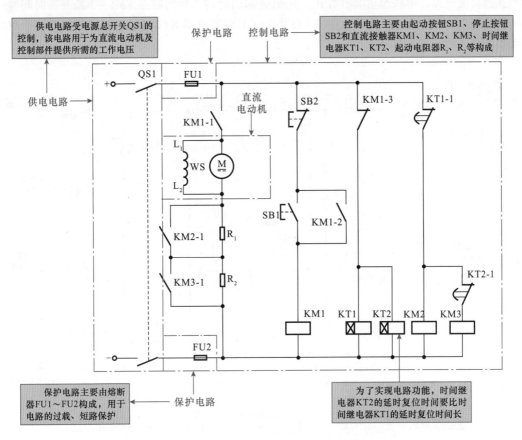

供电电路受电源总开关QS1的控制，该电路用于为直流电动机及控制部件提供所需的工作电压

控制电路主要由起动按钮SB1、停止按钮SB2和直流接触器KM1、KM2、KM3、时间继电器KT1、KT2、起动电阻器R₁、R₂等构成

保护电路主要由熔断器FU1~FU2构成，用于电路的过载、短路保护

为了实现电路功能，时间继电器KT2的延时复位时间要比时间继电器KT1的延时复位时间长

图 4-3 典型的直流电动机控制电路

直流电动机控制电路主要是由供电电路、保护电路、控制电路及直流电动机等部分组成的。

控制电路主要由起动按钮 SB1、停止按钮 SB2 和直流接触器 KM1、KM2、KM3、时间继电器 KT1、KT2、起动电阻器 R_1、R_2 等构成，通过起停按钮开关控制直流接触器触点的闭合与断开，通过触点的闭合与断开来改变串接在电枢回路中起动电阻器的数量，用于控制直流电动机的转速。从而实现对直流电动机工作状态的控制。

1. 直流电动机的起动控制过程

根据直流电动机控制电路的起动控制过程，将直流电动机的起动控制过程划分成 3 个阶段：第 1 阶段是直流电动机的低速起动过程；第 2 阶段是直流电动机的速度提升过程；第 3 阶段是直流电动机的起动完成过程。

（1）直流电动机的低速起动过程

如图 4-4 所示，合上电源总开关 QS1，接通直流电源。时间继电器 KT1、KT2 线圈得电。由于时间继电器 KT1、KT2 的触点 KT1–1、KT2–1 均为延时闭合的常闭触点，因此在时间继电器线圈得电后，其触点KT1–1、

KT2-1瞬间断开，防止直流接触器KM2、KM3线圈得电。按下起动按钮SB1，直流接触器KM1线圈得电。

直流接触器KM1线圈得电，常开触点KM1-2闭合自锁。常开触点KM1-1闭合，直流电动机接通直流电源，串联起动电阻器 R_1、R_2 低速起动运转。常闭触点KM1-3断开，时间继电器KT1、KT2线圈失电，进入延时复位计时状态（时间继电器KT2的延时复位时间要长于时间继电器KT1的延时复位时间）。

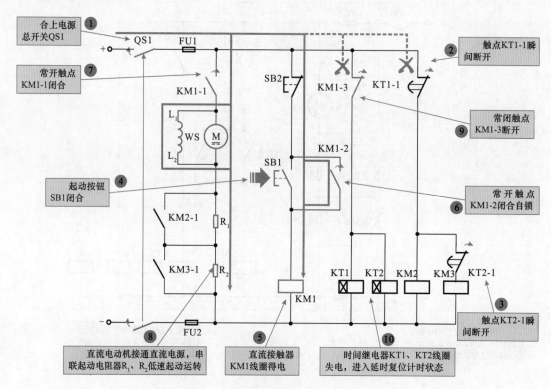

图4-4　直流电动机的低速起动过程

（2）直流电动机的速度提升过程

如图4-5所示，当达到时间继电器KT1预先设定的复位时间时，常闭触点KT1-1复位闭合。直流接触器KM2线圈得电。常开触点KM2-1闭合，短接起动电阻器 R_1。直流电动机串联起动电阻 R_2 运转，转速提升。

（3）直流电动机的起动完成过程

如图4-6所示，当时间继电器KT2达到预先设定的复位时间时，常闭触点KT2-1复位闭合。直流接触器KM3线圈得电。常开触点KM3-1闭合，短接起动电阻器 R_2。直流电动机工作在额定电压下，进入正常运转状态。

2. 直流电动机的停机控制过程

当需要直流电动机停机时，按下停止按钮SB2。直流接触器KM1线圈失电。常开触点KM1-1复位断开，切断直流电动机的供电电源，直流电动机停止运转。常开触点KM1-2复位断开，解除自锁功能。常闭触点KM1-3复位闭合，为直流电动机下一次起动做好准备。

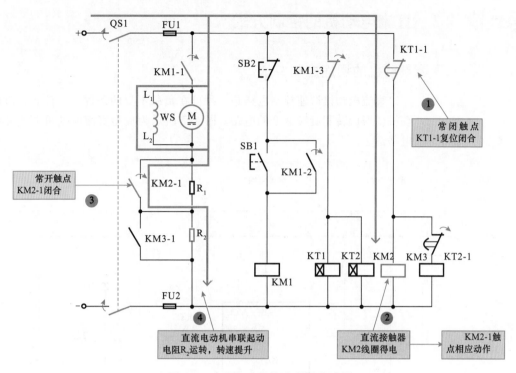

图4-5 直流电动机的速度提升过程

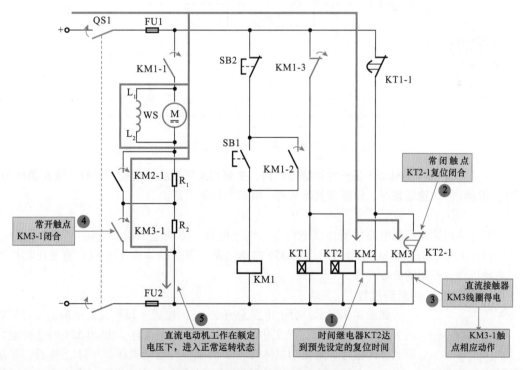

图4-6 直流电动机的起动完成过程

4.2 直流电动机的控制方式

4.2.1 直流电动机的调速控制

直流电动机调速控制电路是一种可在负载不变的条件下，控制直流电动机稳速旋转和旋转速度的电路。图4-7所示为典型直流电动机调速控制电路。

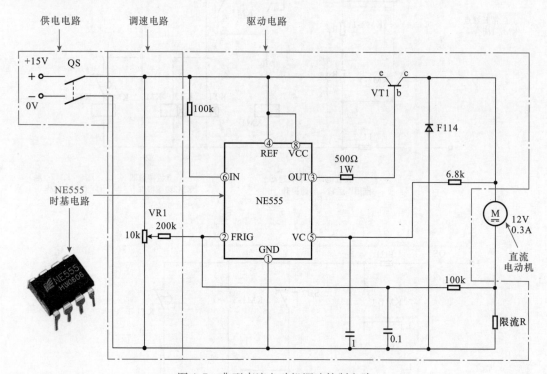

图4-7 典型直流电动机调速控制电路

NE555是一种计数器电路，主要用来产生脉冲信号，具有计数精确度高、稳定性好、价格便宜等优点，其应用比较广泛。

直流电动机调速控制电路主要由供电电路、调速电路、驱动电路以及直流电动机等组成。该电路中的10kΩ速度调整电阻器VR1、NE555时基电路、驱动晶体管VT1以及直流电动机为直流电动机调速控制的核心部件。

1. 直流电动机的起动过程

如图4-8所示，合上电源总开关QS，接通+15V直流电源。+15V直流为NE555的⑧脚提供工作电源，NE555开始工作。由NE555的③脚输出驱动脉冲信号，来驱动晶体管VT1的基极。驱动晶体管VT1工作后，其集电极输出脉冲电压。+15V直流电压经VT1变成脉冲电流为直流电动机供电。直流电动机开始起动运转。

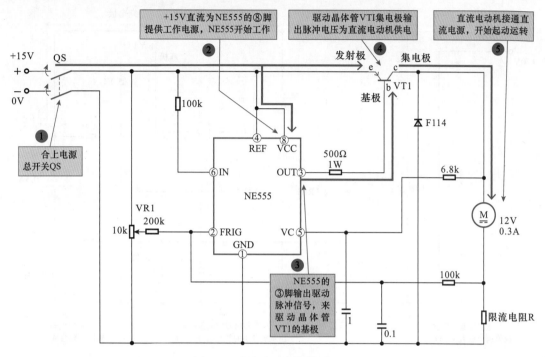

图 4-8 直流电动机的起动过程

2. 直流电动机的稳速控制过程

直流电动机的电流会在限流电阻 R 上产生压降。该压降经 100k 电阻器反馈到 NE555 的②脚。控制 NE555 的③脚输出脉宽的宽度，实现对直流电动机稳速的控制。

3. 直流电动机的升降速控制过程

根据直流电动机转速控制电路的转速控制，将直流电动机的转速控制过程划分成 2 个阶段：第 1 阶段是直流电动机的低速控制过程；第 2 阶段是直流电动机的高速控制过程。

（1）直流电动机的低速控制过程

如图 4-9 所示，将速度调整电阻器 VR1 的阻值调至最大（10kΩ）。+15V直流电压经过 VR1 和 200k 电阻器串联送入 NE555 的②脚。NE555 内部控制③脚输出宽度最小的脉冲信号，直流电动机转速达到最低。

（2）直流电动机的高速控制过程

将速度调整电阻器 VR1 的阻值调至最小（0Ω）。+15V 直流电压只经过 200k 电阻器串联送入 NE555 的②脚。NE555 内部控制③脚输出宽度最大的脉冲信号，直流电动机转速达到最高。需停机时，将电源总开关 QS 关闭即可。

4.2.2 直流电动机的减压起动控制

减压起动的直流电动机控制电路是指直流电动机在起动时，将起动电阻 RP 串入直流电动机中，以限制起动电流，当直流电动机在低速旋转一段时间后，再把起动变阻器从电路中消除（使之短路），使直流电动机正常运转。图 4-10 所示为典型减压起动的直流电动机控制电路。使用变阻器起动的直流电动机控制电路主要是由供电电路、保护电路、控制电路和直流电动机等构成。

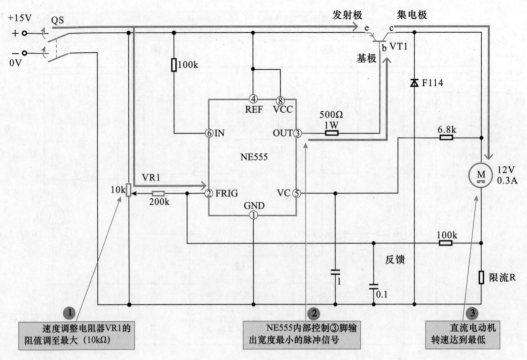

图 4-9　直流电动机的低速运转过程

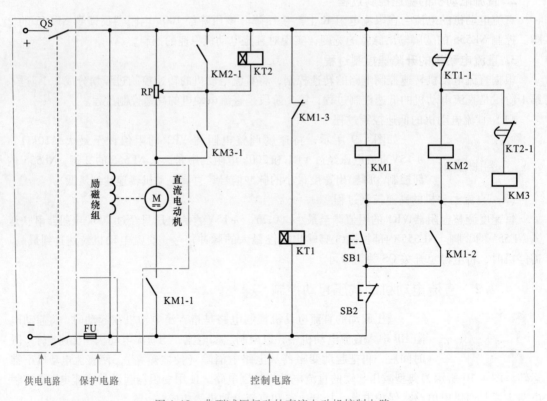

图 4-10　典型减压起动的直流电动机控制电路

该电路中的电源总开关 **QS**、可变电阻器 **RP**、起动按钮 **SB1**、停止按钮 **SB2**、时间继电器 **KT1** 和 **KT2**、直流接触器 **KM1**、**KM2**、**KM3** 等为该电路的核心部件。

1. 直流电动机的起动过程

根据直流电动机控制电路的起动控制过程，将直流电动机的起动控制过程划分成 3 个阶段：第 1 阶段是直流电动机低速起动的过程；第 2 阶段是直流电动机中速运转的过程；第 3 阶段是直流电动机高速运转的过程。

（1）直流电动机低速起动的过程

 如图 4-11 所示，合上电源总开关 QS，接通电源。时间继电器 KT1 的线圈得电，常闭触点 KT1 – 1 断开，防止直流接触器 KM2 线圈得电。

按下起动按钮 SB1。直流接触器 KM1 线圈得电，常开触点 KM1 – 2 闭合，实现自锁功能。常开触点 KM1 – 1 闭合，直流电动机与起动电阻器 RP 串联，直流电动机开始低速运转。同时时间继电器 KT2 线圈得电，常闭触点 KT2 – 1 断开，防止直流接触器 KM3 线圈得电。常闭触点 KM1 – 3 断开，时间继电器 KT1 线圈失电，进入等待计时状态（预先设定的等待时间）。

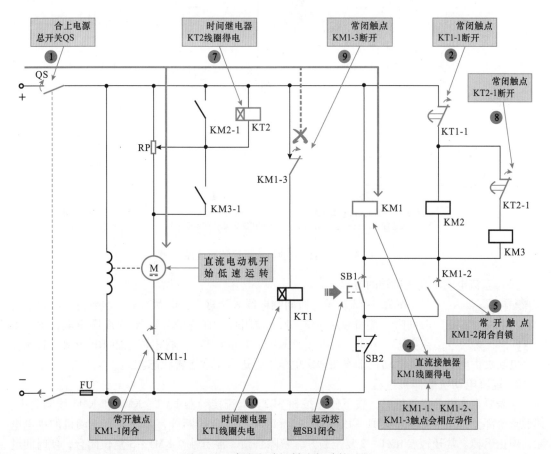

图 4-11　直流电动机低速起动的过程

（2）直流电动机中速运转的过程

如图 4-12 所示，时间继电器 KT1 进入计时状态后，当到达预先设定的时间时，常闭触点 KT1-1 复位闭合。直流接触器 KM2 线圈得电，常开触点 KM2-1 闭合。电压经 KM2-1 和可变电阻器 RP 的一部分送入直流电动机中，RP 阻值变小，直流电动机转速继续上升。常开触点 KM2-1 将时间继电器 KT2 回路短接，时间继电器 KT2 线圈失电，进入等待计时状态。

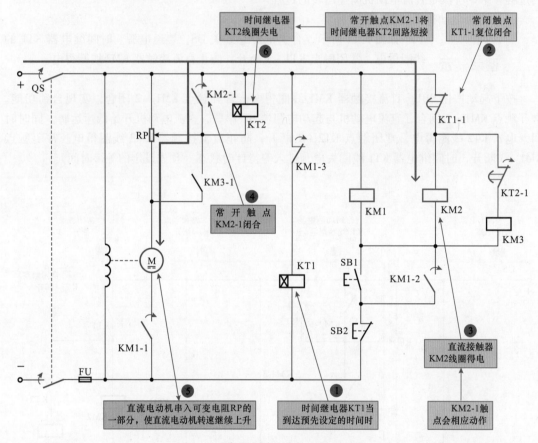

图 4-12　直流电动机中速运转的过程

（3）直流电动机高速运转的过程

如图 4-13 所示，时间继电器 KT2 进入计时状态后，当到达预先设定的时间时，常闭触点 KT2-1 复位闭合。直流接触器 KM3 线圈得电，常开触点 KM3-1 闭合。电压经 KM2-1 和 KM3-1 将限流电阻 RP 短接，直接为直流电动机供电，使直流电动机工作在额定电压下，进入正常运转状态。

2. 直流电动机的停机过程

当需要直流电动机停机时，按下停止按钮 SB2。直流接触器 KM1、KM2 和 KM3 线圈失电，其触点全部复位。常开触点 KM1-1、KM2-1 和 KM3-1 复位断开，切断直流电动机的供电电源，停止运转。常开触点 KM1-2 复位断开，解除自锁。常闭触点 KM1-3 复位闭合，使时间继电器 KT1 线圈得电，为下一次的起动做好准备。

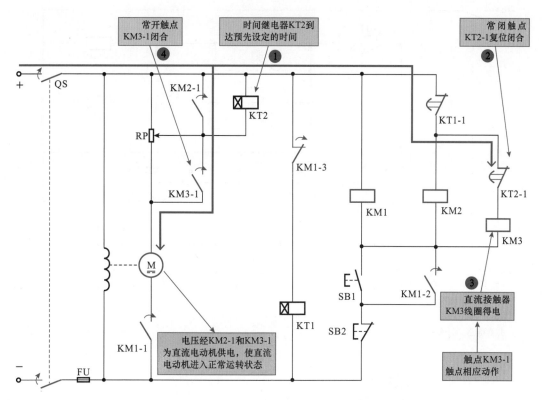

图 4-13 直流电动机高速运转的过程

4.2.3 直流电动机的正反转连续控制

直流电动机正反转连续控制电路是指通过起动按钮控制直流电动机进行长时间正向运转和反向运转的控制电路。

具体来说，当按下电路中的正转起动按钮时，接通正转直流接触器线圈的供电电源，其常开触点闭合自锁，即使松开正转起动按钮，仍能保证正转直流接触器线圈的供电，直流电动机保持正向运转。

同理当按下电路中的反转起动按钮时，接通反转直流接触器线圈的供电电源，其常开触点闭合自锁，即使松开反转起动按钮，仍能保证反转直流接触器线圈的供电，直流电动机保持反向运转。图 4-14 所示为直流电动机正反转连续控制电路。

直流电动机正反转连续控制电路主要由供电电路、保护电路、控制电路和直流电动机等构成。该电路中的电源总开关 QS、熔断器 FU、正转起动按钮 SB1、反转起动按钮 SB2、停止按钮 SB3、正转直流接触器 KMF、反转直流接触器 KMR、起动电阻器 R_1、直流电动机等为直流电动机正反转连续控制的核心部件。

直流电动机是由电枢与励磁绕组两部分组成，如图 4-15 所示。直流电动机的电枢为转子部分，而励磁绕组相当于定子部分。只有当电枢与励磁绕组同时得电时，才能保证直流电动机运转。

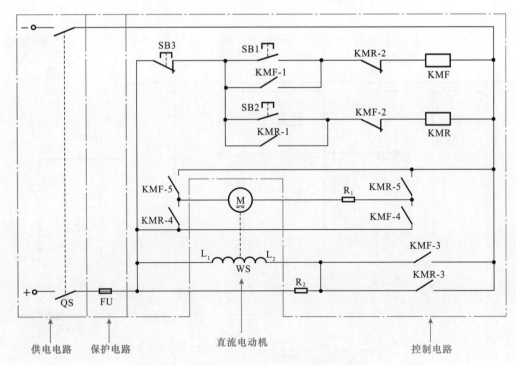

图 4-14   直流电动机正反转连续控制电路

直流电动机电枢   直流电动机励磁绕组

图 4-15   直流电动机结构

1. 直流电动机正转起动过程

如图 4-16 所示，合上电源总开关 QS，接通直流电源。按下正转起动按钮 SB1。正转直流接触器 KMF 线圈得电，其触点全部动作。正转直流接触器 KMF 线圈得电，常开触点 KMF－1 闭合实现自锁功能。常闭触点 KMF－2 断开，防止反转直流接触器 KMR 线圈得电。常开触点 KMF－3 闭合，直流电动机励磁绕组 WS 得电。常开触点 KMF－4、KMF－5 闭合，直流电动机串联起动电阻器 R_1 正向起动运转。

2. 直流电动机正转停机过程

当需要直流电动机正转停机时，按下停止按钮 SB3。正转直流接触器 KMF 线圈失电。常开触点 KMF－1 复位断开，解除自锁功能。常闭触点 KMF－2 复位闭合，为直流电动机反转起动做好准备。常开触点 KMF－3 复位断开，直流电动机励磁绕组 WS 失电。常开触点 KMF－4、KMF－5 复位断开，切断直流电动机供电电源，直流电动机停止正向运转。

3. 直流电动机反转起动过程

如图 4-17 所示，当需要直流电动机进行反转起动时，需先停止直流电动机的正向运转后，才可起动直流电动机进行反向运转。按下反转起动按钮 SB2。

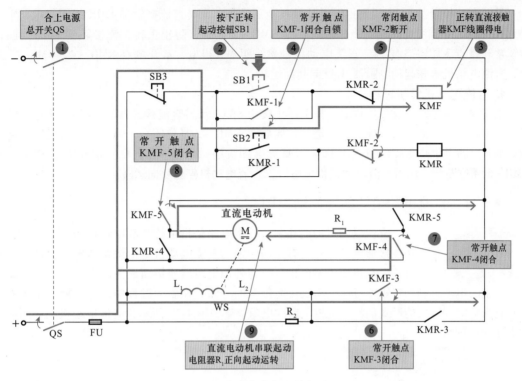

图 4-16　直流电动机正转起动过程

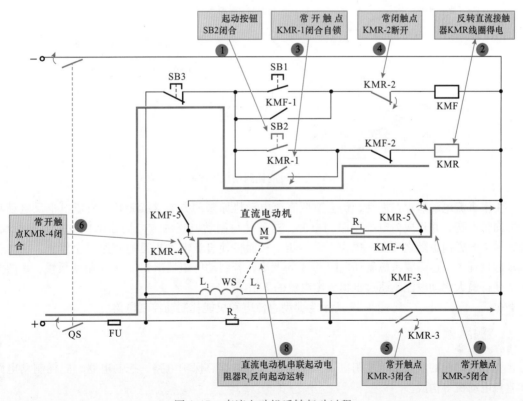

图 4-17　直流电动机反转起动过程

反转直流接触器 KMR 线圈得电，其触点全部动作。反转直流接触器 KMR 线圈得电，常开触点 KMR-1 闭合实现自锁功能。常闭触点 KMR-2 断开，防止正转直流接触器 KMF 线圈得电。常开触点 KMR-3 闭合，直流电动机励磁绕组 WS 得电。常开触点 KMR-4、KMR-5 闭合，直流电动机串联起动电阻器 R₁ 反向起动运转。

4. 直流电动机停机过程

当需要直流电动机反转停机时，按下停止按钮 SB3。反转直流接触器 KMR 线圈失电。常开触点 KMR-1 复位断开，解除自锁功能。常闭触点 KMR-2 复位闭合，为直流电动机正转起动做好准备。常开触点 KMR-3 复位断开，直流电动机励磁绕组 WS 失电。常开触点 KMR-4、KMR-5 复位断开，切断直流电动机供电电源，直流电动机停止反向运转。

4.2.4 直流电动机的能耗制动控制

直流电动机的能耗制动控制电路是指维持直流电动机的励磁不变，把正在接通电源，并具有较高转速的直流电动机电枢绕组从电源上断开，使直流电动机变为发电机，并与外加电阻器连接而成为闭合回路，利用此电路中产生的电流及制动转矩使直流电动机快速停车的方法。在制动过程中，是将拖动系统的动能转化为电能并以热能形式消耗在电枢电路的电阻器上，图4-18所示为直流电动机能耗制动控制电路的原理图。

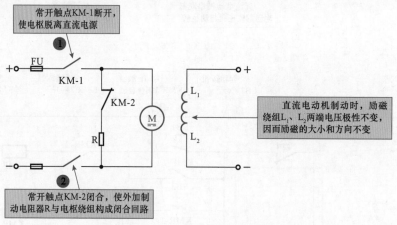

图4-18 直流电动机能耗制动控制电路的原理图

由于直流电动机存在惯性，仍会按照直流电动机原来的方向继续旋转，所以电枢反电动势的方向也不变，并且成为电枢回路的电源，这就使得制动电流的方向同原来供电的方向相反，电磁转矩的方向也随之改变，成为制动转矩，从而促使直流电动机迅速减速以至停止。在能耗制动的过程中，还需要考虑制动电阻器 R 的大小，若制动电阻器 R 的太大，制动缓慢。R 的大小要使得最大制动电流不超过电枢额定电流的 2 倍。

图4-19所示为典型直流电动机能耗制动控制电路。

直流电动机的能耗制动控制电路主要是由供电电路、保护电路、控制电路、能耗制动电路和直流电动机等构成。

该电路中电源总开关 QS、起动按钮 SB2、停止按钮 SB1、中间继电器 KA1、欠电流继电器

KA、时间继电器 KT1、KT2、直流接触器 KM1、KM2、KM3、KM4、制动电阻器 R_3 为直流电动机能耗制动控制的核心部件。

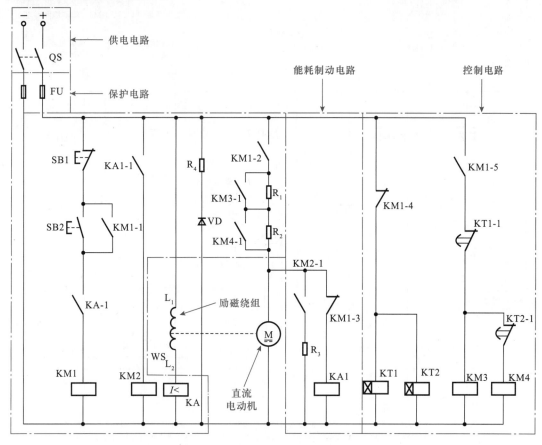

图 4-19　典型直流电动机能耗制动控制电路

1. 直流电动机的起动过程

根据直流电动机能耗控制电路的起动过程，将直流电动机的起动控制过程划分成 3 个阶段：第 1 个过程是直流电动机低速起动过程；第 2 个过程是直流电动机速度提升过程；第 3 个过程是直流电动机正常运转过程。

（1）直流电动机低速起动过程

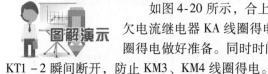
如图 4-20 所示，合上电源总开关 QS，接通直流电源。励磁绕组 WS 和欠电流继电器 KA 线圈得电，常开触点 KA-1 闭合，为直流接触器 KM1 线圈得电做好准备。同时时间继电器 KT1、KT2 线圈得电，常闭触点 KT1-1、KT1-2 瞬间断开，防止 KM3、KM4 线圈得电。

按下起动按钮 SB2，直流接触器 KM1 线圈得电。常开触点 KM1-1 闭合，实现自锁功能。常开触点 KM1-2 闭合，直流电动机串联起动电阻器 R_1、R_2 低速起动运转。常闭触点 KM1-3 断开，防止中间继电器 KA1 线圈得电。常闭触点 KM1-4 断开，时间继电器 KT1、KT2 线圈均失电，进入延时复位闭合计时状态。常开触点 KM1-5 闭合，为直流接触器 KM3、KM4 线圈得电做好准备。

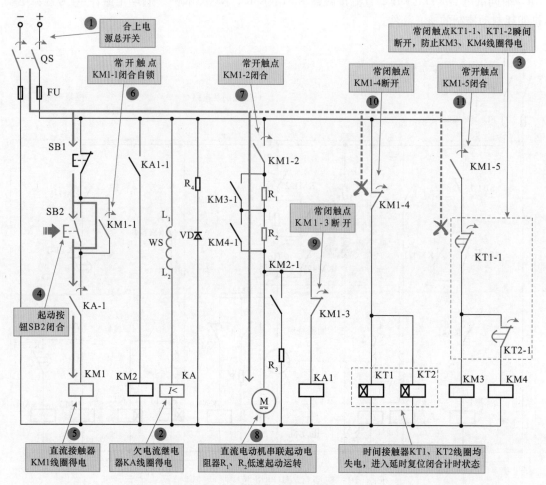

图 4-20　直流电动机低速起动过程

（2）直流电动机速度提升过程

时间继电器 KT1、KT2 线圈失电后，经一段时间延时（预先设定的延时复位时间，该电路中时间继电器 KT2 的延时复位时间要长于时间继电器 KT1 的延时复位时间），如图 4-21 所示，时间继电器的常闭触点 KT1－1 首先复位闭合，直流接触器 KM3 线圈得电。常开触点 KM3－1 闭合，短接起动电阻器 R_1。直流电动机串联起动电阻器 R_2 进行运转，速度提升。

（3）直流电动机正常运转过程

如图 4-22 所示，当到达时间继电器 KT2 的延时复位时间时，常闭触点 KT2－1 复位闭合。直流接触器 KM4 线圈得电。常开触点 KM4－1 闭合，短接起动电阻器 R_2。电压经闭合的常开触点 KM3－1 和 KM4－1 将 R_1、R_2 短路直接为直流电动机供电，直流电动机工作在额定电压下，进入正常运转状态。

2. 直流电动机的能耗控制过程

根据直流电动机能耗控制电路的能耗控制过程，将直流电动机的能耗控制过程划分成 2 个阶段：第 1 阶段是直流电动机能耗制动过程；第 2 阶段是直流电动机能耗制动结束过程。

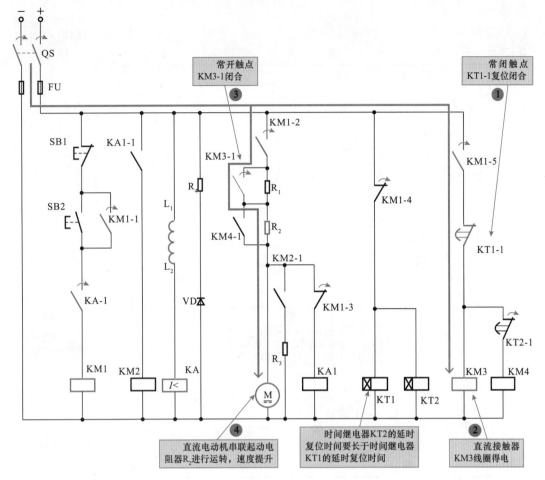

图4-21 直流电动机速度提升过程

（1）直流电动机能耗制动过程

如图4-23所示，按下停止按钮 SB1。直流接触器 KM1 线圈失电。常开触点 KM1－1 复位断开，解除自锁功能。常开触点 KM1－2 复位断开，切断直流电动机供电电源，直流电动机做惯性运转。常闭触点 KM1－3 复位闭合，为中间继电器 KA1 线圈的得电做好准备。常闭触点 KM1－4 复位闭合，再次接通时间继电器 KT1、KT2 的供电。常开触点 KM1－5 复位断开，直流接触器 KM3、KM4 线圈失电。

由于惯性运转的电枢切割磁力线，在电枢绕组中产生感应电动势，使并联在电枢两端的中间继电器 KA1 线圈得电。常开触点 KA1－1 闭合，直流接触器 KM2 线圈得电。常开触点 KM2－1 闭合，接通制动电阻器 R_3 回路，这时电枢的感应电流方向与原来的方向相反，电枢产生制动转矩，使直流电动机迅速停止转动。

（2）直流电动机能耗制动结束过程

当直流电动机转速降低到一定程度时，电枢绕组的感应反电动势也降低，中间继电器 KA1 线圈失电。常开触点 KA1－1 复位断开，直流接触器 KM2 线圈失电。常开触点 KM2－1 复位断开，切断制动电阻器 R_3 回路，停止能耗制动，整个系统停止工作。

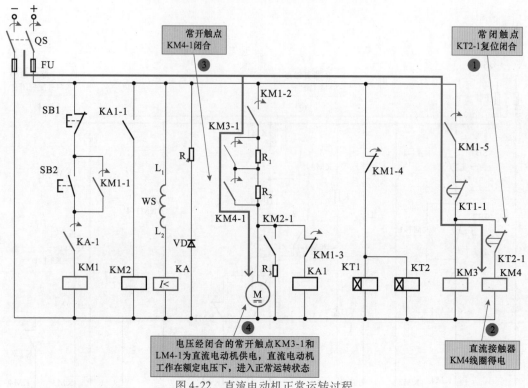

图 4-22　直流电动机正常运转过程

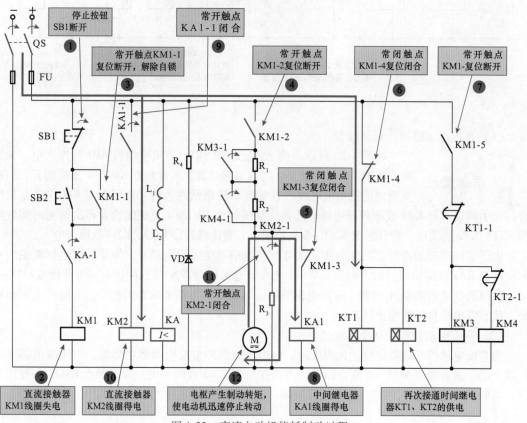

图 4-23　直流电动机能耗制动过程

第⑤章

单相交流电动机的电气控制

5.1 单相交流电动机电路的控制电路

5.1.1 单相交流电动机控制电路的驱动方式

单相交流电动机的驱动方式主要有交流感应电动机的基本驱动方式、单相交流感应电动机的正反转驱动方式、可逆交流单相电动机的驱动方式、单相交流电动机的起/停控制方式、单相交流电动机的电阻起动式驱动方式、单相交流电动机的电容起动式驱动方式、双速电动机的驱动方式、交流电动机调速控制方式等。

1. 交流感应电动机的基本驱动方式

图解演示 图5-1是交流感应电动机的基本驱动电路，图5-1a为三相交流感应电动机的驱动方式，三相电源直接连接到电动机的三相绕组上。

图5-1b是单相交流感应电动机的连接方式，电动机的主线圈（绕组）直接与电源相连，辅助绕组通过起动电容与电源的一端相连，另一端直接与电源相连。

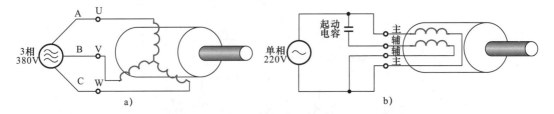

图 5-1　交流感应电动机的基本驱动电路

2. 单相交流感应电动机的正反转驱动方式

图解演示 图5-2是单相交流感应电动机的正反转驱动电路，电路中辅助绕组通过起动电容与电源供电相连，主绕组通过正反向开关与电源供电线相连，开关可调换接头，来实现正反转控制。

3. 可逆交流单相电动机的驱动方式

图解演示 图5-3是可逆交流单相电动机的驱动电路，这种电动机内设有两个绕组（主绕组和辅助绕组），单相交流电源加到两绕组的公共端，绕组另一端接一个起动电容。正反向旋转切换开关接到电源与绕组之间，通过切换两个绕组实现转向控制，这种情况电动机的两个绕组参数相同。用互换主绕组的方式进行转向切换。

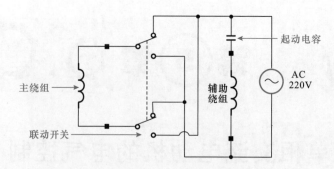

图 5-2　单相交流感应电动机的正反转驱动电路

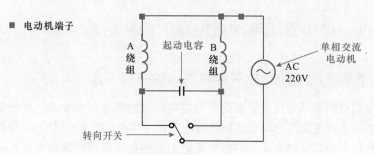

图 5-3　可逆交流单相电动机的驱动电路

4. 单相交流电动机的起/停控制方式

　　图 5-4 是单相交流电动机的起/停控制电路，该电路中采用一个双联开关，当停机时，将主绕组通过电阻与直流电源 E 相连，使绕组中产生制动力矩而停机。

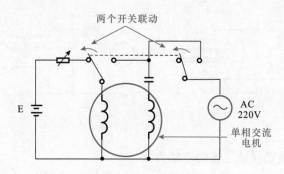

图 5-4　单相交流电动机的起/停控制电路

5. 单相交流电动机的电阻起动式驱动方式

　　单相异步电动机按照起动方式的不同，可分为电阻起动式单相异步电动机和电容起动式单相异步电动机两大类。为了能快速起动电阻起动式单相异步电动机，设有两组线圈，即主线圈和起动线圈，在起动线圈供电电路中设有离心开关。起动时，开关闭合 AC 220V 电压分别加到两线圈中，由于两线圈的相位成 90°，线圈的磁场对转子形成起动转矩使电动机起动，当起动后达到一定转速时，离心开关受离心力作用而断开，起动线圈停止工作，只由主线圈驱动转子旋转，如图 5-5 所示。

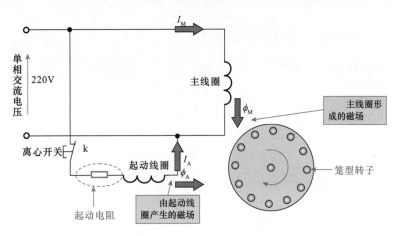

图 5-5 单相异步电动机的电阻起动式电路

6. 单相交流电动机的电容起动式驱动方式

为了使电容起动式单相异步电动机形成旋转磁场，将起动绕组与电容串联，通过电容移相的作用，在加电时，形成起动磁场，如图 5-6 所示。通常在机电设备中所用的电动机多采用电容起动方式。

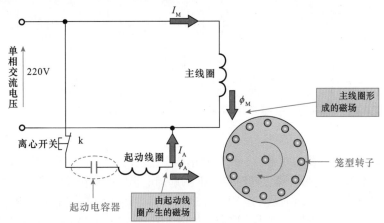

图 5-6 单相异步电动机的电容起动式电路

7. 双速电动机的驱动方式

滚筒洗衣机中的洗涤电动机经常采用双速电动机，全称为电容运转式双速电动机，该电动机的内部装有 2 套绕组，同在一个定子铁心上，两套绕组分别为 12 极低速绕组和 2 极高速绕组。在洗涤过程中，由低速绕组工作；在脱水过程中，由高速绕组工作。

图 5-7 所示为电容运转式双速电动机的电路结构图，其中 12 极绕组为低速绕组，由主绕组、副绕组、公共绕组组成。2 极绕组为高速绕组，由主绕组和副绕组组成。

8. 交流电动机调速控制方式

图 5-8 所示为单相交流电动机调速控制电路，该电路主要是由双向二极管 VD1、双向晶闸管 VD2 等组成的。

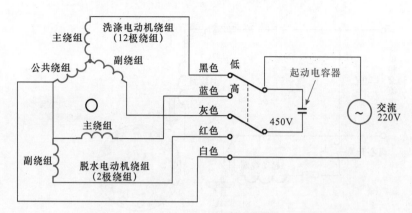

图5-7 电容运转式双速电动机的电路结构图

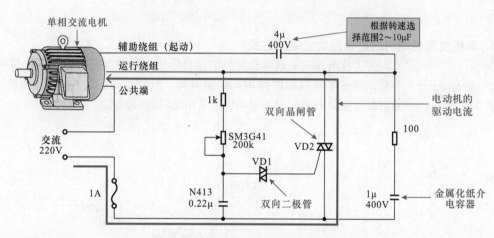

图5-8 单相交流电动机调速控制电路

单相交流220V电压为供电电源,一端加到单相交流电动机绕组的公共端。运行端经双向晶闸管VD2接到交流220V的另一端,同时经4μF的起动电容器接到辅助绕组的端子上。

电动机的主通道中只有双向晶闸管VD2导通,电源才能加到两绕组上,电动机才能旋转。双向晶闸管VD2受VD1的控制,在半个交流周期内VD1输出脉冲,VD2受到触发便可导通,改变VD1的触发角(相位)就可对速度进行控制。

5.1.2 单相交流电动机控制电路的特点

单相交流电动机控制电路采用单相交流供电,控制线路通过各种电器部件的组合连接可实现多种不同的控制功能,例如单相交流电动机的起动、变速、制动、正转、反转、双速、点动等多种控制。图5-9所示为典型单相交流电动机控制电路。

总电源开关处设有的熔断器**FU1**、**FU2**用于供电保护,若总电流出现过电流的情况,熔断器**FU1**、**FU2**自行熔断,进行电路的过电流保护。

交流接触器处设有的熔断器用于电动机过载的保护,若单相交流电动机出现过载时,熔断器**FU3**、**FU4**会自行熔断,进行单相交流电动机的过载保护。

单相交流电动机处还设有的过热保护继电器用于单相交流电动机的过热保护,当单相交流电动机出现过热的情况,过热保护继电器**FR**的触点会断开电路,切断单相交流电动机的供电

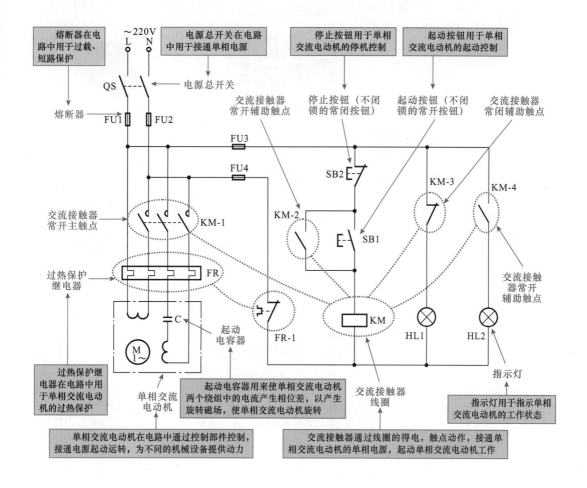

图 5-9 典型单相交流电动机控制电路

电源，当单相交流电动机冷却好，还可以再次起动工作，而熔断器损坏后则需对其进行更换。

由图可知，单相交流电动机主要是由电源总开关 QS、熔断器 FU、过热保护继电器 FR、交流接触器 KM、起动按钮（不闭锁的常开按钮）SB、停止按钮（不闭锁的常闭按钮）SB、指示灯 HL、起动电容器 C、单相交流电动机 M 等构成。

为了便于理解，我们可以将上面的典型单相交流电动机控制电路以实物连接的形式体现。图 5-10 所示为典型单相交流电动机控制电路的实物连接关系示意图。

5.1.3 单相交流电动机控制电路的控制过程

单相交流电动机控制电路是依靠起动按钮、停止按钮、交流接触器等控制部件来对单相交流电动机进行控制的。

图 5-11 所示为典型单相交流电动机控制电路。单相交流电动机控制电路主要是由供电电路、保护电路、控制电路、指示灯电路及单相交流电动机等部件构成的。

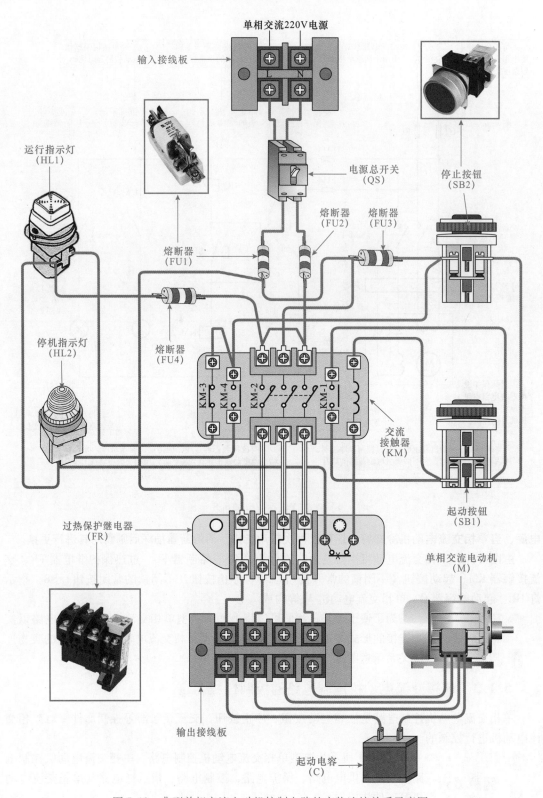

单相交流220V电源

输入接线板

电源总开关
(QS)

熔断器
(FU2)

熔断器
(FU3)

熔断器
(FU1)

停止按钮
(SB2)

运行指示灯
(HL1)

停机指示灯
(HL2)

熔断器
(FU4)

KM-3 KM-4 KM-2 KM-1

交流
接触器
(KM)

起动按钮
(SB1)

过热保护继电器
(FR)

单相交流电动机
(M)

输出接线板

起动电容
(C)

图 5-10 典型单相交流电动机控制电路的实物连接关系示意图

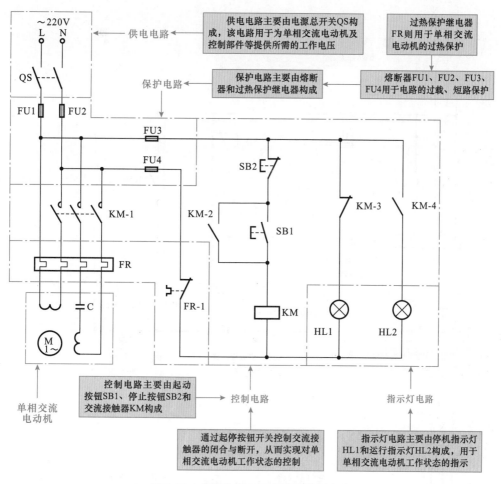

图 5-11 典型单相交流电动机控制电路

1. 单相交流电动机的起动过程

图 5-12 所示为单相交流电动机的起动过程。合上电源总开关 QS，接通单相电源。电源经常闭触点 KM - 3 为停机指示灯 HL1 供电，HL1 点亮。按下起动按钮 SB1，交流接触器 KM 线圈得电。

交流接触器 KM 线圈得电，其常开辅助触点 KM - 2 闭合，实现自锁功能。常开主触点 KM -1闭合，电动机接通单相电源，开始起动运转。常闭辅助触点 KM - 3 断开，切断停机指示灯 HL1 的供电电源，HL1 熄灭。常开辅助触点 KM - 4 闭合，运行指示灯 HL2 点亮，指示电动机处于工作状态。

2. 单相交流电动机的停机过程

当需要电动机停机时，按下停止按钮 SB2。交流接触器 KM 线圈失电，其常开辅助触点 KM -2 复位断开，解除自锁功能。常开主触点 KM -1 复位断开，切断电动机的供电电源，电动机停止运转。常闭辅助触点 KM - 3 复位闭合，停机指示灯 HL1 点亮，指示电动机处于停机状态。常开辅助触点 KM - 4 复位断开，切断运行指示灯 HL2 的电源供电，HL2 熄灭。

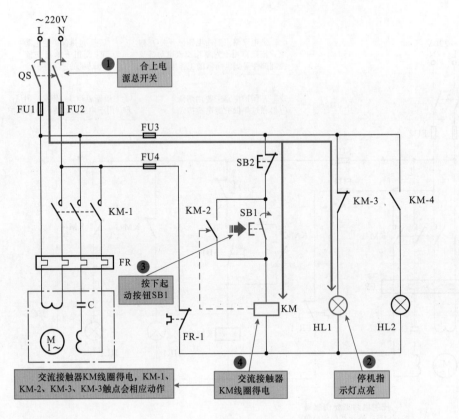

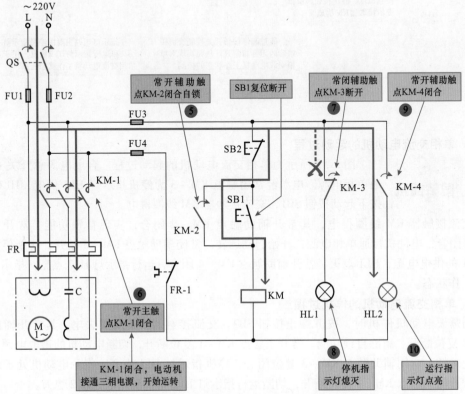

图5-12 单相交流电动机的起动过程

5.2 单相交流电动机的控制方式

5.2.1 单相交流电动机的限位控制

带有限位开关的单相交流电动机控制电路是指通过限位开关对电动机的运转状态进行控制。当电动机带动的机械部件运动到某一位置，触碰到限位开关时，限位开关便会断开供电电路，使电动机停止。

图 5-13 所示为典型带有限位开关的单相交流电动机控制电路。该电路主要由供电电路、保护电路、控制电路和单相交流电动机等构成。

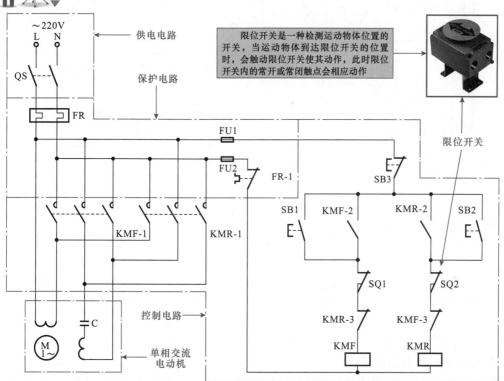

图 5-13 典型带有限位开关的单相交流电动机控制电路

提示说明 该电路中的正转起动按钮 SB1、正转交流接触器 KMF、正转限位开关 SQ1 是电动机正转控制的核心部件；反转起动按钮 SB2、反转交流接触器 KMR、反转限位开关 SQ2 是电动机反转控制的核心部件。

1. 电动机正转起动过程

 当需要电动机正转起动时，如图 5-14 所示，合上电源总开关 QS，接通单相电源。按下正转起动按钮 SB1，正转交流接触器 KMF 线圈得电。

正转交流接触器 KMF 线圈得电，常开辅助触点 KMF－2 闭合，实现自锁功能。常开主触点 KMF－1 闭合，电动机主线圈接通电源相序 L、N，电流经起动电容器 C 和辅助线圈形成回路，电动机正向起动运转。常闭辅助触点 KMF-3 断开，防止反转交流接触器 KMR 线圈得电。

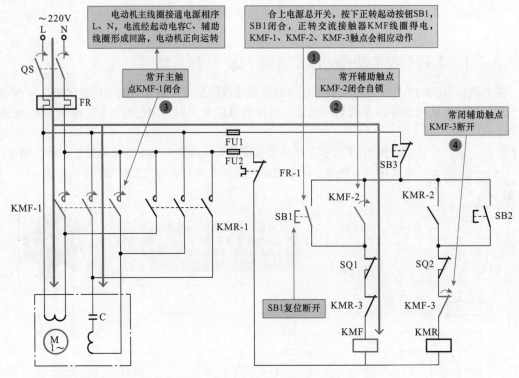

图 5-14　电动机正转起动过程

2. 电动机正转停机过程

当电动机驱动的对象到达正转限位开关 SQ1 限定的位置时，触动正转限位开关 SQ1，其常闭触点断开，正转交流接触器 KMF 线圈失电。常开辅助触点 KMF-2 复位断开，解除自锁功能。常开主触点 KMF-1 复位断开，切断电动机供电电源，电动机停止正向运转。常闭辅助触点 KMF-3 复位闭合，为反转起动做好准备。

同样，若在电动机正转过程中按下停止按钮 SB3，其常闭触点断开，正转交流接触器 KMF 线圈失电，常开主触点 KMF-1 复位断开，电动机停止正向运转。

3. 电动机反转起动过程

当需要电动机反转起动时，如图 5-15 所示，按下反转起动按钮 SB2，反转交流接触器 KMR 线圈得电。

反转交流接触器 KMR 线圈得电，常开辅助触点 KMR-2 闭合，实现自锁功能。常开主触点 KMR-1 闭合，电动机主线圈接通电源相序 L、N，电流经辅助线圈和起动电容器 C 形成回路，电动机反向起动运转。常闭辅助触点 KMR-3 断开，防止正转交流接触器 KMF 线圈得电。

4. 电动机反转停机过程

当电动机驱动的对象到达反转限位开关 SQ2 限定的位置时，触动反转限位开关 SQ2，常闭触点断开，反转交流接触器 KMR 线圈失电。常开辅助触点 KMR-2 复位断开，解除自锁功能。常开主触点 KMR-1 复位断开，切断电动机供电电源，电动机停止反向运转。常闭辅助触点 KMR-3 复位闭合，为正转起动做好准备。

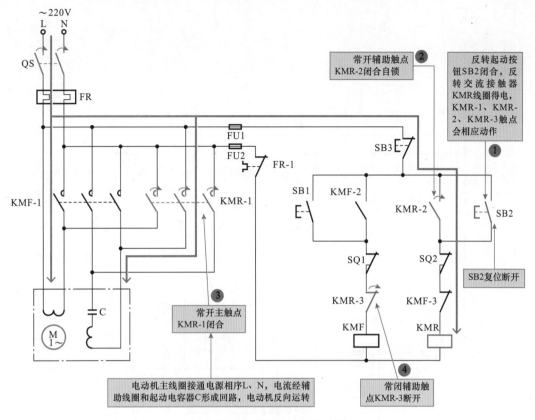

图 5-15 电动机反转启动过程

同样，若在电动机反转过程中按下停止按钮 SB3，其常闭触点断开，反转交流接触器 KMR
线圈失电，常开主触点 KMR－1 复位断开，电动机停止反向运转。

5.2.2 单相交流电动机的电动控制

采用点动开关的单相交流电动机正反转控制电路是指通过改变辅助线圈相对于主线圈的相
位，来对电动机的正反转工作状态进行控制的电路，该电路中的电动机属于单相电动机，在电
动机的辅助线圈上接有电容器，以便产生起动力矩帮助电动机起动。当用户按下正转起动按钮，
电动机便会正向运转；按下反转起动按钮，电动机便会反向运转；按下停止按钮，电动机便会
停止运转

图 5-16 所示为典型采用点动开关的单相交流电动机正反转控制电路。
由图可知，采用点动开关的单相交流电动机正反转控制电路主要由供电电
路、保护电路、控制电路、指示灯电路和电容式单相交流电动机等构成。

该电路中的正转起动按钮 **SB1**、正转交流接触器 **KMF**、正转指示灯 **HL1**
是电容式电动机正转控制的核心部件；反转起动按钮 **SB2**、反转交流接触器
KMR、反转指示灯 **HL2** 是电容式电动机反转控制的核心部件。

通常，起动电容器是一种用来起动单相异步电动机的交流电解电容器。
单相电流不能产生旋转磁场，需要采取电容器来分相，目的是使两个绕组中
的电流产生近于 **90°** 的相位差，以产生旋转磁场，使电动机旋转。

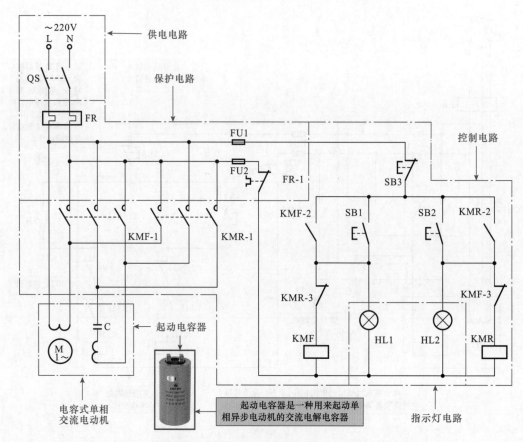

图 5-16　典型采用点动开关的单相交流电动机正反转控制电路

1. 电动机正转起动过程

当需要电动机正转起动时，如图 5-17 所示，合上电源总开关 QS，接通单相电源。按下正转起动按钮 SB1，正转指示灯 HL1 点亮，指示电动机处于正向运转状态，正转交流接触器 KMF 线圈得电。

正转交流接触器 KMF 线圈得电，常开辅助触点 KMF－2 闭合，实现自锁功能。常开主触点 KMF－1 闭合，电动机主线圈接通电源相序 L、N，电流经起动电容器 C 和辅助线圈形成回路，电动机正向起动运转。常闭辅助触点 KMF－3 断开，防止反转交流接触器 KMR 线圈得电。

2. 电动机正转停机过程

当需要电动机停机时，按下停止按钮 SB3，正转指示灯 HL1 失电，HL1 熄灭。正转交流接触器 KMF 线圈失电，常开辅助触点 KMF－2 复位断开，解除自锁功能。常开主触点 KMF－1 复位断开，切断电动机供电电源，电动机停止正向运转。常闭辅助触点 KMF－3 复位闭合，为反转起动做好准备。

3. 电动机反转起动过程

当需要电动机反转起动时，如图 5-18 所示，按下反转起动按钮 SB2，反转指示灯 HL2 点亮，指示电动机处于反向运转状态，反转交流接触器 KMR 线圈得电。

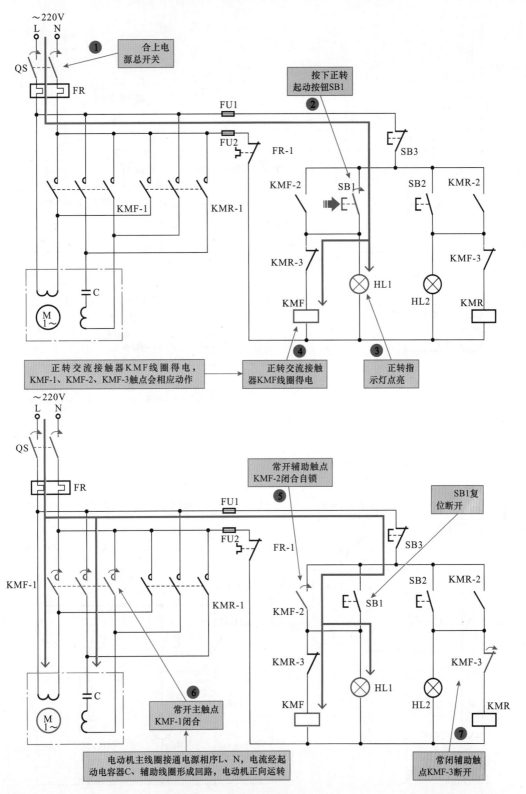

图 5-17　电动机正转起动过程

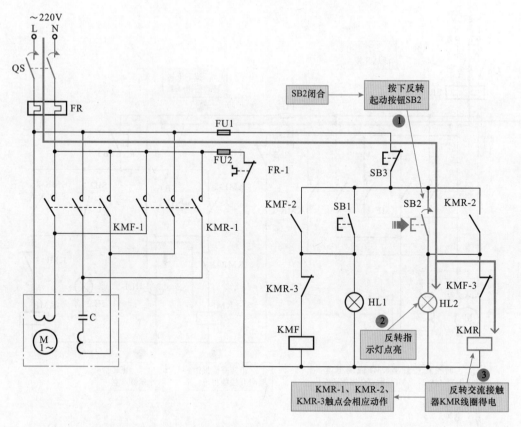

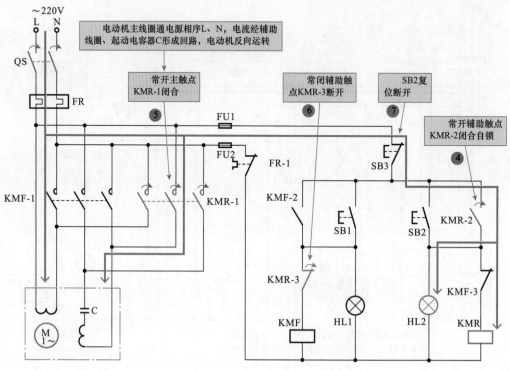

图 5-18　电动机反转起动过程

反转交流接触器 KMR 线圈得电，常开辅助触点 KMR – 2 闭合，实现自锁功能。常开主触点 KMR – 1 闭合，电动机主线圈接通电源相序 L、N，电流经辅助线圈和起动电容器 C 形成回路，电动机反向起动运转。常闭辅助触点 KMR – 3 断开，防止正转交流接触器 KMF 线圈得电。

4. 电动机反转停机过程

当需要电动机反转停机时，按下停止按钮 SB3。反转指示灯 HL2 失电，HL2 熄灭。反转交流接触器 KMR 线圈失电。常开辅助触点 KMR – 2 复位断开，解除自锁功能。常开主触点 KMR – 1复位断开，切断电动机供电电源，电动机停止反向运转。常闭辅助触点 KMR – 3 复位闭合，为正转起动做好准备。

第⑥章

三相交流电动机的电气控制

6.1 三相交流电动机的控制电路

6.1.1 三相交流电动机控制电路的特点

三相交流电动机控制电路可以实现的功能较多，如三相交流电动机的起动、运转、变速、制动、正转、反转和停机等。图6-1所示为典型的三相交流电动机控制电路。

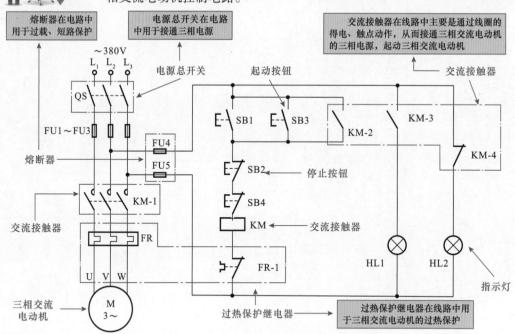

图6-1 典型的三相交流电动机控制电路

由图可知，三相交流电动机控制电路是由电源总开关、熔断器、过热保护继电器、交流接触器、按钮（起动/停止）、指示灯以及三相交流电动机等构成的，这些器件通过连接导线进行连接，构成了三相交流电动机控制电路，如图6-2所示。

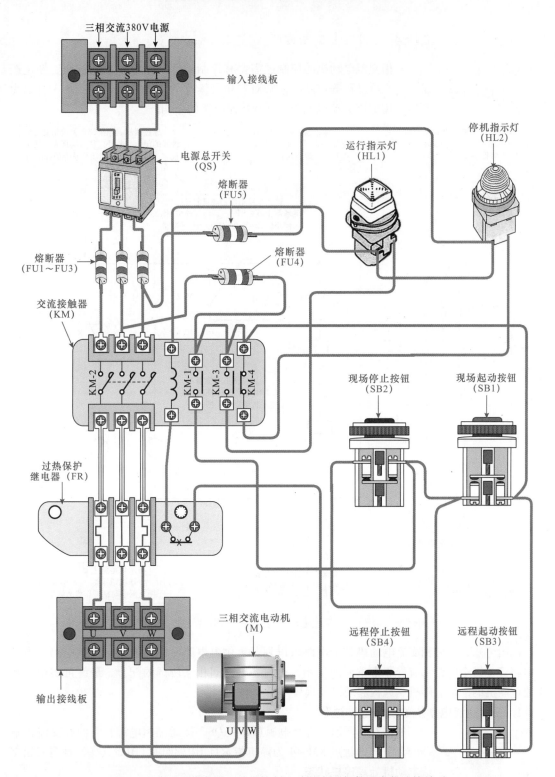

图 6-2　典型三相交流电动机控制电路的主要部件及实物连接关系

6.1.2 三相交流电动机控制电路的控制过程

　　三相交流电动机的控制过需要有控制部件，即依靠起动按钮、停止按钮、交流接触器等控制部件来对三相交流电动机进行控制，图6-3所示为典型三相交流电动机现场、远程控制电路的结构。

供电电路主要由电源总开关QS构成，该电路用于为三相交流电动机及控制部件等提供所需的工作电压

熔断器FU4、FU5为支路熔断器，用于支路的过载、短路保护

通过两组起停按钮开关控制交流接触器的闭合与断开，从而实现在不同位置对三相交流电动机工作状态的控制

控制电路主要由现场起动按钮SB1、现场停止按钮SB2、远程起动按钮SB3、远程停止SB4和交流接触器KM构成

过热保护继电器FR则用于三相交流电动机的过热保护

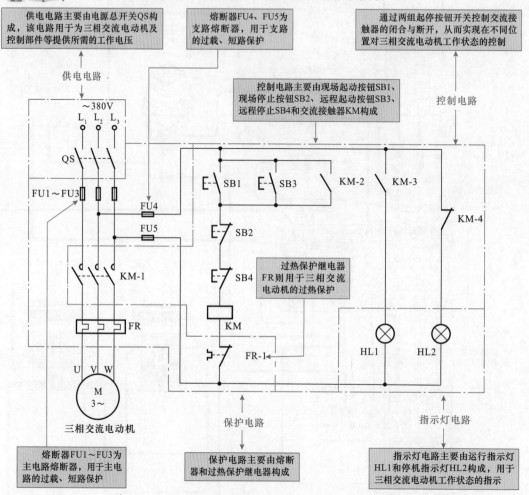

熔断器FU1~FU3为主电路熔断器，用于主电路的过载、短路保护

保护电路主要由熔断器和过热保护继电器构成

指示灯电路主要由运行指示灯HL1和停机指示灯HL2构成，用于三相交流电动机工作状态的指示

图6-3　典型三相交流电动机现场、远程控制电路的结构

　　由图可知，该三相交流电动机整个电路可以划分为供电电路、保护电路、控制电路、指示灯电路等，每个电路都有着非常重要的使用，通过各电路间相互协调的配合，最终可实现三相交流电动机的起动、停机、远程起动以及远程停机控制。

1. 三相交流电动机的现场起动过程

　　如图6-4所示，合上电源总开关QS，接通三相电源，电源经交流接触器的常闭辅助触点KM-4为停机指示灯HL2供电，HL2点亮，表明三相交流电动机处理停机状态。

　　起动三相交流电动机时，按下现场起动按钮SB1，交流接触器KM线圈得电，交流接触器KM的常开辅助触点KM-2闭合，实现自锁功能，常开主触点KM-1闭合，三相交流电动机接

通三相电源，开始起动运转。

常开辅助触点 KM－3 闭合，运行指示灯 HL1 点亮，指示三相交流电动机处于工作状态。常闭辅助触点 KM－4 断开，切断停机指示灯 HL2 的供电电源，HL2 熄灭。

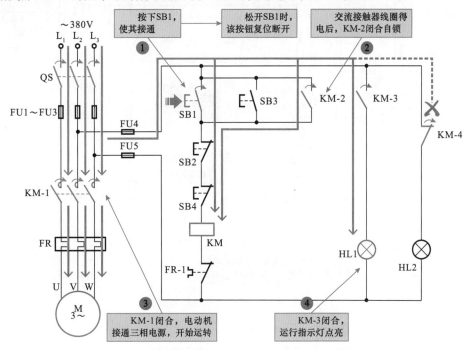

图6-4　三相交流电动机的现场起动过程

2. 三相交流电动机的现场停机过程

当需要三相交流电动机停机时，按下现场停止按钮 SB2，如图 6-5 所示，此时，交流接触器 KM 线圈失电，其常开辅助触点 KM－2 复位断开，解除自锁功能。

常开主触点 KM－1 复位断开，切断三相交流电动机的供电电源，三相交流电动机停止运转。常开辅助触点 KM－3 复位断开，切断运行指示灯 HL1 的供电电源，HL1 熄灭。

常闭辅助触点 KM－4 复位闭合，停机指示灯 HL2 点亮，指示三相交流电动机处于停机状态。

3. 三相交流电动机的远程起动过程

该三相交流电动机控制电路还可以实现远程起动操作，即在远地设置一个起动开关 SB3 使之与现场起动开关 SB1 并联

当按下远程起动按钮 SB3 时，其动作与现场起动的动作相同，即交流接触器 KM 线圈得电，其常开辅助触点 KM－2 闭合，实现自锁功能，此时常开主触点 KM－1 闭合，三相交流电动机接通三相电源，开始起动运转。

常开辅助触点 KM－3 闭合，运行指示灯 HL1 点亮，指示三相交流电动机处于工作状态。

常闭辅助触点 KM－4 断开，切断停机指示灯 HL2 的供电电源，HL2 熄灭。

4. 三相交流电动机的远程停机过程

若是需要对三相交流电动机进行远程停机操作时，需要设置一远程停止开关 SB4，并使之与现场停机开关 SB2 串联，需要按下远程停止按钮 SB4，此时交流接触器 KM 线圈失电，其常开

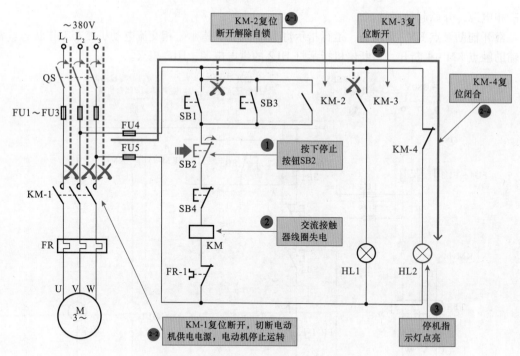

图 6-5 三相交流电动机的现场停机过程

辅助触点 KM-2 复位断开，解除自锁功能。

常开主触点 KM-1 复位断开，切断三相交流电动机的供电电源，三相交流电动机停止运转。常开辅助触点 KM-3 复位断开，切断运行指示灯 HL1 的供电电源，HL1 熄灭。

常闭辅助触点 KM-4 复位闭合，停机指示灯 HL2 点亮，指示三相交流电动机处于停机状态。

6.2 三相交流电动机的控制方式

6.2.1 三相交流电动机的定时起停控制

三相交流电动机的定时起动、定时停机控制电路是指在规定的时间内自行起动、自行停止的控制电路，若要实现该功能，则需要用到时间继电器进行控制。

图 6-6 为典型三相交流电动机定时起动、定时停机控制电路。当按下电路中的起动按钮，三相交流电动机会延时一段时间起动运转。三相交流电动机运转一段时间后会自动停机。

时间继电器本身是一种延时或周期性定时闭合、切断控制电路的继电器，当线圈得电后，经一段时间延时后（预先设定时间），其常开、常闭触点才会动作。

三相交流电动机的定时起动、定时停机控制电路主要由供电电路、保护电路、控制电路、指示灯电路和三相交流电动机等构成。该电路中的总断路器 QF、起动按钮 SB、中间继电器 KA、时间继电器 KT1、KT2、交流接触器 KM 为三相交流电动机定时起动、定时停机控制的核心部件。

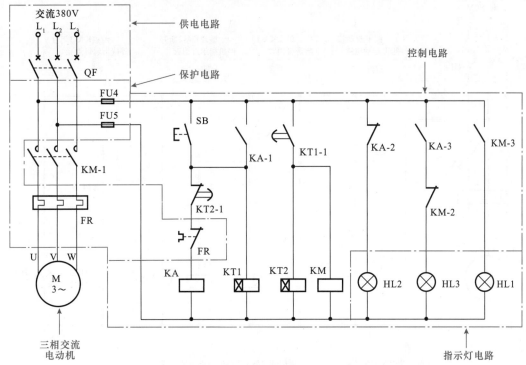

图6-6 典型三相交流电动机的定时起动、定时停机控制电路

 在控制电路中，按下起动按钮后进入起动状态的时间（即定时起动时间）和三相交流电动机运转工作的时间（即定时停机时间）都是由时间继电器控制的，具体的定时起动和定时停机时间可预先对时间继电器进行延时设定。这样就可以达到定时起动和定时停机的目的。

1. 三相交流电动机的等待起动过程

 控制三相交流电动机起动时，需要有一个等待的过程，即时间继电器设定的时间，如图6-7所示，合上总断路器QF，接通三相电源。

电源经中间继电器KA的常闭触点KA-2为停机指示灯HL2供电，HL2点亮。

当按下起动按钮SB后，中间继电器KA线圈和时间继电器KT1线圈同时得电，相关触点作以下动作：

中间继电器KA线圈得电，常开触点KA-1闭合，实现自锁功能。

常闭触点KA-2断开，切断停机指示灯HL2的供电，HL2熄灭。

常开触点KA-3闭合，等待指示灯HL3点亮，指示三相交流电动机处于等待起动状态。

时间继电器KT1线圈得电，进入等待计时状态（预先设定的等待时间）。

2. 三相交流电动机的起动过程

时间继电器KT1进入等待计时状态后，当到达预先设定的等待时间时，时间继电器的各触点开始动作，如图6-8所示。

常开触点KT1-1闭合，交流接触器KM线圈和时间继电器KT2线圈同时得电。

交流接触器KM线圈得电后，常开主触点KM-1闭合，三相交流电动机接通三相电源，起动运转；

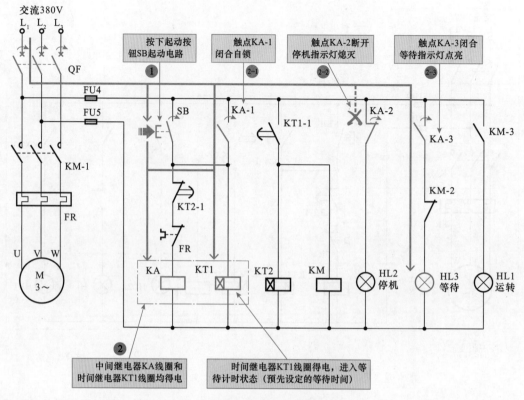

图 6-7　三相交流电动机的等待起动过程

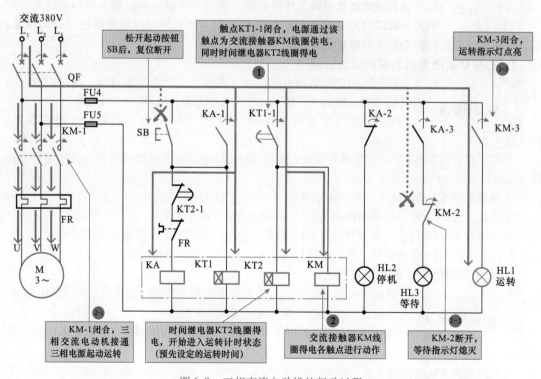

图 6-8　三相交流电动机的起动过程

常闭辅助触点 KM－2 断开，切断等待指示灯 HL3 供电，HL3 熄灭。

常开辅助触点 KM－3 闭合，运转指示灯 HL1 点亮，指示三相交流电动机处于运转状态。

时间继电器 KT2 线圈得电，进入运转计时状态（预先设定的运转时间）。

3. 三相交流电动机的定时停机过程

如图 6-9 所示，时间继电器 KT2 进入运转计时状态后，当到达预先设定的运转时间时，常闭触点 KT2－1 断开，从而使中间继电器 KA 线圈失电，相关触点复位。

常开触点 KA－1 复位断开，解除自锁功能，同时时间继电器 KT1 线圈失电，时间继电器 KT1 线圈和交流接触器 KM 线圈失电后，则直接控制三相交流电动机停止运行，如图 6-9 所示。

常闭触点 KA－2 复位闭合，停机指示灯 HL2 点亮，指示三相交流电动机处于停机状态。

常开触点 KA－3 复位断开，切断等待指示灯 HL3 供电电源。等待指示灯 HL3 熄灭。

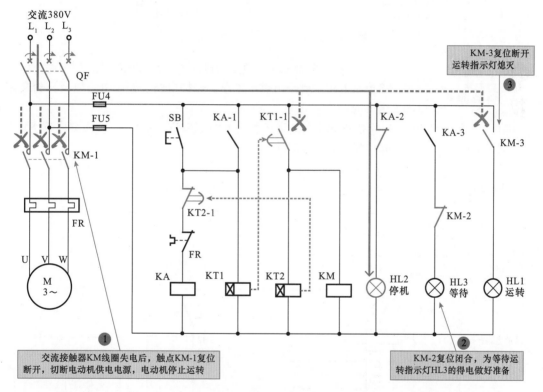

图 6-9 三相交流电动机的定时停机过程

通过图 6-9 可知，时间继电器 KT2 线圈失电，常闭触点 KT2－1 复位闭合，为三相交流电动机的下一次定时起动、定时停机做好准备。

6.2.2 三相交流电动机的丫－△减压起动控制

三相交流电动机丫－△减压起动控制电路，是指三相交流电动机起动时，由电路控制三相交流电动机定子绕组先连接成丫形方式，进入减压起动状态，待转速达到一定值后，再由电路控制将三相交流电动机的定子绕组换接成△形，此后三相交流电动机进入全压正常运行状态。

当三相交流电动机采用丫形连接时，三相交流电动机每相承受的电压均为220V，当三相交流电动机采用△形连接时，三相交流电动机每相绕组承受的电压为380V，如图6-10所示。

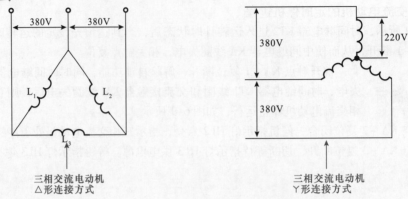

图6-10　三相交流电动机的连接形式

图6-11所示为典型三相交流电动机的丫－△减压起动控制电路，由图可知，该控制电路主要是由供电电路、保护电路、控制电路以及三相交流电动机构成的。

其中，起动按钮SB2、停止按钮SB1、交流接触器KM1、KMY、KM△、时间继电器KT为三相交流电动机丫－△减压起动控制的核心部件。

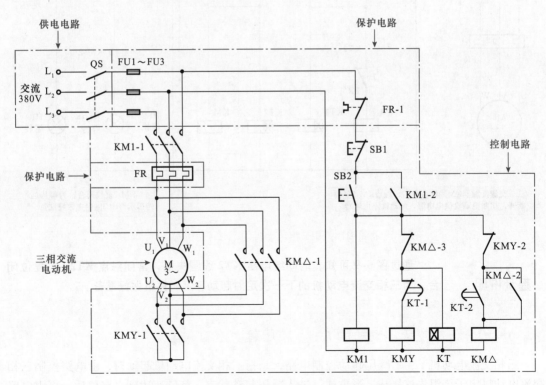

图6-11　典型三相交流电动机的丫－△减压起动控制电路

1. 三相交流电动机的减压起动过程

使用三相交流电动机的丫－△减压起动控制电路进行减压起动时，首先要合上电源总开关 QS，接通三相电源，按下起动按钮 SB2，此时交流接触器 KM1 线圈和 KMY 线圈得电，相应的触点进行动作；同时时间继电器 KT 线圈得电（按预先设定的减压起动运转时间），进入减压起动计时状态。如图 6-12 所示，当交流接触器 KM1 线圈得电，常开辅助触点 KM1－2 闭合自锁。常开主触点 KM1－1 闭合，为三相交流电动机的起动做好准备。交流接触器 KMY 线圈得电，常开主触点 KMY－1 闭合，三相交流电动机以丫形方式接通电源，减压起动运转。常闭辅助触点 KMY－2 断开，防止交流接触器 KM△线圈得电，起联锁保护作用

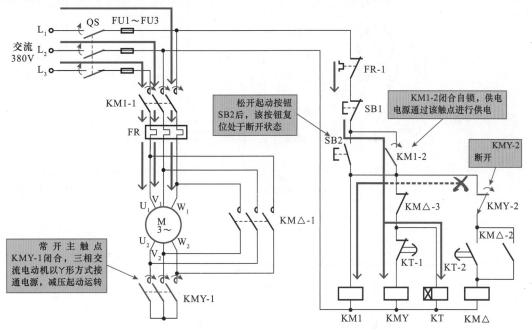

图 6-12　三相交流电动机的减压起动（丫形连接方式）控制过程

2. 三相交流电动机的全压起动过程

通过以上的学习可知，在该控制电路中安装有时间继电器，主要是控制在一定的时间内，三相交流电动机可自行进入到△形运转。

如图 6-13 所示，时间继电器 KT 进入减压起动计时状态后，当达到预先设定的减压起动运转时间时，常闭触点 KT－1 断开，常开触点 KT－2 闭合。

交流接触器 KMY 线圈失电，触点全部复位，KMY－2 复位闭合。KM△线圈得电，触点相应动作。

常开主触点 KMY－1 复位断开，常开主触点 KM△－1 闭合，三相交流电动机由丫形转为△形运转。

3. 三相交流电动机的停机过程

若需要对三相交流电动机丫－△减压起动控制电路进行停机操作时，需要按下停止按钮 SB1，如图 6-14 所示，此时交流接触器 KM1 线圈失电，交流接触器的相关触点动作：

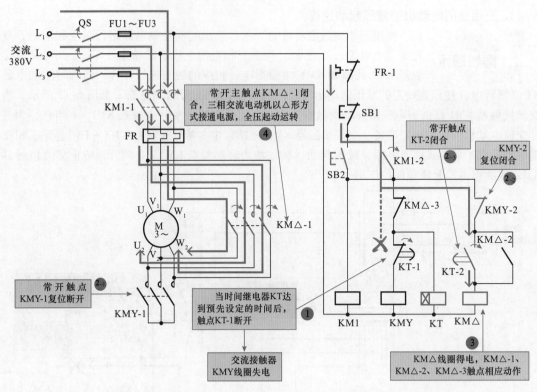

图 6-13 三相交流电动机的全压起动（△形连接方式）控制过程

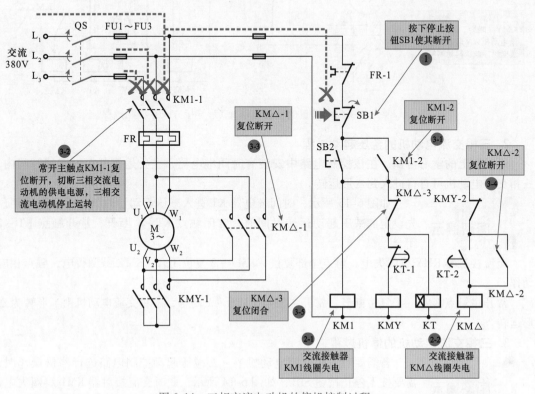

图 6-14 三相交流电动机的停机控制过程

常开辅助触点 KM1 - 2 复位断开，解除自锁功能。

常开主触点 KM1 - 1 复位断开，切断三相交流电动机的供电电源，三相交流电动机停止运转。

同时交流接触器 KM△线圈失电。

常开辅助触点 KM△ - 2 复位断开，解除自锁功能。

常开主触点 KM△ - 1 复位断开，解除三相交流电动机定子绕组的△形连接方式。

常闭辅助触点 KM△ - 3 复位闭合，为下一次减压起动做好准备。

6.2.3 三相交流电动机的点动/连续控制

使用旋转开关控制的三相交流电动机在进行点动、连续控制时，主要是通过控制按钮和旋转开关来实现的，如图 6-15 所示，若保持旋转开关在解锁断开状态，整个电路处于点动控制模式：即按下控制按钮，三相交流电动机便起动运转，当松开控制按钮，三相交流电动机立即停转。

当调整旋转按钮，使其处于闭合自锁状态，整个电路处于连续控制模式，即按下控制按钮，三相交流电动机便起动运转，当松开控制按钮，三相交流电动机，依然保持运转状态。

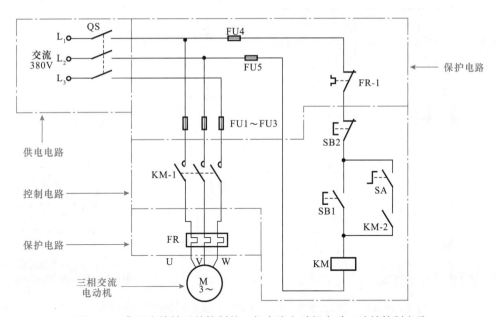

图 6-15 典型由旋转开关控制的三相交流电动机点动、连续控制电路

由图可知，由旋转开关控制的三相交流电动机点动、连续控制电路主要由供电电路、保护电路、控制电路和三相交流电动机等构成。

在该电路中的电源总开关 QS、控制按钮 SB1、停止按钮 SB2、旋转开关 SA、交流接触器 KM、过热保护继电器 FR 为三相交流电动机起动控制的核心部件。

旋转开关是一种转动式的闸刀开关，主要用于闭合或切断电路、换接电源或局部照明等。当调整旋转按钮，旋转按钮便处于闭合锁定状态，再调整一下旋转按钮，旋转按钮会断开解除锁定。一般来说，旋转按钮的初始状态为解锁断开。旋转开关的外形如图 **6-16** 所示。

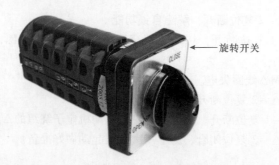

图 6-16　旋转开关的实物外形

1. 三相交流电动机的点动控制过程

对三相交流电动机进行点动控制时，首先要将旋转开关 SA 置于断开状态，然后合上电源总开关 QS，接通三相电源，如图 6-17 所示，此时，按下控制按钮 SB1，交流接触器 KM 线圈得电。

交流接触器 KM 线圈得电后，常闭主触点 KM－1 闭合，三相交流电动机接通三相电源，起动运转。

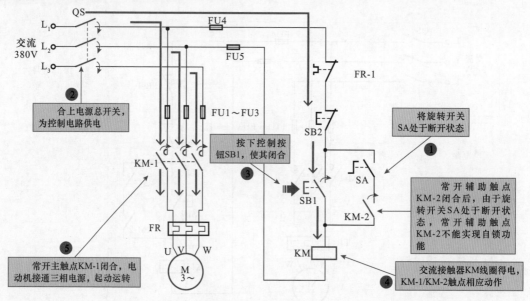

图 6-17　三相交流电动机的点动起动前 KM 线圈的得电过程

如图 6-18 所示，当松开控制按钮 SB1，交流接触器 KM 线圈失电，常开主触点 KM－1 复位断开，切断三相交流电动机供电电源，三相交流电动机停止运转，从而实现三相交流电动机的点动控制。

2. 三相交流电动机的连续控制过程

使用该电路进行连续控制时，首先需要将旋转开关 SA 设置为闭合状态，如图 6-19 所示，然后按下控制按钮 SB1，SB1 闭合。交流接触器 KM 线圈得电。

交流接触器 KM 线圈得电后，常开主触点 KM－1 常开闭合，三相交流电动机接通三相电源，起动运转。常开辅助触点 KM－2 闭合实现自锁功能。

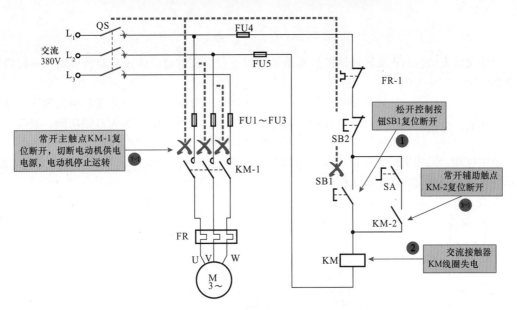

图 6-18 点动状态时，松开控制按钮的控制过程

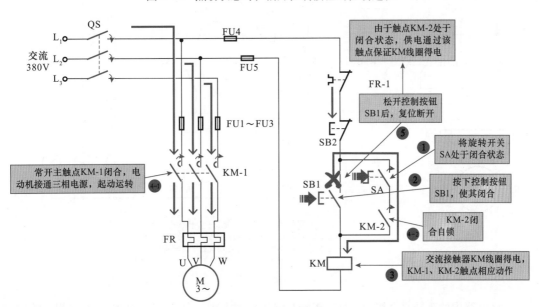

图 6-19 连续状态的控制过程

SB1 复位断开，由于旋转开关 SA 闭合，且常开辅助触点 KM－2 闭合自锁，交流接触器 KM 线圈持续得电，保证主触点 KM－1 一直处于闭合状态，维持三相交流电动机连续供电，进行工作。

3. 三相交流电动机的停机控制过程

当需要三相交流电动机停机时，按下停止按钮 SB2，此时交流接触器 KM 线圈失电，触点全部复位。

常开主触点 KM－1 复位断开，切断三相交流电动机的供电电源，三相交流电动机停止运转，常开辅助触点 KM－2 复位断开，解除自锁功能。

6.2.4 三相交流电动机的正反转控制

三相交流电动机的正反转连续控制电路是指对三相交流电动机的正向旋转和反向旋转进行控制的电路。

该电路通常使用起动按钮和交流接触器对三相交流电动机的正、反转工作状态进行控制，如图 6-20 所示，并且电路中加入自锁功能，当按下起动按钮后，三相交流电动机便会持续的正向或反向旋转。

由图可知，三相交流电动机正反转连续控制电路主要由供电电路、保护电路、控制电路、指示灯电路和三相交流电动机等构成。

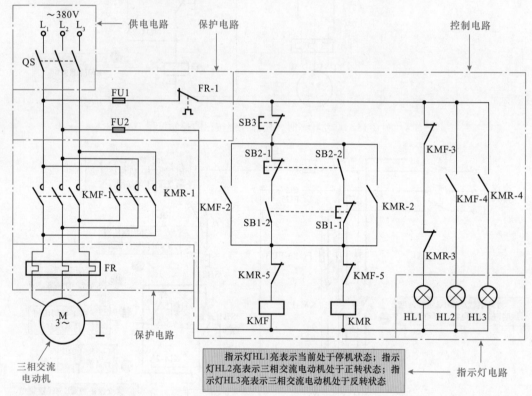

图 6-20　典型三相交流电动机正反转连续控制电路

在该电路中的正转复合按钮 SB1、正转交流接触器 KMF、正转指示灯 HL2 是三相交流电动机正转连续控制的核心部件。

反转复合按钮 SB2、反转交流接触器 KMR、反转指示灯 HL3 是三相交流电动机反转连续控制的核心部件。

1. 三相交流电动机正转起动过程

进行正转起动控制时，首先合上电源总开关 QS，接通三相电源，此时电源经交流接触器 KMF 的常闭辅助触点 KMF－3、KMR－3 为停机指示灯 HL1 供电，HL1 点亮，提示当前处于停机状态。

如图 6-21 所示，当按下正转复合按钮 SB1 时，常闭触点 SB1－1 断开，防止反转交流接触器 KMR 线圈得电。常开触点 SB1－2 闭合，正转交流接触器 KMF 线圈得电，相应的触点动作。

正转交流接触器 KMF 线圈得电后，使三相交流电动机控制电路产生相应的功能：

常开主触点 KMF－1 闭合，三相交流电动机接通三相电源相序 L_1、L_2、L_3，正向起动运转。

常开辅助触点 KMF－2 闭合，实现自锁功能，使正转交流接触器 KMF 线圈一直处于得电状态。

常闭辅助触点 KMF－3 断开，切断停机指示灯 HL1 的供电电源，HL1 熄灭。

常开辅助触点 KMF－4 闭合，正转指示灯 HL2 点亮，指示三相交流电动机处于正向运转状态。

常闭辅助触点 KMF－5 断开，防止反转交流接触器 KMR 线圈得电。

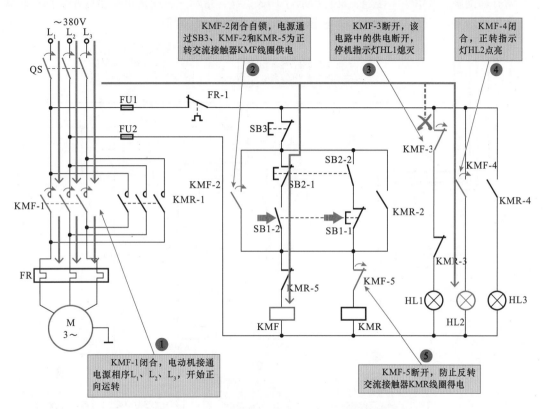

图 6-21　三相交流电动机正转起动过程

2. 三相交流电动机正转停机过程

当需要三相交流电动机在正转状态下停机时，需要按下停止按钮 SB3，正转交流接触器 KMF 线圈失电，内部触点均复位动作。

常开辅助触点 KMF－2 复位断开，解除自锁功能。

常开主触点 KMF－1 复位断开，切断三相交流电动机供电电源，三相交流电动机停止正向运转。

常闭辅助触点 KMF－3 复位闭合，停机指示灯 HL1 点亮，指示三相交流电动机处于停机状态。

常开辅助触点 KMF－4 复位断开，切断正转指示灯 HL2 的供电电源，HL2 熄灭。

常闭辅助触点 KMF－5 复位闭合，为反转起动做好准备。

3. 三相交流电动机反转起动过程

使用该电路实现三相交流电动机反转时，需要按下反转复合按钮 SB2，如图 6-22 所示，此时，常闭触点 SB2 – 1 断开，防止正转交流接触器 KMF 线圈得电；常开触点 SB2 – 2 闭合，反转交流接触器 KMR 线圈得电，相应的触点开始动作。

当反转交流接触器 KMR 线圈得电后，常开辅助触点 KMR – 2 闭合，实现自锁功能。

常开主触点 KMR – 1 闭合，三相交流电动机接通三相电源相序 L_3、L_2、L_1，反向起动运转。

常闭辅助触点 KMR – 3 断开，切断停机指示灯 HL1 的供电电源，HL1 熄灭。

常开辅助触点 KMR – 4 接通，反转指示灯 HL3 点亮，指示三相交流电动机处于反向运转状态。常闭辅助触点 KMR – 5 断开，防止正转交流接触器 KMF 线圈得电。

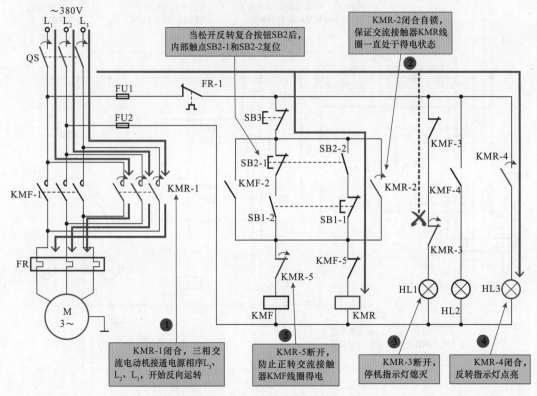

图 6-22　三相交流电动机反转起动过程

4. 三相交流电动机反转停机过程

当需要三相交流电动机停机时，按下停机按钮 SB3，其常闭触点断开，从而断开供电电源，此时反转交流接触器 KMR 线圈失电，内部的触点均复位。

常开辅助触点 KMR – 2 复位断开，解除自锁功能。

常开主触点 KMR – 1 复位断开，切断三相交流电动机供电电源，三相交流电动机停止反向运转。

常闭辅助触点 KMR – 3 复位闭合，停机指示灯 HL1 点亮，指示三相交流电动机处于停机状态。

常开辅助触点 KMR – 4 复位断开，切断反转指示灯 HL3 的供电电源，HL3 熄灭。

常闭辅助触点 KMR – 5 复位闭合，为正转起动做好准备。

第 ⑦ 章

传感器与微处理器电路

7.1 传感器控制电路

7.1.1 温度检测控制电路

温度检测控制电路主要是通过温度传感器对周围（环境）温度进行检测，一旦温度发生变化，控制电路便可根据温度的变化执行相应的动作。

1. 典型温度检测控制电路

图解演示

图 7-1 为温度检测控制电路。温度传感器 LM35D 将温度检测值转换成直流电压送到电压比较器 A2 的⑤脚，A2 的⑥脚为基准设定的电压，基准电压是由 A1 放大器和 W1、W2 微调后设定的值，当温度的变换使 A2 的⑤脚的电压超过⑥脚时，A2 输出高电平使 VT 导通，继电器 J 动作。开始起动被控设备，如加热器等设备。

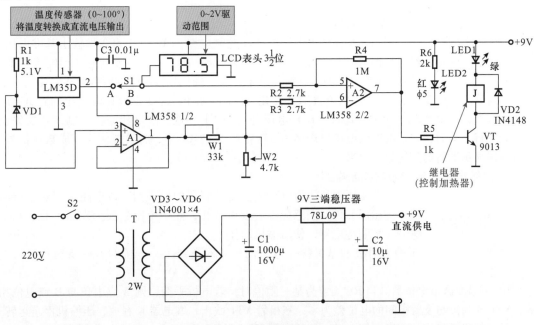

图 7-1　温度检测控制电路

2. 蔬菜大棚中的典型温度检测控制电路

图7-2 为蔬菜大棚中应用的温度检测控制电路。它主要是由温度传感器 SL234M，运算放大器 LM324、LM358，双时基电路 NE556，继电器 J 和显示驱动电路等部分构成的。温度传感器输出的温度等效电压经多级放大器后在放大器（6）中与设定值进行比较，然后经 NE556 去控制继电器，再对大棚加热器进行控制，同时将棚内的温度范围通过发光二极管 LED 显示出来。

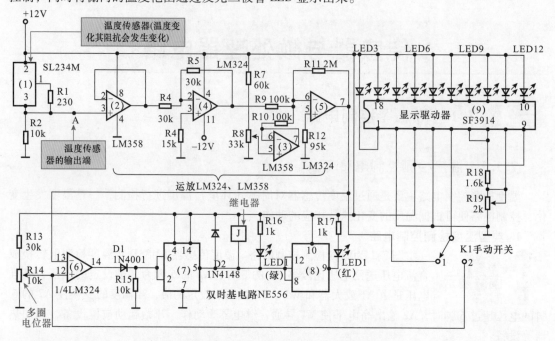

图7-2　蔬菜大棚中应用的温度检测控制电路

3. 高精度温控及数码显示电路

图7-3 是高精度温度检测和控制电路，MC1403 的②脚输出基准电压，经电位器 RP5 设定基准值加到 IC4 反相端（一）。热敏电阻（温度传感器）PT100 加在 IC1 的负反馈环路中，温度变化热敏电阻的值也会随之变化，于是 IC1 的负反馈量发生变化，IC1 的增益随之变化，IC1 的输出经 IC3 形成比较电压加到 IC4 的同相输入端，与 RP5 的输出进行比较。比较电压升高使 VT 导通，继电器动作控制加热器等设备开始运行。同时将表示温度的电压值送到 A－D 转换器 L7107 中，将模拟信号变成数字信号，通过数码显示器将温度值显示出来。

4. 热敏电阻式温度检测控制电路

图7-4 所示是热敏电阻式温度控制器的原理图。该电路采用热敏电阻器作为感温元件。当感应温度发生变化，热敏电阻器便会发生变化，从而进一步控制继电器，使压缩机动作。

电路中三极管 VT1 的发射极和基极接在电桥的一条对角线上，电桥的另一条对角线接在 18V 电源上。

RP 为温度调节电位器。当 RP 固定为某一阻值时，若电桥平衡，则 A 点电位与 B 点电位相等，VT1 的基极与发射极间的电位差为零，三极管 VT1 截止，继电器 K 释放，压缩机停止运转。

随着停机后箱内的温度逐渐上升，热敏电阻 R_t 的阻值不断减小，电桥失去平衡，A 点电位逐渐升高，三极管 VT1 的基极电流 I_b 逐渐增大，集电极电流 I_c 也相应增大，箱内温度越高，R_t

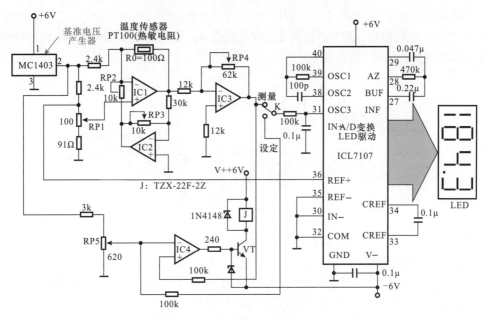

图 7-3 数码显示温控电路

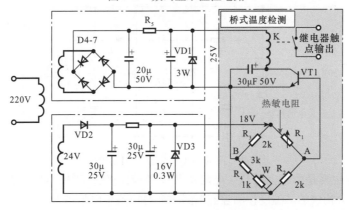

图 7-4 热敏电阻式温度控制器的原理图

的阻值越小，I_b 越大，I_c 也越大。当集电极电流 I_0 增大到继电器的吸合电流时，继电器 K 吸合，接通压缩机电机的电源电路，压缩机开始运转，系统开始进行制冷运行，箱内温度逐渐下降。随着箱内温度的逐步下降，热敏电阻 R_1 阻值逐步增大，此时三极管基极电流 I_b 变小，集电极电流 I_c 也变小，当 I_c 小于继电器的释放电流时，继电器 K 释放，压缩机电机断电停止工作。停机后箱内的温度又逐步上升，热敏电阻 R_1 的阻值又不断减小，使电路进行下一次工作循环，从而实现了箱内温度的自动控制。

目前，热敏电阻式温度控制器已制成集成电路式，其可靠性较高并且可通过数字显示有关信息。电子式（热敏电阻式）温度控制器是利用热敏电阻作为传感器，通过电子电路控制继电器的开闭，从而实现自动温控检测和自动控制的功能。

图 7-5 所示为桥式温度检测电路的结构。该电路是由桥式电路、电压比较放大器和继电器等部分组成。在 C、D 两端接上电源，根据基尔霍夫定律，当电桥的电阻 $R_1 \times R_4 = R_2 \times R_3$ 时，A、B 两点的电位相等，输出端

A 与 B 之间没有电流流过。热敏电阻的阻值 R_1 随周围环境温度的变化而变化，当平衡受到破坏时，A、B 之间有电流输出。因此，在构成温度控制器时，可以很容易地通过选择适当的热敏电阻来改变温度调节范围和工作温度。

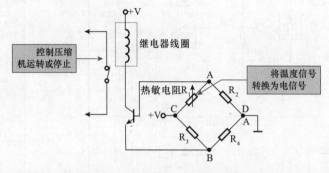

图 7-5　桥式温度检测电路的结构

5. 自动检测加热电路

图 7-6 所示为一种简易的小功率自动加热电路。该电路主要是由电源供电电路和温度检测控制电路构成的。

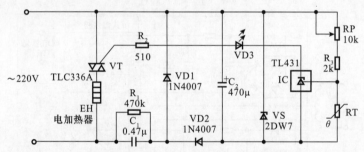

图 7-6　简易的小功率自动加热电路

电源供电电路主要是由电容器 C_1、电阻器 R_1、整流二极管 VD1、VD2、滤波电容器 C_2 和稳压二极管 VS 等部分构成的。温度检测控制电路主要是由热敏电阻器 RT、电位器 RP、稳压集成电路 IC、电加热器及外围相关元器件构成的。

电源供电电路输出直流电压分为两路：一路作为 IC 的输入直流电压；另一路经 RT、R_3 和 RP 分压后，为 IC 提供控制电压。

RT 为负温度系数热敏传感器，其阻值随温度的升高而降低。当环境温度较低时，RT 的阻值较大，IC 的控制端分压较高，使 IC 导通，二极管 VD3 点亮，VT 受触发而导通，电加热器通电开始升温。当温度上升到一定温度后，RT 的阻值随温度的升高而降低，使集成电路控制端电压降低，VD3 熄灭、VT 关断，EH 断电停止加热。

图 7-7 为一种典型的自动检测加热实用电路。该电路主要是由电源电路、温度检测控制电路构成的。

电路中，电源电路主要有交流输入部分、电源开关 K、降压变压器 T、桥式整流电路（VD1 ~ VD4）、电阻器 R_1、电源指示灯 VD1、滤波电容器 C_1 和稳压二极管 VS1 构成的。

温度检测电路是由热敏电阻 RT、555 集成电路 IC（NE555）、电位器 RP1 ~ RP3、继电器 K、发光二极管 VD2 及外围相关元器件构成的。其中，RT 为负温度系数热敏电阻，其阻值随温度的升高而降低。

交流 220V 电压经变压器 T 降压、桥式整流电路整流、电容滤波、二极管稳压后产生约 12V 的直流电压，为集成电路 IC 提供工作电压。当该电路测试到环境温度较低时，热敏电阻器 RT 的阻值变大，集成电路 IC 的②脚、⑥脚电压降低，③脚输出高电平，VD2 点亮，继电器 K 得电吸合，其常开触头将电加热器的工作电源接通，使环境温度升高；同样，当环境温度升高的一定温度时，RT 的阻值变小，集成电路 IC 的②脚、⑥脚电压升高，③脚输出低电平，VD2 熄灭，继电器 K 释放，其常开触头将电加热器的工作电源切断，使环境温度逐渐下降。

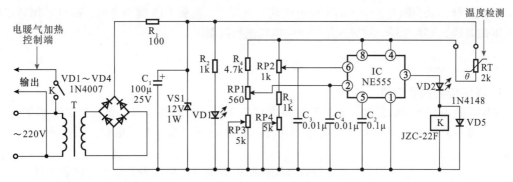

图 7-7 典型的自动检测加热实用电路

6. 自动控温加热电路

图 7-8 为典型的自动控温加热电路。该电路中，加热线圈的温度检测是采用一个负温度系数的热敏电阻，它的标称值是 $100k\Omega$。当温度升高时，它的电阻值会迅速下降，这个电阻通过一个插件接到电压比较器 U2C 的⑨脚。如果温度升高，⑨脚外接电阻的阻值会减小，⑨脚的电压就会下降。U2C 的⑨脚的电压下

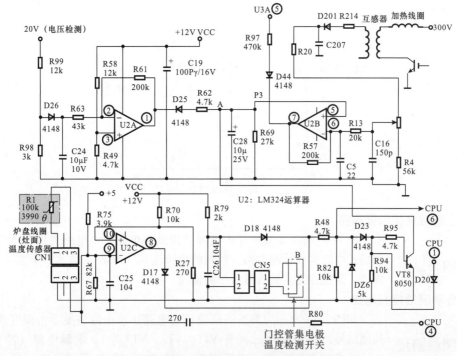

图 7-8 典型的自动控温加热电路

降，⑧脚的输出电压就会上升，变成高电平。⑧脚输出的高电平会使二极管 D17 导通，二极管 D17 另一端的电压就会升高，从而使三极管 VT8 导通，三极管 VT8 集电极的电压就会变成低电平，低电平加到 U2B 的⑤脚，使 U2B 的⑦脚变成低电平，这样就使 U3A 的⑤脚变成低电平，关掉脉宽信号产生电路的输出。

门控管集电极处设有一个温度检测开关，它相当于一个温控器。在常温下，温度检测开关是短路的（接通状态），温度检测开关接通就相当于 CN5 的①脚和地连在一起，为低电平，二极管 D18 截止。当门控管的工作时间过长，温度升高到一定程度时（超出额定值），温度检测开关（温控器）就会断开，CN5 的①脚电压就会上升，二极管 D18 就会导通，高电平加到三极管 VT8 的基极，VT8 导通，对脉宽信号产生电路进行控制。

7.1.2 湿度检测控制电路

1. 湿度检测报警电路

湿度反映大气干湿的程度，测量环境湿度对工业生产、天气预报、食品加工等非常重要。湿敏传感器是对环境相对湿度变化敏感的元件，通常由感湿层、金属电极、引线和衬底基片组成。

图 7-9 为施密特湿度检测报警电路。可以看到，由三极管 VT1 和 VT2 等组成的施密特电路，当环境湿度小时，湿敏电阻器 RS 电阻值较大，施密特电路输入端处于低电平状态，VT1 截止，VT2 导通，红色发光二极管点亮；当湿度增加时，RS 电阻值减小，VT1 基极电流增加，VT1 集电极电流上升，负载电阻器 R_1 上电压降增大，导致 VT2 基极电压减小，VT2 集电极电流减小，由于电路正反馈的工作使 VT1 饱和导通，VT2 截止，使 VT2 的集电极接近电源电压，红色发光二极管熄灭。同样道理，当湿度减少时，导致另一个正反馈过程，施密特电路迅速翻转到 VT1 截止，VT2 饱和导通状态，红色发光二极管从熄灭跃变到点亮。

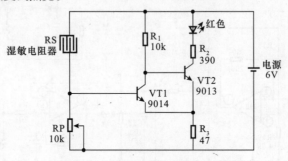

图 7-9 湿度传感器和报警电路

2. 土壤湿度指示器电路

图 7-10 所示是为一种土壤湿度指示器电路，该电路是由湿敏电阻 RS 和桥式电路构成检测电路，检测的信号经 IC（5G24）放大后去驱动发光二极管。通过发光二极管显示湿度情况。

3. 自动喷灌控制电路

如图 7-11 所示为典型的喷灌控制电路。该电路主要是由湿度传感器、检测信号放大电路（三极管 VT1、VT2、VT3 等）、电源电路（滤波电容 C_2、桥式整理电路 UR、变压器 T）和直流电动机 M 等构成的。

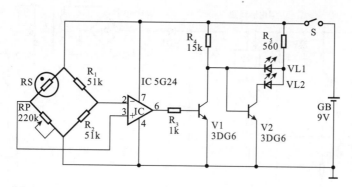

图 7-10　土壤湿度指示器电路

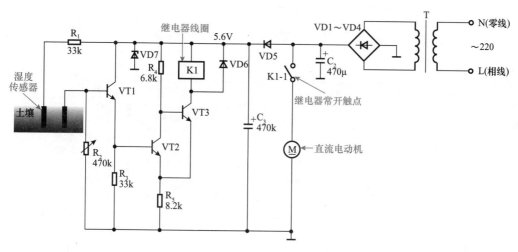

图 7-11　典型的喷灌控制器电路

在电路中，湿度传感器用于检测土壤中的湿度情况，直流电动机 M 用于带动喷灌设备动作。

当喷灌设备工作一段时间后，土壤湿度达到适合农作物生长的条件，此时湿度传感器体现在电路中电阻值变小，此时 VT1 导通，并为 VT2 基极提供工作电压，VT2 也导通。VT2 导通后直接将 VT3 基极和发射极短路，因此 VT3 截止，从而使继电器线圈 K1 失电断开，并带动其常开触点 K1 - 1 恢复常开状态，直流电动机断电停止工作，喷灌设备停止喷水。

当土壤湿度变干燥时，湿度传感器之间的电阻值增大，导致 VT1 基极电位较低，此时 VT1 截止，VT2 截止，VT3 的基极由 R₄ 提供电流而导通，继电器线圈 K1 得电吸合，并带动常开触点 K1 - 1 闭合，直流电动机接通电源，开始工作。

若电路中的电动机为交流电动机，则可按如图 7-12 所示电路进行设计连接，电路的工作过程及原理与上述过程相同。

4. 简单的湿度指示器电路

如图 7-13 所示为由 IH - 3605 湿度传感器构成的湿度指示器电路。该电路主要是由 IH - 3605 湿度集成传感器 IC1、LM3914 LED 点线驱动显示器 IC2 及外围元器件等构成的。LM3914 的内部电路如图 7-14 所示。该电路可用于需要对湿度进行检测和指示的场合。

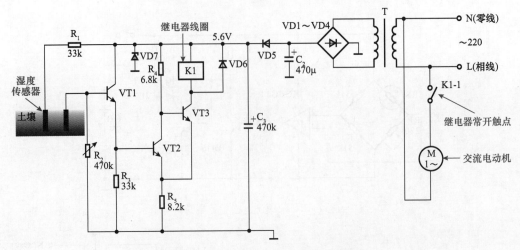

图 7-12   使用交流电动机的喷灌控制电路

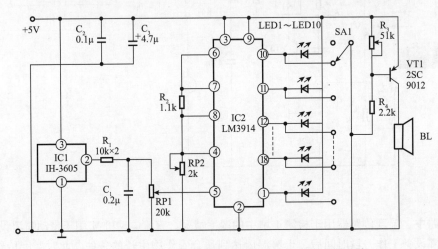

图 7-13   由 IH－3605 湿度传感器构成的湿度指示器电路

LM3914 中有 10 个电压比较器作为 10 个发光二极管的驱动器，每个电压比较器的基准电压都是由串联电阻分压电路提供的，其电压值从上至下递减。湿度传感器 IC1 检测到的湿度信号经 R_1、RP1 后，作为控制信号从 IC2 的⑤脚输入，经缓冲放大器后输出，并加到 10 个电压比较器的反向输入端，当比较器的反向输入电压大于该比较器同相端的电压是，该比较器输出低电平，相应的发光二极管点亮。

LM3914 中的缓冲放大器输出到电压比较器反相端的电压越高，点亮的二极管越多，当该电压高于图中⑩脚连接的比较器同相端电压时，电路中 10 个发光二极管全部点亮。

5. 土壤湿度检测电路

如图 7-15 所示为由湿敏电阻器构成的土壤湿度检测电路。该电路主要是由湿敏电阻器 RS、湿度信号放大电路（IC1、RP1、RP2、$R_3 \sim R_5$、R_8、VD3 等构成）、稳压电源电路等构成的。可用于林业、农业等部门检测土壤中是否缺水。

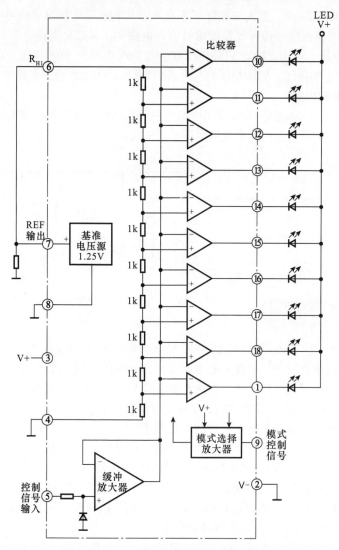

图 7-14 LM3914 的内部电路结构

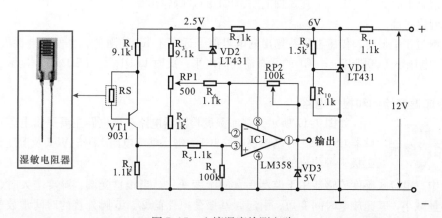

图 7-15 土壤湿度检测电路

电路中，湿敏电阻器 RS、放大三极管 VT1 及 R_1、R_2 构成了土壤湿度检测电路，用于检测土壤中湿度的变化，并将该信号传送到湿度信号放大电路中。+12V 直流电压送入电路后，首先经电阻器 $R_9 \sim R_{11}$ 分压、稳压二极管 VD2 稳压后输出 +6V 电压。+6V 电压一路为 IC1 的⑧脚提供工作电压，一路经 R_7 降压、VD1 稳压后输出 2.5V 电压，为湿度检测电路进行供电。

6. 土壤湿度检测电路

如图 7-16 所示的电路为一种常见的土壤湿度检测电路，该电路的传感器器件是由探头式湿度传感器构成的。

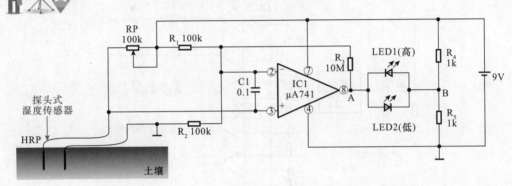

图 7-16　由探头式湿度传感器构成的土壤湿度检测电路

该电路主要通过两个发光二极管的显示状态指示土壤的不同湿度状态：当两只二极管都不发光或发光暗淡时，说明土壤湿度适于所种植物种的生长；当 LED1 亮而 LED2 不亮时，说明土壤湿度过高；当 LED1 不亮而 LED2 亮时，显示土壤湿度过低。

探头式湿度传感器的探头是插在被检测的土壤中的，其探头根据所感知土壤湿度呈现不同的电阻值，并与电阻器 R_1、R_2 和 RP 构成桥式电路。首先记录当土壤湿度适合种植物生长时所检测到的电阻值，并通过调节 RP 的电阻将其设置为与传感器探头两端的土壤电阻值与 RP 的电阻值相等，此时桥式电路处于平衡状态，运算放大器 IC1 的两个输入端之间电位差为零，其⑧脚输出电压约为电源电压的一半。由于电阻器 R_4、R_5 的分压值也为电源电压的一半，故发光二极管 LED1 和 LED2 都不发亮。此时土壤湿度合适。

当土壤过于潮湿时，探头传感器输出的电阻信号远小于 RP 的阻值，此时电桥失去平衡，则运算放大器 IC1 的②脚电压大于其③脚电压，IC1 的⑧脚输出低电平，此时 LED1 亮，LED2 灭，显示土壤湿度过高。

当土壤过于干燥时，传感器探头输出的电阻信号远高于 RP 的阻值，也使得电桥失去平衡，IC1 的②脚电压小于③脚电压，IC1 的⑧脚输出高电平，此时 LED1 灭，LED2 亮，显示土壤湿度过低

7. 粮库湿度检测和报警电路

如图 7-17 所示为粮库湿度检测器电路。该电路主要是由电容式湿度传感器 CS，555 时基振荡电路 IC1、倍压整流电路 VD1、VD2 及湿度指示发光二极管等构成的。

电路中，电容式湿度传感器用于监测粮食的湿度变化，当粮食受潮，湿度增大时，该电容器的电容量减小，其充放电时间变短，引起时基振荡电路的②、⑥脚外接的时间常数变小，则其内部振荡器的谐振频率升高。当 IC1 的③脚输出的频率升高时，该振荡信号经耦合电容器 C_2 后，由倍压整流电路 VD1、VD2 整流为直流电压。频率的升高引起 A 点直流电压的升高，当发

光二极管左侧电压高于右端电压时，发光二极管发光。

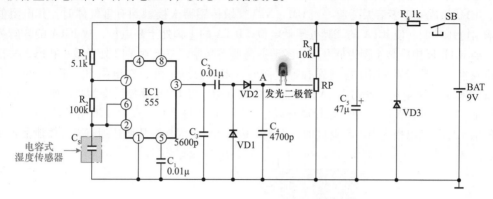

图 7-17　粮库湿度检测器电路

也就是说，当发光二极管发光时，粮食的湿度较大。若该电路用于监测储藏粮食湿度的情况，则当二极管发光时，应对粮库实施通风措施，否则湿度过大，粮食容易变质。

8. 大棚内湿度检测和控制电路

图 7-18 所示是一种大棚内温度检测和控制电路。在大棚内设有湿度检测传感器 RS（湿敏电阻），当湿度增加时，RS 的电阻值会增加，湿度减小后电阻值也会减小，经桥式整流电路后直流电压会上升，这样会将湿度的情况转换成直流电压加到电压比较器 IC2 的反相输入端。即湿度高时，IC2 输出低电平，三极管 VT1 截止，加湿器不动作，湿度低时，IC2 输出高电平，VT1 导通；继电器 K 动作，使加湿器工作，增加棚内的湿度。三端稳压器 IC1 为电路提供 +12V 直流电源。

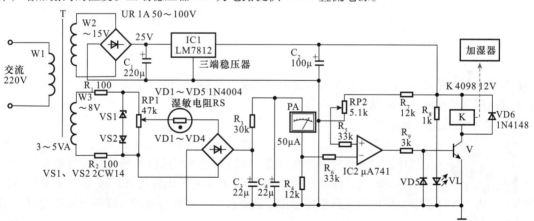

图 7-18　大棚内湿度检测和控制电路

7.1.3　气体检测控制电路

1. 煤气报警电路

图 7-19 所示为由气敏电阻器等元器件构成的家用煤气报警器电路，此电路中 QM－N10 即是一个气敏电阻器。220V 市电经电源变压器 T1 降至 5.5V 左右，作为气敏电阻器 QM－N10 的加热电压。气敏电阻器 QM－N10 在洁净空气中的阻值大约为几十 kΩ，当接触到有害气体时，电阻值急剧下降，它接在电路中使

气敏电阻的输出端电压升高，该电压加到与非门上。由与非门 IC1A、IC1B 构成一个门控电路，IC1C、IC1D 组成一个多谐振荡器。当 QM－N10 气敏传感器未接触到有害气体时，其电阻值较高，输出电压较低，使 IC1A 的②脚处于低电位，IC1A 的①脚处于高电位，故 IC1A 的③脚为高电位，经 IC1B 反相后其④脚为低电位，多谐振荡器不起振，三极管 VT2 处于截止状态，故报警电路不发声。一旦 QM－N10 检测到有害气体时，阻值急剧下降，在电阻 R_2、R_3 上的压降使 IC1A 的②脚处于高电位，此时 IC1A 的③脚变为低电平，经 IC1B 反相后变为高电平，多谐振荡器起振工作，三极管 VT2 周期性地导通与截止，于是由 VT1、T2、C_4、HTD 等构成的正反馈振荡器间歇工作，发出报警声。与此同时，发光二极管 LED1 闪烁，从而达到有害气体泄漏告警的目的。

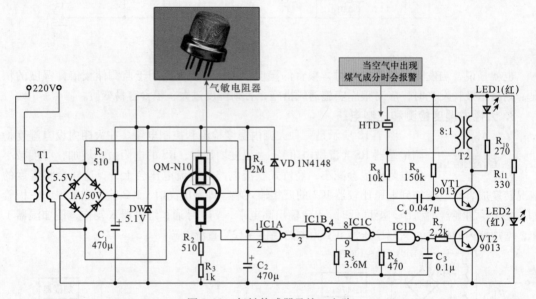

图 7-19　气敏传感器及接口电路

气敏电阻器是利用金属氧化物半导体表面吸收某种气体分子时，会发生氧化反应和还原反应而使电阻值改变的特性而制成的电阻器。

2. 井下氧浓度检测电路

图 7-20 所示为一种井下氧浓度检测电路，该电路可用于井下作业的环境中，检测空气中的氧浓度。电路中的氧气浓度检测传感器将检测结果变成直流电压，经电路放大器 IC1－1 和电压比较器 IC1－2 后，去驱动三极管 VT1，再由 VT1 去驱动继电器，继电器动作后触点接通，蜂鸣器发声，提醒氧浓度过低，引起人们的注意。

7.1.4　磁场检测控制电路

1. 锅质检测电路

图 7-21 所示为典型锅质检测电路。锅质检测是靠炉盘的感应电压（电动势）来实现的。

工作时，交流 220V 经桥式整流堆输出 300V 的直流电压，300V 的直流电压经过平滑线圈 L_1，将电压送到炉盘线圈 L_2 上。炉盘线圈 L_2 的工作是受门控管的控制，门控管的开、关控制在炉盘线圈里面就变成了开、关的电流变化（即高频振荡的开、关电流）。

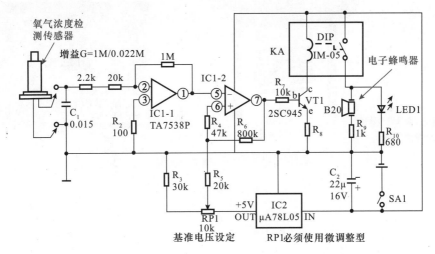

图 7-20 井下氧浓度检测电路

当锅放到炉盘上，锅本身就成了电路的一部分。当锅靠近加热线圈，由于锅是软磁性材料，很容易受到磁化的作用，有锅和没有锅，以及锅的大小、厚薄，都会对加热线圈的感应产生一定的影响。从炉盘线圈取出一个信号经过电阻 R_6 送到电压比较器（锅质检测电路）SF339 的⑤脚。SF339 是一个集成电路，它是由 4 个比较器构成的。SF339 的④和⑤脚分别有正号和负号的标识，其中正号表示同向输入端（即输入的信号和输出的信号的相位相同），负号表示反向输入端（即输出信号和输入信号的相位相反）。以④脚的电压为基准，

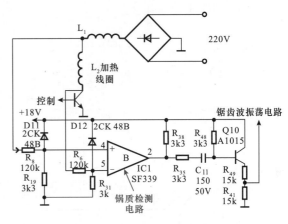

图 7-21 电磁炉的锅质检测电路

若线圈输出信号有变化，就会引起⑤脚输入的电压发生变化。如果⑤脚的输入电压低于④脚，那么电压比较器 SF339 的②脚的输出电压就是高电平；如果⑤脚的电压升高超过了④脚的电压，那么 SF339 的②脚的输出电压就会变成低电平。因此，如果 SF339 的②脚输出的电压发生变化，就表明被检测的物质发生变化。锅质检测电路输出的信号经过三极管 Q10，会将变化的信号放大，然后用放大的信号去控制锯齿波振荡电路，这就是这种电压比较器（锅质检测电路）的工作过程。

2. 磁钢式限温器控制电路

磁钢式限温器可通过开关的动作进行控制。如图 7-22 所示，按下开关后，联动杠杆动作，此时微动开关与磁钢式限温器同时动作，此时微动开关触点接通，加热器开始工作；联动装置位置上升，使磁钢式限温器内部的永磁体与感温磁钢吸合。

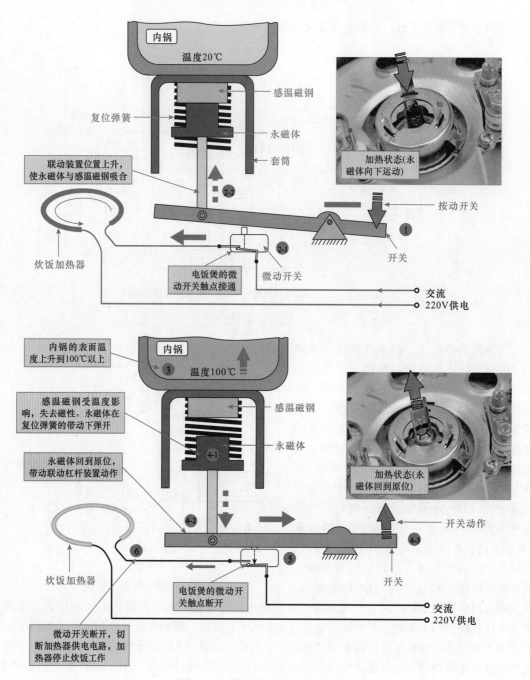

图 7-22　磁钢式限温器控制电路

7.1.5　光电检测控制电路

1. 光电防盗报警电路

图 7-23 是具有锁定功能的物体检测和报警电路，可用于防盗报警。如果有人入侵到光电检测的空间，光被遮挡，光敏三极管截止，其集电极电压上升，使 D1、VT1 都导通，晶闸管也被触发而导通，报警灯则发光，只

有将开关 K1 断开一下，才能解除报警状态。

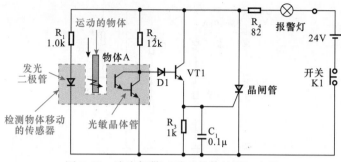

图 7-23　防盗报警（移动物体检测）电路

2. 光控交流开关电路

使用 2 个 PS3001 控制的交流电路开关电路，如图 7-24 所示，使用 1 个 PS3001 的光控交流开关电路，如图 7-25 所示。

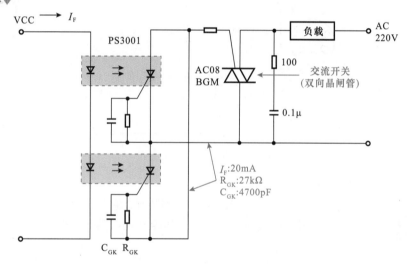

图 7-24　使用 2 个 PS3001 的光控开关

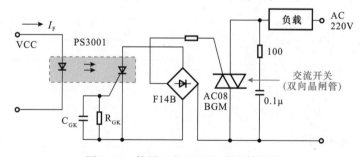

图 7-25　使用 1 个 PS3001 的光控开关

3. 光电检测电路

图 7-26 是应用光电检测器的输出控制电路。R_1、R_2 的分压点可以设门限电平。该电路的发光二极管和光敏三极管之间的距离可在 0 ~ 5mm 的范围内，可检测直射光或反射光。将有光无光（或遮光）的状态变成电信号

输出，加到负载 RL 上。

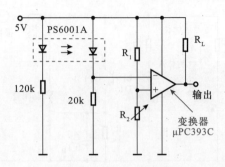

图 7-26　光电检测电路

图 7-27 是将光电盘的转动变成脉冲信号的实用电路，在很多产品中得到应用。

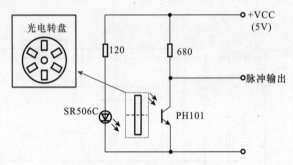

图 7-27　光电脉冲产生电路

4. 数字式光电用编码器

图 7-28 是数字式光电旋转检测装置，它是位于码盘两侧的发光二极管和光敏三极管组成的，码盘是采用 10 进制的编码开槽方式。

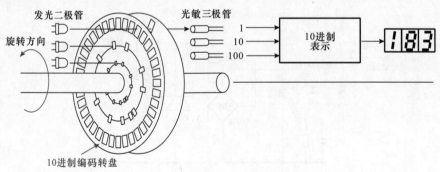

图 7-28　数字式光电旋转检测装置

5. 光电位置检测电路

图 7-29 是利用光电耦合器（规范术语为光耦合器）进行位置检测的装置，例如胶片的位置检测，可通过胶片侧边的方孔进行位置检测和计数。

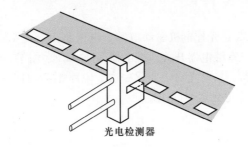

a) 位置检测装置

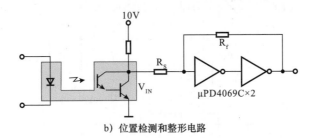

b) 位置检测和整形电路

图7-29 光电位置检测电路

6. 光电电机转速信号产生电路

图7-30是光电电机转速信号产生电路。将具有槽孔的圆盘装在电机轴上，当电机旋转时，光电耦合器中的光敏三极管断续地受到光的照射，经放大后输出与电机转速成正比的脉冲信号。

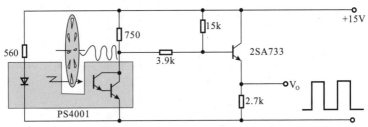

图7-30 光电电机转速信号产生电路

7. 移位检测电路

图7-31是检测物体位移的电路，将发光二极管和光敏三极管设置在物体两侧，光被物体遮挡。当物体消失时，光会照射到光敏三极管上，于是光敏三极管导通，运放 μPC177 的反相输入端电压降低，输出高电平信号。

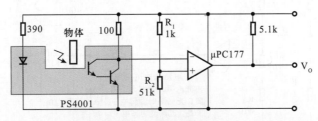

图7-31 物体位移检测电路

8. 光控电机驱动电路

图 7-32 是光控电机驱动电路。电机是由交流 220V 电源供电，在供电电路中，设有继电器开关。继电器 K1、K2 受电路控制。光敏三极管 V1 作为光传感器，只要光明暗变化一次，电路则会动作一次，电机会运转一定时间。该时间由 IC2、IC4 单稳态的延迟时间决定。

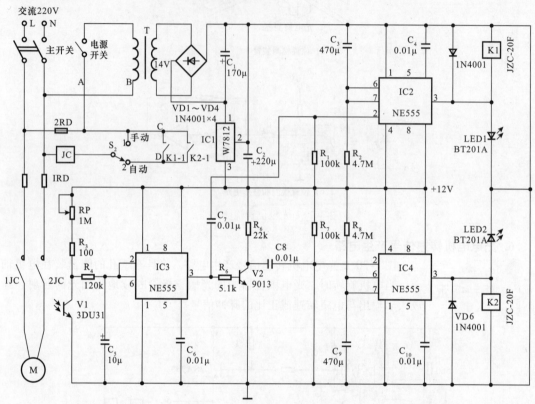

图 7-32 光控电机驱动电路

9. 光控继电器电路

图 7-33 所示为一种光控继电器电路。当无光照时，光敏电阻的阻值较高，电压比较器 U1 的②脚电压低于③脚，⑥脚输出高电平，VT1 导通，继电器动作（启动照明电路）。

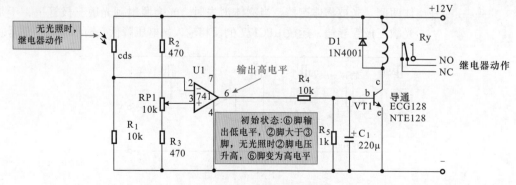

图 7-33 光控继电器电路

10. 光控开关电路

如图 7-34 所示为典型光控开关电路的结构图。该电路主要是由光敏电阻 R_G 与时基集成电路 IC1（SG555）、继电器线圈（KA）及继电器常开触点 KA - 1 构成的。

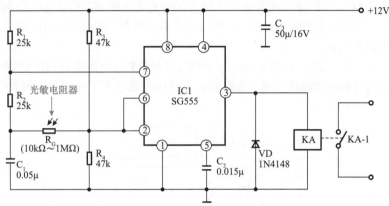

图 7-34　典型光控开关电路的结构

该电路中，光敏电阻器 R_G 可随光照强度的不同在 $10k\Omega \sim 1M\Omega$ 之间变化。

当无光照或光线较暗时，光敏电阻器 R_G 呈高阻状态，其在电路中呈现的阻值远远大于 R_3 和 R_4，IC1 的③脚输出低电平，继电器不动作。

当有光照时，光敏电阻器 R_G 电阻值变小，IC1 的③脚输出变为高电平，继电器线圈 KA 得电吸合，并带动常开触点 KA - 1 闭合，被控制电路随之动作。

11. 光控照明电路

如图 7-35 所示为采用光敏传感器（光敏电阻）的光控照明灯电路。该电路可大致划分为光照检测电路和控制电路两部分。

光照检测电路是由光敏电阻 R_G、电位器 RP、电阻器 R_1、R_2 以及非门集成电路 IC1 组成的。控制电路是由时基集成电路 IC2、二极管 VD1、VD2、电阻器 $R_3 \sim R_5$、电容器 C_1、C_2 以及继电器线圈 KA、继电器常开触点 KA - 1 组成的。

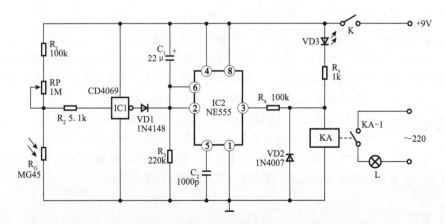

图 7-35　采用光敏传感器（光敏电阻）的光控照明灯电路

当白天光照较强时，光敏电阻器 R_G 的阻值较小，则 IC1 输入端为低电平，输出为高电平，此时 VD1 导通，IC2 的②、⑥脚为高电平，③脚输出低电平，发光二极管 VD2 亮，但继电器线圈 KA 不吸合，灯泡 L 不亮。

当光线较弱时，R_G 的电阻值变大，此时 IC1 输入端电压变为高电平，输出低电平，使 VD1 截止；此时，电容器 C_1 在外接直流电源的作用下开始充电，使 IC2 的②、⑥脚电位逐渐降低，③脚输出高电平，使继电器线圈 KA 吸合，带动常开触点闭合，灯泡 L 接通电源，点亮。

12. 自动应急灯电路

图 7-36 所示为一种采用电子开关集成电路的自动应急灯电路。用该电路制作成的自动应急灯在白天光线充足时不工作，当夜间光线较低时能自动点亮。

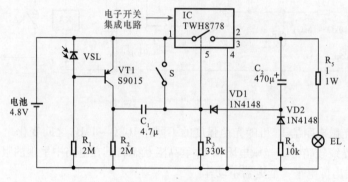

图 7-36　自动应急灯电路

图 7-36 中，主要是由电源供电电路、光控电路和电子开关电路等部分构成的。在白天或光线强度较高时，光敏二极管 VSL 电阻值较小，三极管 VT1 处于截止状态，后级电路不动作，灯泡 EL 不亮；等到夜间光线变暗时，VSL 电阻值变大，使三极管 VT1 基极获得足够促使其导通的电压，后级电路开始进入工作状态，电子开关集成电路 IC 内部的电子开关接通，灯泡 EL 点亮。

7.2　微处理器及相关电路

7.2.1　典型微处理器的基本结构

微处理器（CPU）是将控制器、运算器、存储器、输入和输出通道、时钟信号产生电路等集成于一体的大规模集成电路。由于它具有分析和判断功能，有如人的大脑，因而又被称为微电脑。其广泛地应用于各种电子电器产品之中，为产品增添了智能功能。它有很多的品种和型号。

图 7-37 是典型的 CMOS 微处理器的结构示意图，从图中可见，它是一种双列直插式大规模集成电路，是采用绝栅场效应晶体管制造工艺而成的，因而被称为 CMOS 型微处理器，其中电路部分由多部分组成。

图 7-38 是典型微处理器的引脚排列和功能视图，图 7-39 是微处理器的内部功能框图，图中各主要外接端子的功能如下：

RES：复位。

PA_{3-0}：输入通道 A3 - 0。

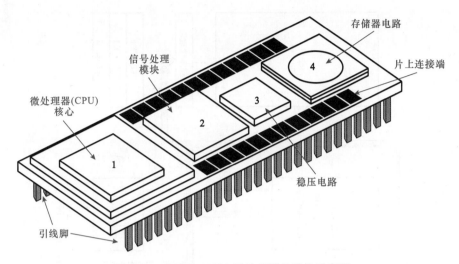

图 7-37 典型的 CMOS 微处理器的结构示意图

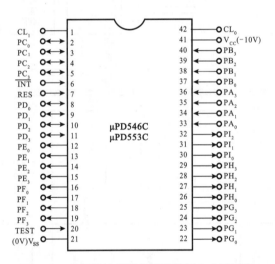

图 7-38 典型微处理器的引脚排列和功能视图

PB_{3-0}：输入通道 B3 - 0。

PC_{3-0}：输入/出双向通道 C3 - 0。

PD_{3-0}：输入/出双向通道 D3 - 0。

PE_{3-0}：输出通道 E3 - 0。

PF_{3-0}：输出通道 F3 - 0。

PG_{3-0}：输出通道 G3 - 0。

PH_{3-0}：输出通道 H3 - 0。

PI_{2-0}：输出通道 I2 - 0。

TEST：测试端。

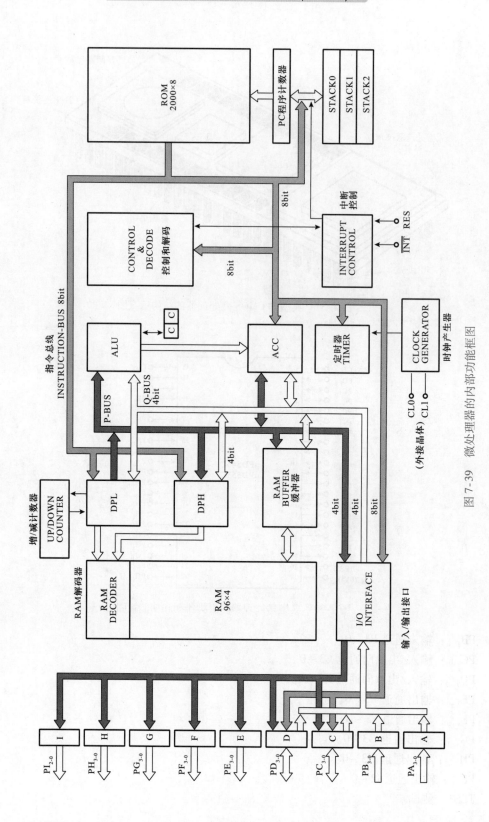

图7-39　微处理器的内部功能框图

7.2.2 微处理器的外部电路

1. 输入端保护电路

CMOS 微处理器是一种大规模集成电路（LSI），其内部是由 N 沟道或 P 沟道场效应晶体管构成的，如果输入电压超过 200V 会将集成电路内的电路损坏，为此在某些输入引脚要加上保护电路，如图 7-40 所示。

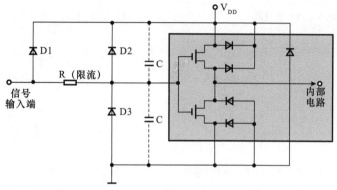

钳位二极管	耐压	IC内的晶体管	耐压
D1、D2	30～40(V)	P沟道	30（V）
D3	30～40(V)	N沟道	40(V)

图 7-40 LSI 输入端子保护电路

由于各种输入信号的情况不同，当个别引脚之间加有异常电压的情况下，保护电路形成电路通道从而对 LSI（大规模集成电路）内部电路实现了保护。其保护电路的结构和工作原理如图 7-41 所示。

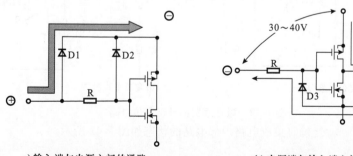

a) 输入端与电源之间的通路   b) 电源端与输入端之间的通路

图 7-41 各种保护电路的结构和工作原理

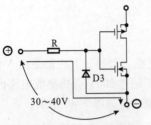

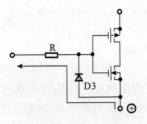

c) 输入端与地线之间形成通路　　　　　　d) 地线与输入端之间形成通路

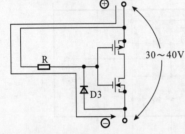

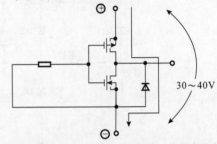

e) 输入信号为高电平时电源与地线之间形成通路　　f) 输入信号为低电平时电源与地线之间形成通路

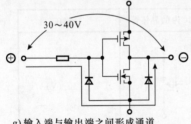

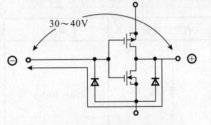

g) 输入端与输出端之间形成通道　　　　　　h) 输出端与输入端之间形成通道

图 7-41　各种保护电路的结构和工作原理（续）

2. 复位电路

　　　　图 7-42 是微处理器（CPU）外部复位电路的结构，在电源接入时为 CPU 提供复位信号。

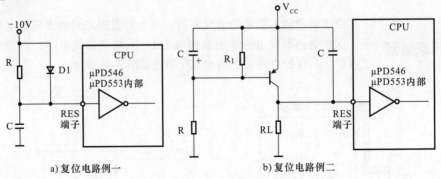

a) 复位电路例一　　　　　　　　　　　b) 复位电路例二

图 7-42　微处理器的外部复位电路

复位时集成电路内部电路的状态如图 7-43 所示。

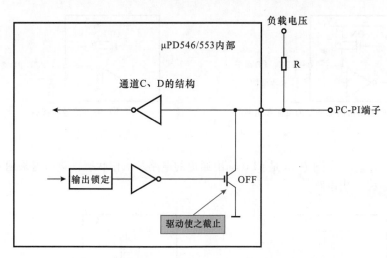

图 7-43 复位时 IC 内的工作状态

3. 微处理器的时钟信号产生电路

图 7-44 是 CPU 时钟信号产生电路的外部电路结构。外部谐振电路与内部电路一起构成时钟信号振荡器，为 CPU 提供时钟信号。

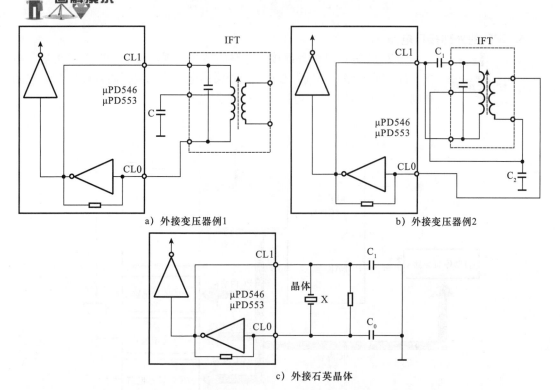

a) 外接变压器例1

b) 外接变压器例2

c) 外接石英晶体

图 7-44 CPU 时钟信号产生电路的外部电路结构

4. CPU 接口的内部和外部电路

图 7-45 是 CPU 输入/输出通道的内部和外部电路。

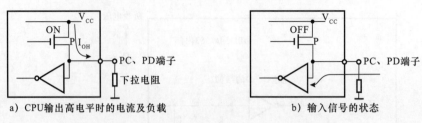

图 7-45　CPU 输入/输出通道的内部和外部电路

图 7-46 是 CPU 输出通道的电路及工作状态，该通道采用互补推挽的输出电路。

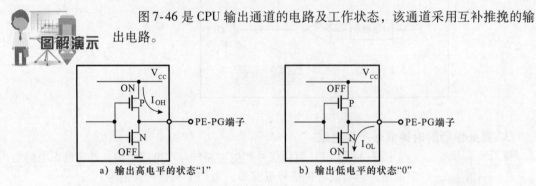

图 7-46　CPU 输出通道的电路及工作状态

5. CPU 的外部接口电路

图 7-47 是 CPU 的外部接口电路的结构实例，由于 CPU 控制的电子电气元件（或电路）不同，被控电路所需的电压或电流不能直接从 CPU 电路得到，因而需要加接口电路，或称转换电路。

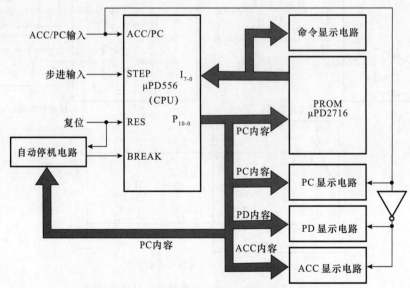

图 7-47　CPU 的外部接口电路系统的结构实例

图 7-48 是 CPU 的输入和输出接口电路的实例，输入和输出信号都经过 μPD4050C 缓冲放大器，设置缓冲放大器的输入输出电压极性和幅度，可以满足电路的要求。

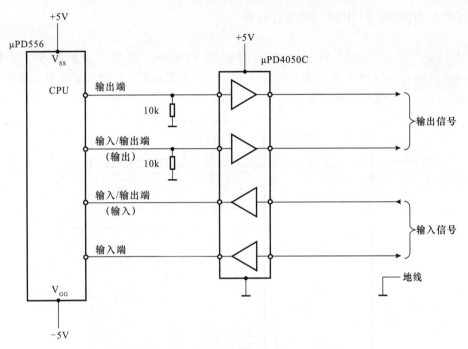

图7-48　CPU 的输入和输出接口电路

图7-49 是高耐压接口电路实例。

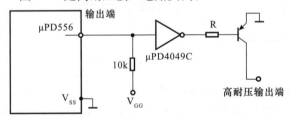

图7-49　高耐压接口电路

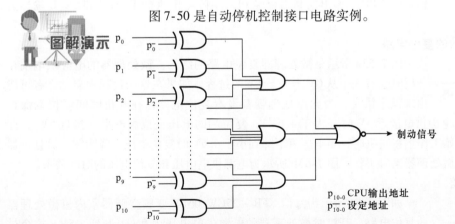图7-50 是自动停机控制接口电路实例。

图7-50　自动停机控制接口电路

6. CPU 对存储器（PROM）的接口电路

图 7-51 是 CPU 对存储器（PROM）的接口电路实例。微处理器（CPU）输出地址信号（$P_0 \sim P_{10}$）给存储器，存储器将数据信号通过数据接口送给 CPU。

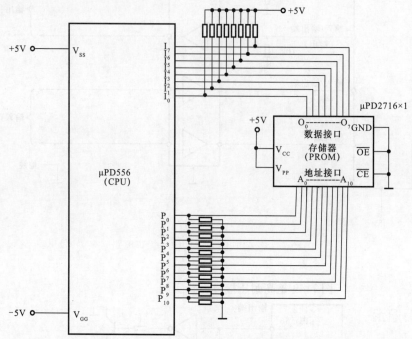

图 7-51　存储器接口电路实例

7. CPU 的输入、输出和存储器控制电路

图 7-52 是以 CPU 为中心的自动控制电路，该电路以 CPU 为中心，它工作时接收运行/自动停机/步进电路的指令，外部设有两个存储器存储工作程序，$PH_{3\sim0}$ 输出控制指令经 PLA 矩阵输出执行指令，同时 CPU 输出显示信号。

8. 微处理器的复位电路

图 7-53a 所示是微处理器复位电路的结构。微处理器的电源供电端在开机时会有一个从 0V 上升至 5V 的过程，如果在这个过程中启动，有可能出现程序错乱，为此微处理器都设有复位电路，在开机瞬间复位端保持 0V，低电平。当电源供电接近 5V 时（大于 4.6V），复位端的电压变成高电平（接近 5V），此时微处理器才开始工作。在关机时，当电压值下降到小于 4.6V 时复位电压下降为零，微处理器程序复位，保证微处理器正常工作。图 7-53b 所示为电源供电电压和复位电压的时间关系。

9. 复位电路

如图 7-54 所示为海信 KFR－25GW/06BP 变频空调器室内机微处理器的复位电路。开机时微处理器的电源供电电压由 0V 上升到＋5V，这个过程中启动程序有可能出现错误，因此需要在电源供电电压稳定之后再启动

程序，这个任务是由复位电路来实现的。图中 IC1 是复位信号产生电路，②脚为电源供电端，①脚为复位信号输出端，该电压经滤波（C_{20}、C_{26}）后加到 CPU 的复位端㉔脚。复位信号比开机时间有一定的延时，延时时间长短与㉔脚外的电容大小有关。

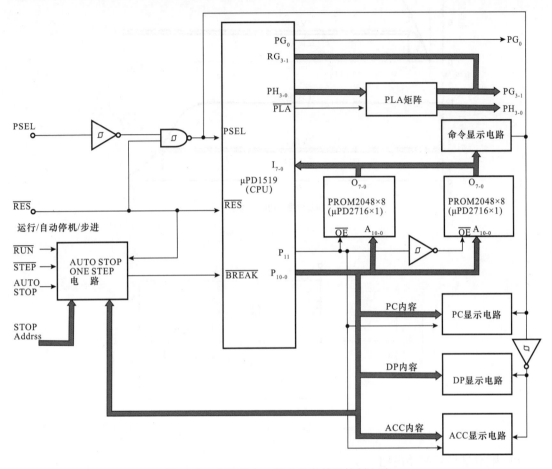

图 7-52 CPU 输入、输出和存储器控制电路

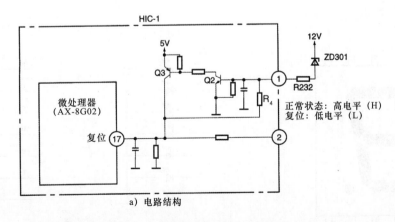

a）电路结构

图 7-53 复位电路的检测部位和数据

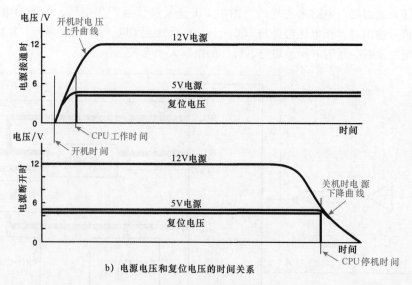

b）电源电压和复位电压的时间关系

图 7-53　复位电路的检测部位和数据（续）

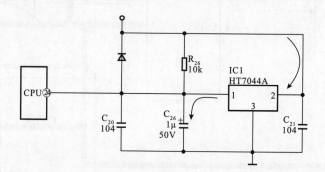

图 7-54　海信 KFR – 25GW/06BP 变频空调器室内机微处理器的复位电路

10. 数码管显示驱动电路

图 7-55 是一种数码液晶显示图形和电极连接方式图。

图解演示

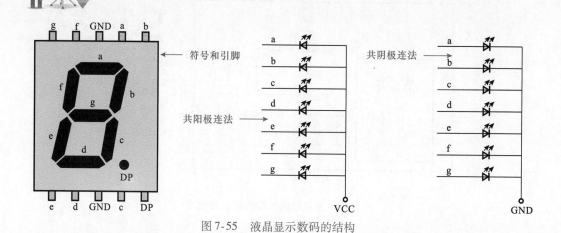

图 7-55　液晶显示数码的结构

图 7-56 是 CPU 驱动多位液晶显示管的电路结构实例。

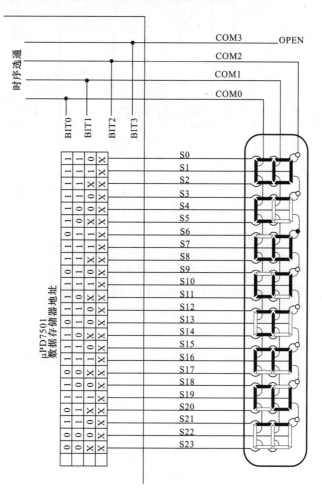

图 7-56　CPU 驱动多位液晶显示管的电路结构实例

7.2.3　定时电路

1. 定时控制电路（CD4060）

图 7-57 为一种简易定时控制电路，它主要由一片 14 位二进制串行计数/分频集成电路和供电电路等组成。IC1 内部电路与外围元件 R_4、R_5、RP1 及 C_4 组成 RC 振荡电路。

当振荡信号在 IC1 内部经 14 级二分频后，在 IC1 的③脚输出经 8192（2^{13}）次分频信号，也就是说，若振荡周期为 T，利用 IC1 的③脚输出作延时，则延时时间可达 8192T，调节 RP1 可使 T 变化，从而起到了调节定时时间的目的。

开机时，电容 C_3 使 IC1 清零，随后 IC1 便开始计时，经过 8192T 时间后，IC1 的③脚输出高电平脉冲信号，使 VT1 导通，VT2 截止，此时继电器 K1 因失电而停止工作，其触点即起到了定时控制的作用。

电路中的 S1 为复位开关，若要中途停止定时，只要按动一下 S1，IC1 便会复位，计数器便又重新开始计时。电阻 R_2 为 C_3 提供放电回路。

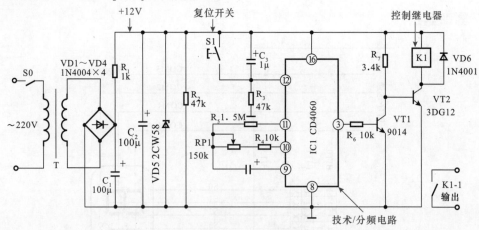

图 7-57　简易定时控制电路

2. 低功耗定时器控制电路（CD4541）

图 7-58 所示为一种低功耗定时器控制电路，它主要由 CD4541 高电压型 CMOS 程控定时器集成电路和供电电路等部分构成。操作启动开关时，IC1 使 VT1 导通，继电器 K1 动作，K1-1 触点自锁，K1-2 闭合为负载供电。

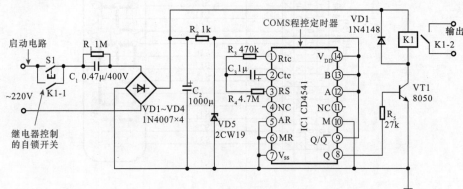

图 7-58　低功耗定时器控制电路

3. 具有数码显示功能的定时控制电路（NE55 + 74LS193 + CD4511）

图 7-59 是一种具有数码显示功能的定时控制电路，其采用数码显示可使人们能直观地了解时间进程和时间余量，并可随意设定定时时间。

　　该电路中，IC1 为 555 时基电路，它与外围元件组成一个振荡电路。IC2 为可预置四位二进制可逆计数器 74LS193，它与 R_2、C_3 构成预置数为 9 的减法计数器。IC3 为 BCD-7 段锁存/译码/驱动器 CD4511，它与数码管 IC4 组成数字显示部分。C_1、R_1 和 RP1 用来决定振荡电路的翻转时间，为了使 C_1 的充放电电路保持独立而互补影响，电路中加入了 VD1 和 VD2。

　　电路中，在接通电源的瞬间，因电容 C_3 两端的电压不能突变，故给 IC2 一个置数脉冲，IC2 被置数为 9。与此同时，C_1 两端的电压为零且也不能突变。故 IC1 的②、⑥脚为低电平，其③脚输出高电平，并为计数器提供驱动脉冲。IC2 的⑬脚输出脉冲信号的同时输出四位 BCD 信号，经译码器和驱动显示电路 IC3 去驱动数码管 IC4。

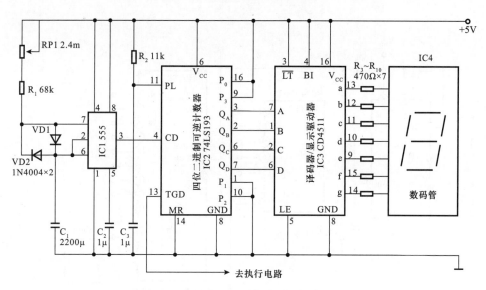

图7-59 数码显示功能的定时控制电路

4. 定时提示电路（CD4518）

图7-60是一种典型的定时提示电路，该电路的主体是COMS向上计数器IC1，内设振荡电路。电源启动后，即为IC1复位，计数器开始工作，经一定的计数周期（64周期）后，$Q_7 \sim Q_{10}$端陆续输出高电平，当$Q_7 \sim Q_{10}$都为高电平时，定时时间到，VT1导通，蜂鸣器发声，提示到时。

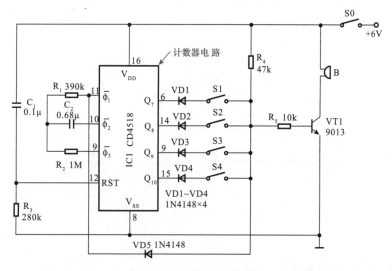

图7-60 厨房定时器电路

5. 电子定时提示电路

图7-61为电子定时提示电路。该定时器是一种用于预置时间和定时提示报警，并向使用者作出指示的电子装置。图中NE555被设计为振荡频率在582.4Hz~17.48kHz之间的多谐振荡器，CD4024与CD4020共同构成2^{20}分频器，CD40107为驱动电路，该电路的定时时间为1~30min。

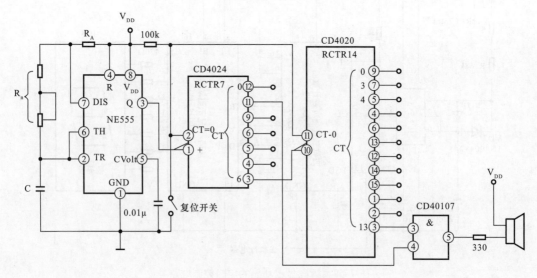

图 7-61 电子定时提示电路

6. 自动置位的定时器电路

图 7-62 为一个自动置位的定时器电路。这是一个接通电源就能发出可靠脉冲的单稳多谐振荡器电路。电源一接通，电容 C_2 需要一定的充电时间，所以 NE555 触发器输入端②脚电位一般能在 $1/3V_{CC}$ 以下，使 NE555 产生输出脉冲。然后，由于电源 V_{CC} 通过 R_2 和 VD1 对 C_2 充电，使 C_2 上电位逐渐接近 V_{CC}，VD1 呈反向偏置起隔离作用。

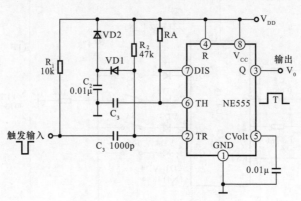

图 7-62 自动置位的定时器电路

7. 自动复位的定时器电路

图 7-63 为一种自动复位的定时器电路。电路在电源接通时，绝对不会因为电源冲击等产生输出脉冲。该电路和一般的单稳多谐振荡器电路基本相同，只是在 NE555 的第④脚（复位端）与电源之间加了一个 RC 网络。电源接通后，NE555 的④脚电位不会马上到达 V_{CC}，而需要经过 R_3、C_3 网络的一段延迟才行，从而在这段时间内不论 NE555 的②脚有无触发脉冲，NE555 的输出都将保持低电平。

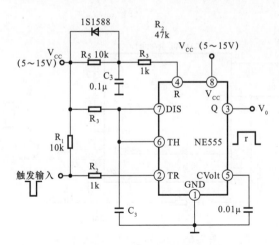

图 7-63 自动复位的定时器电路

8. 由 LM567 及 MP1826 构成的精密定时器电路

图 7-64 所示为一种由 LM567 及 MP1826 构成的精密定时器电路。在这里 LM567 用作双频振荡器，MP1826 在电路中充当分频器，通过对 LM567 输出信号的分频实现长时间定时。调整 LM567 的振荡频率可改变定时时间。

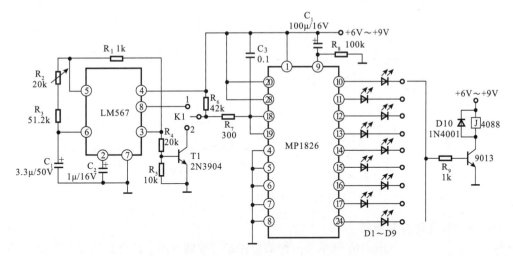

图 7-64 由 LM567 及 MP1826 构成精密定时器电路

9. 单片定时警示器电路

图 7-65 所示为一种单片定时警示器电路。该警示器采用 14 级二进制串行计数/分频器 CD4060 外加阻容元件和三极管等构成。其中，CD4060 与电阻 R_1 和 R_2、电容 C_1，以及 IC 内部门电路组成振荡器。当电源接通后，C_2、R_4 组成的微分复位清零电路，给 CD4060 的 12 脚一个尖脉冲，使 IC 复位，并进行计数。当计数达到 14 级（Q13）时，IC 的⑬脚呈高电平，VT1 导通，扬声器发出声音，表示定时结束。选择适当的 C_1、R_W 可以得到相应的延时时间，CD4060 的逻辑功能如图 7-66 所示。

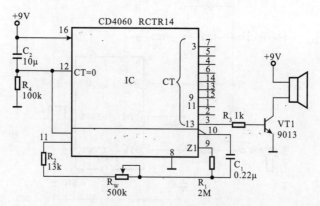

图 7-65　单片定时警示器电路

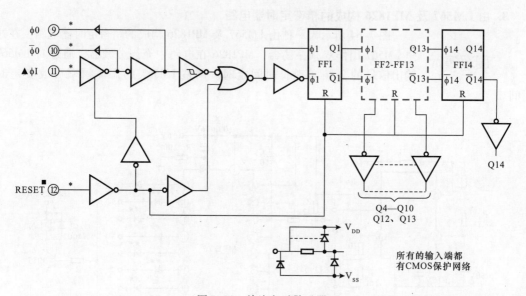

图 7-66　单片定时警示器

10. 低功耗定时控制电路

图 7-67 所示为一种低功耗定时控制电路。该电路采用与非门 CD4011 和时基电路 NE555 等构成低功耗定时控制电路。该电路中，CD4017 与非门组成 R－S 触发器作为电子开关。当 K1 闭合接上电源瞬间，100kΩ 电阻和 0.01μF 电容使 YF2 输入端处于低电平状态，即 R－S 触发器的 S＝0、R＝1，则 Q＝0，YF1 输出端被锁定在低电平"0"。三极管 9013 截止，由 NE555 组成的单稳态定时器不工作。此时，整个电路仅有 YF1、YF2 和 9013 的静态电流 1～2μA。当 K2 按下时，产生一个负脉冲，使 YF1 输出高电平并锁定。9013 导通，NE555 得电而开始进入暂稳态，NE555 的③脚输出高电平，继电器 J 吸合。经延时一段时间后暂稳态结束，NE555 又恢复稳态。这时③脚输出为低电平，继电器 J 释放。若要定时器重新工作，应切断一下电源开关 K1，然后再合上，接着再按下 K2 即可。利用继电器的触点可对其他电器元件进行控制。

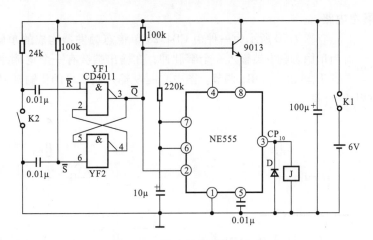

图 7-67 低功耗定时控制电路

11. 脉冲延迟电路

图 7-68 所示为一种简单的脉冲延迟电路。该电路通过选择 RC 时间常数，能获得几百 ms 的稳定的延迟。该电路对脉冲前后沿均产生延迟。

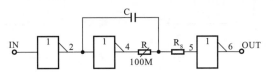

图 7-68 脉冲延迟电路

7.2.4 延迟电路

1. 键控延迟启动电路

图 7-69 为一种键控延迟启动电路，该电路中 SN74123 为双单稳 IC，将终端设备的键控输出信号或其他的按键或继电器的输出信号进行延迟，延迟约为 5ms 以上，它可以消除按键触点的颤动。本电路可用于各种电子产品的键控输入电路。

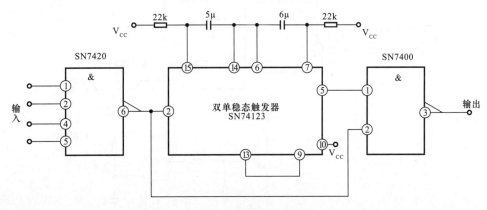

图 7-69 键控延迟启动电路

2. 单脉冲展宽电路

图7-70所示为一种由CD4528单稳态触发器构成的单脉冲展宽电路。当单稳态触发器输入一个窄脉冲，在输出端会有一个宽脉冲。输出脉冲宽度T_W可由C_X、R_X调节。图中t_{pd}是从输入到输出的传输延迟时间。脉冲宽度可按$T_W \approx 0.69 R_X C_X$计算。

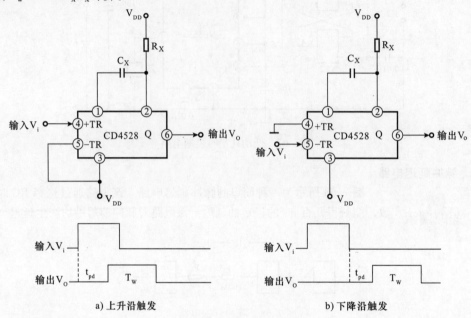

a) 上升沿触发　　　　　　　　b) 下降沿触发

图7-70　单脉冲展宽电路

3. 长时间脉冲延迟电路

图7-71为一种长时间脉冲延迟电路。该电路采用三个三极管能延长D触发器的延迟时间。在电容C_1上的电压到达单结三极管T1的转移电平之前，T1仍处于截止状态。延迟时间由R_1、C_1的时间常数决定。当C_1上的电压到达触发电平时T1导通，T2截止，CD4013B的①脚变为低电平，输出一个宽脉冲。

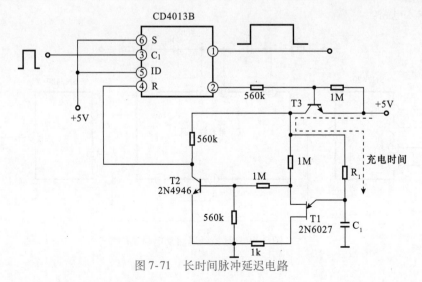

图7-71　长时间脉冲延迟电路

4. 延时熄灯电路

图 7-72 所示为一种延时熄灯电路。该电路中，接通按钮开关 S 瞬间，由于 CD4541 的 Q/$\overline{Q}$SEL ECT 端接高电平，使 IC1 的⑧脚输出高电平，三极管 VT 饱和导通，继电器 KS1 吸合，照明供电电路处于自保持状态。经延时 5min 后，CD4541 的⑧脚输出变为低电平，继电器 KS1 释放，照明灯断电熄灭。CD4541 的内部结构如图 7-73 所示。

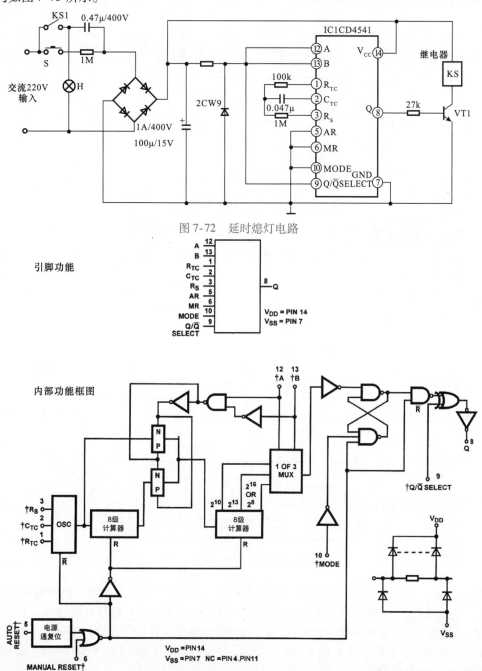

图 7-72　延时熄灯电路

图 7-73　CD4541 的内部结构

5. 脉冲信号延迟电路（CD4098）

如图7-74所示为采用2个CD4098（或CD4528）单稳态触发器加以级联构成的脉冲延迟电路。A的（-TR）和R端接V_{DD}，从（+TR）端输入"上升沿触发/再触发"单稳态触发器，信号从A的Q1输出并进入B的（+TR）端，B的（-TR）接V_{SS}、R接V_{DD}，B属于"下降沿触发/再触发"单稳态触发器。于是从B的Q1端得到了被延迟的脉神。

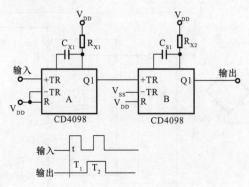

图7-74　脉冲信号延迟电路

6. 延迟和展宽电路

图7-75是由CD4098构成的脉冲延迟和展宽电路。

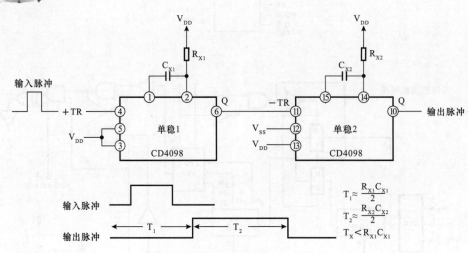

$$T_1 \approx \frac{R_{X1}C_{X1}}{2}$$

$$T_2 \approx \frac{R_{X2}C_{X2}}{2}$$

$$T_X < R_{X1}C_{X1}$$

图7-75　脉冲延迟和展宽电路（一）

图7-76所示为由反相器G1、G2（CD4069）和RC积分电路构成的脉冲延迟和展宽电路。当非门G1输出高电平时，电容C通过R_1、D充电，C上电压很快充至G2输入端的阈值电平。当G1输出低电平时，C通过R_2向G1的输出端低电平放电，由于$R_2 = 10R_1$，所以，C放电时间比充电时间约多10倍，故G2输出脉冲被延迟同时被展宽。

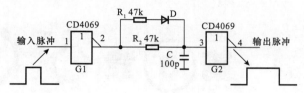

图 7-76 脉冲延迟和展宽电路（二）

7. 简单的 TTL 延迟电路

图 7-77 所示为利用与非门电路与积分电路构成的时间延迟，该电路是一种对输入脉冲进行延迟的简单电路。

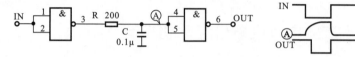

图 7-77 简单的脉冲延迟电路（一）

图 7-78 为另外一种利用与非门构成的延迟电路。可用于仅对输入脉冲下降沿进行延迟的电路，延迟时间大致为 $t_d \approx 0.8 \cdot T + T_0$。该电路在前后两级中间接一个锗二极管，使电容 C 的放电时间常数明显小于充电时间常数。对应于输入脉冲下降沿，延迟时间取决于 C 与 R 的乘积，对应于输入脉冲上升沿，延迟时间很短，可以忽略不计。

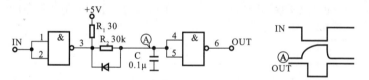

图 7-78 简单的脉冲延迟电路（二）

图 7-79 所示也为一种简单的 TTL 脉冲延迟电路，该电路与上节电路的原理完全相同，只是对输入脉冲的上升沿产生延迟。

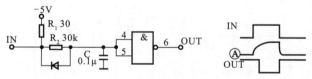

图 7-79 简单的脉冲延迟电路（三）

机电设备的自动化控制

8.1 工业电气设备的自动化控制

8.1.1 工业电气控制电路的特点

工业电气设备是指使用在工业生产中所需要的设备，随着技术的发展和人们生活水平的提升，工业电气设备的种类越来越多，例如机床设备、电梯控制设备、货物升降机设备、电动葫芦、给排水控制设备等。

不同工业电气设备所选用的控制器件、功能部件、连接部件以及电动机等基本相同，但根据选用部件数量的不同以及针对不同器件间的不同组合，便可以实现不同的功能。图8-1所示为典型工业电气设备的电气控制电路。

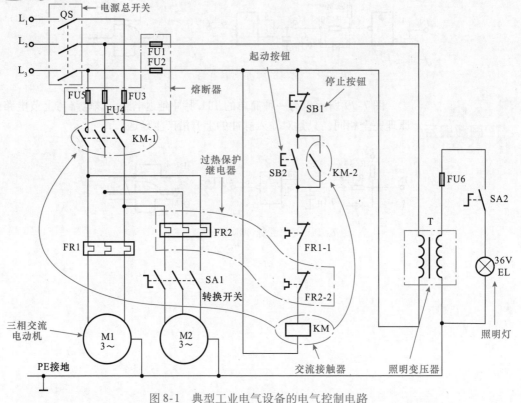

图8-1 典型工业电气设备的电气控制电路

典型工业电气设备的电气控制电路主要是由电源总开关、熔断器、过热保护继电器、转换开关、交流接触器、起动按钮（不闭锁的常开按钮）、停止按钮、照明灯、三相交流电动机等部件构成的，我们根据该电气控制电路图通过连接导线将相关的部件进行连接后，即构成了工业电气设备的电气控制电路，如图8-2所示。

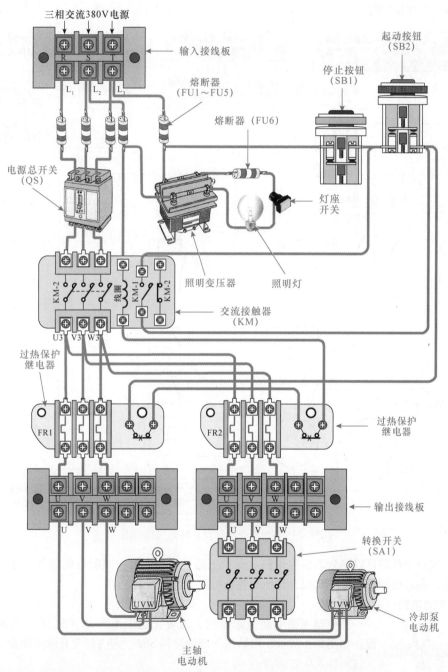

图 8-2 典型工业电气设备的电气控制电路的主要部件及实物连接图

8.1.2 工业电气控制电路的控制过程

工业电气设备依靠起动按钮、停止按钮、转换开关、交流接触器、过热保护继电器等控制部件来对电动机进行控制，再由电动机带动电气设备中的机械部件运作，从而实现对电气设备的控制，图 8-3 所示为典型工业电气设备的电气控制图。

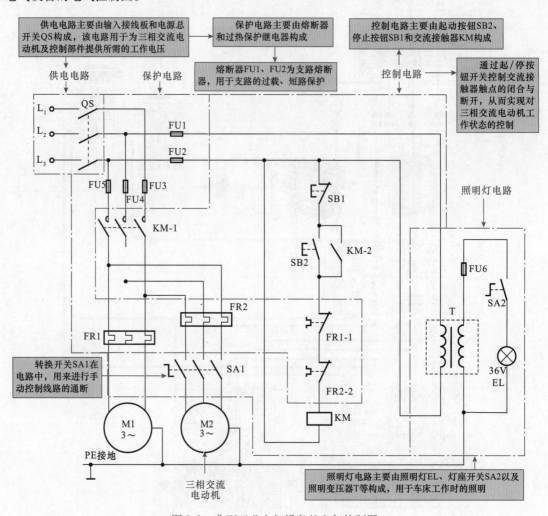

图 8-3 典型工业电气设备的电气控制图

该电气控制电路可以划分为供电电路、保护电路、控制电路、照明灯电路等，各电路之间相互协调，通过控制部件最终实现合理地对各电气设备进行控制。

1. 主轴电动机的起动过程

当控制主轴电动机起动时，需要先合上电源总开关 QS，接通三相电源，如图 8-4 所示，然后按下起动按钮 SB2，其内部常开触点闭合，此时交流接触器 KM 线圈得电。

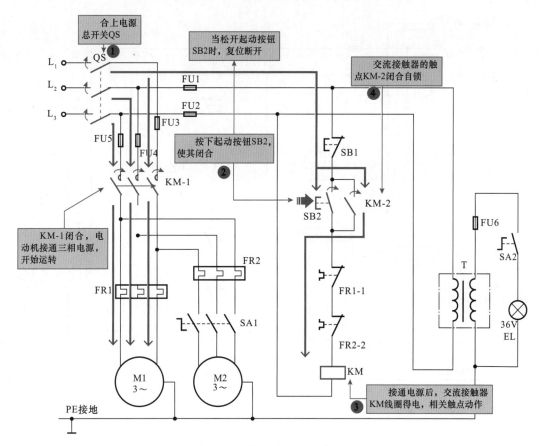

图8-4　主轴电动机的起动过程

当交流接触器 KM 线圈得电后，常开辅助触点 KM-2 闭合自锁，使 KM 线圈保持得电。常开主触点 KM-1 闭合，电动机 M1 接通三相电源，开始运转。

2. 冷却泵电动机的控制过程

通过电气控制图可知，只有在主轴电动机 M1 得电运转后，转换开关 SA1 才能起作用，才可以对冷却泵电动机 M2 进行控制，如图8-5 所示。

转换开关 SA1 在断开状态时，冷却泵电动机 M2 处于待机状态；转换开关 SA1 闭合，冷却泵电动机 M2 接通三相电源，开始起动运转。

3. 照明灯的控制过程

在该电路中，照明灯的 36V 供电电压是由照明变压器 T 二次侧输出的。

照明灯 EL 的亮/灭状态，受灯座开关 SA2 的控制，在需要照明灯时，可将 SA2 旋至接通的状态，此时照明变压器二次侧通路，照明灯 EL 亮。

将 SA2 旋至断开的状态，照明灯处于灭的状态。

4. 电动机的停机过程

若是需要对该电路进行停机操作时，按下停止按钮 SB1，切断电路的供电电源，此时交流接触器 KM 线圈失电，其触点全部复位。

常开主触点 KM-1 复位断开，切断电动机供电电源，停止运转。

常开辅助触点 KM-2 复位断开，解除自锁功能。

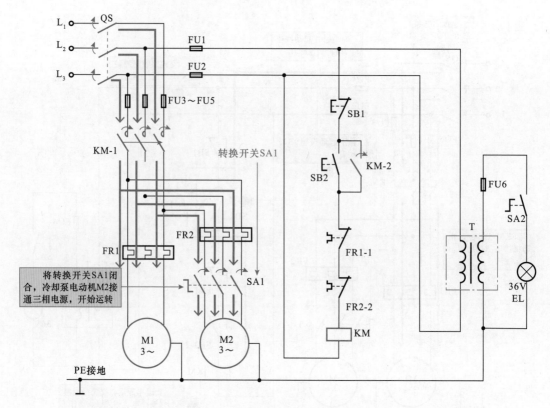

图 8-5　冷却泵电动机的控制过程

8.1.3　供水电路的自动化控制

　　　　　　　带有继电器的电动机供水控制电路一般用于供水电路中,这种电路通过液位检测传感器检测水箱内水的高度,当水箱内的水量过低时,电动机带动水泵运转,向水箱内注水;当水箱内的水量过高时,则电动机自动停止运转,停止注水。图 8-6 所示为带有继电器的电动机供水控制电路的电路图。

　　带有继电器的电动机供水控制电路主要由供电电路、保护电路、控制电路和三相交流电动机等构成。

1. 低水位时电动机的运行供水过程

　　　　　　　合上总断路器 QF,接通三相电源,如图 8-7 所示,当水位处于电极 BL1 以下时,各电极之间处于开路状态。

　　　　　　　辅助继电器 KA2 线圈得电,相应的触点进行动作。

　　由图可知,当辅助继电器 KA2 线圈得电后,常开触点 KA2 – 1 闭合,交流接触器 KM 线圈得电,常开主触点 KM – 1 闭合,电动机接通三相电源,三相交流电动机带动水泵运转,开始供水。

2. 高水位时电动机的停止供水过程

　　　　　　　当水位处于电极 BL1 以上时,由于水的导电性,各电极之间处于通路状态,如图 8-8 所示,此时 8V 交流电压经桥式整流堆 UR 整流后,为液位继电器 KA1 线圈供电。

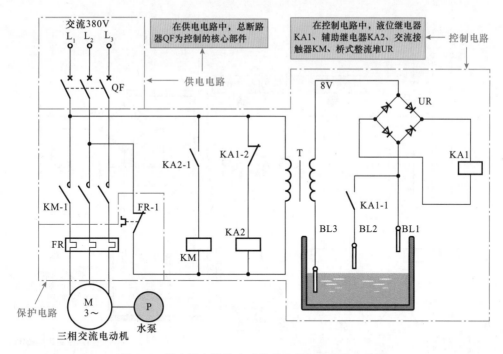

图 8-6 带有继电器的电动机供水控制电路的电路图

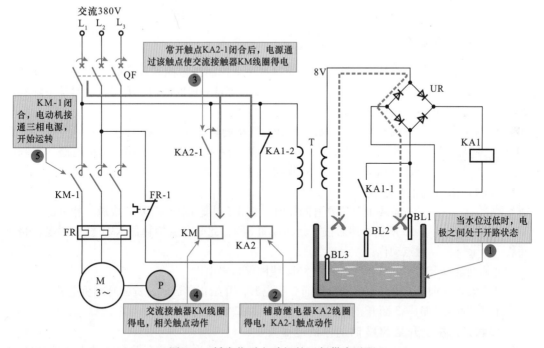

图 8-7 低水位时电动机的运行供水过程

其常开触点 KA1-1 闭合，常闭触点 KA1-2 断开，使辅助继电器 KA2 线圈失电。

辅助继电器 KA2 线圈失电，常开触点 KA2-1 复位断开。

交流接触器 KM 线圈失电，常开主触点 KM-1 复位断开，电动机切断三相电源，停止运转，供水作业停止。

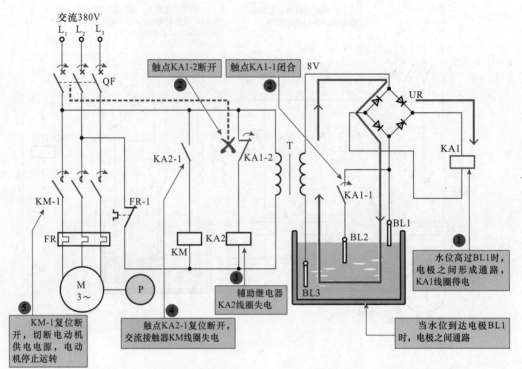

图 8-8　高水位时电动机的停止供水过程

8.1.4　升降机的自动化控制

货物升降机的自动运行控制电路主要是通过过一个控制按钮控制升降机自动在两个高度升降作业（例如两层楼房），即将货物提升到固定高度，等待一段时间后，升降机会自动下降到规定的高度，以便进行下一次提升搬运。

图 8-9 所示为典型货物升降机的自动运行控制电路。

货物升降机的自动运行控制电路主要由供电电路、保护电路、控制电路、三相交流电动机和货物升降机等构成。

1. 货物升降机的上升过程

若要上升货物升降机时，首先合上总断路器 QF，接通三相电源，如图 8-10 所示，然后按下起动按钮 SB2，此时交流接触器 KM1 线圈得电，相应触点动作：

常开辅助触点 KM1 – 2 闭合自锁，使 KM1 线圈保持得电。

常开主触点 KM1 – 1 闭合，电动机接通三相电源，开始正向运转，货物升降机上升。

常闭辅助触点 KM1 – 3 断开，防止交流接触器 KM2 线圈得电。

2. 货物升降机上升至 SQ2 时的停机过程

当货物升降机上升到规定高度时，上位限位开关 SQ2 动作（即 SQ2 – 1 闭合，SQ2 – 2 断开），如图 8-11 所示。

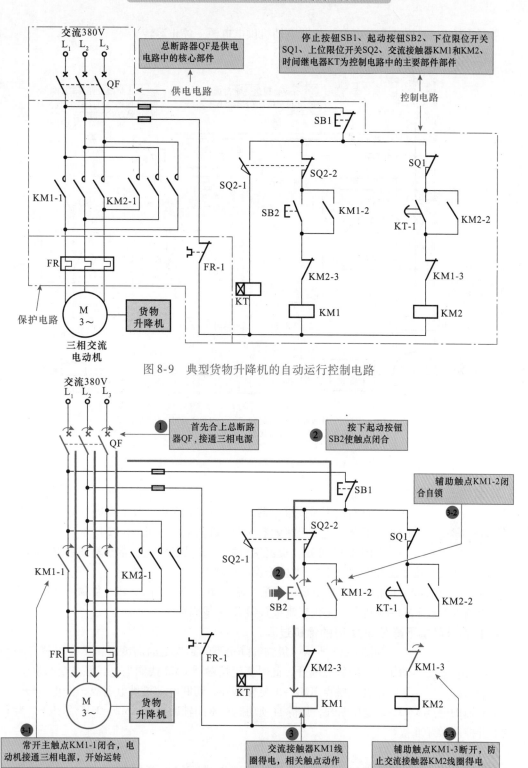

图 8-9　典型货物升降机的自动运行控制电路

图 8-10　货物升降机的上升过程

常开触点 SQ2 - 1 闭合，时间继电器 KT 线圈得电，进入定时计时状态。

常闭触点 SQ2 - 2 断开，交流接触器 KM1 线圈失电，触点全部复位。

常开主触点 KM1-1 复位断开，切断电动机供电电源，停止运转。

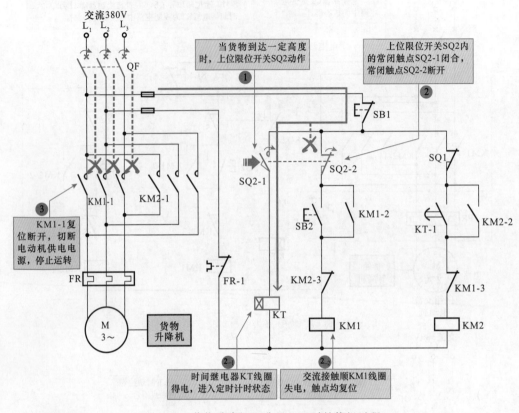

图 8-11　货物升降机上升至 SQ2 时的停机过程

3. 货物升降机的下降过程

当时间达到时间继电器 KT 设定的时间后，其触点进行动作，常开触点 KT-1 闭合，使交流接触器 KM2 线圈得电，如图 8-12 所示。

由图 8-12 可知，交流接触器 KM2 线圈得电，常开辅助触点 KM2-2 闭合自锁，维持交流接触器 KM2 的线圈一直处于得电的状态。

常开主触点 KM2-1 闭合，电动机反向接通三相电源，开始反向旋转，货物升降机下降。

常闭辅助触点 KM2-3 断开，防止交流接触器 KM1 线圈得电。

4. 货物升降机下降至 SQ1 时的停机过程

如图 8-13 所示，货物升降机下降到规定的高度后，下位限位开关 SQ1 动作，常闭触点断开，此时交流接触器 KM2 线圈失电，触点全部复位：

常开主触点 KM2-1 复位断开，切断电动机供电电源，停止运转。

常开辅助触点 KM2-2 复位断开，解除自锁功能；常闭辅助触点 KM2-3 复位闭合，为下一次的上升控制做好准备。

5. 工作时的停机过程

当需停机时，按下停止按钮 SB1，交流接触器 KM1 或 KM2 线圈失电。

交流接触器 KM1 和 KM2 线圈失电后，相关的触点均进行复位：

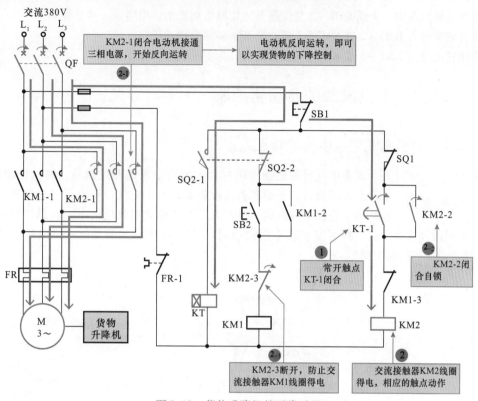

图 8-12 货物升降机的下降过程

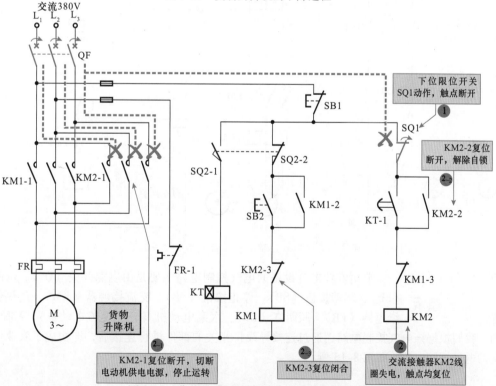

图 8-13 货物升降机下降至 SQ1 时的停机过程

常开主触点 KM1–1 或 KM2–2 复位断开，切断电动机的供电电源，停止运转。

常开辅助触点 KM1–2 或 KM2–2 复位断开，解除自锁功能。

常闭辅助触点 KM1–3 或 KM2–3 复位闭合，为下一次动作做准备。

8.2 农机设备的自动化控制

8.2.1 农机电气控制电路的特点

图解演示　农业电气设备是指使用在农业生产中所需要的设备，例如排灌设备、农产品加工设备、养殖和畜牧设备等，农业电气设备由很多控制器件、功能部件、连接部件组成，根据选用部件种类和数量的不同以及针对不同器件间的不同组合连接方式，便可以实现不同的功能。图 8-14 所示为典型的农机电气控制电路（农业抽水设备的控制电路）。

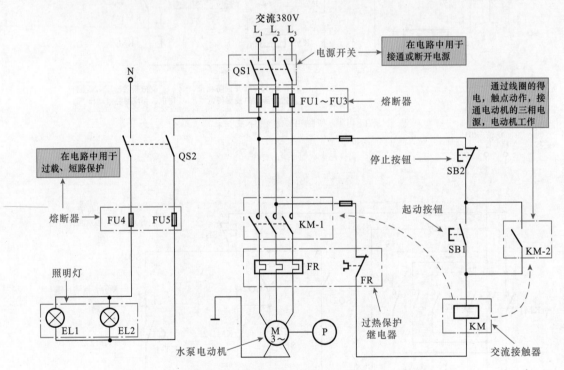

图 8-14　典型的农机电气控制电路（农业抽水设备的控制电路）

图解演示　典型农业电气设备的电气控制电路主要是由电源开关（QS）、熔断器（FU）、起动按钮（SB）、停止按钮（SB）、交流接触器（KM）、过热保护继电器（FR）、照明灯（EL）、水泵电动机（三相交流电动机）等部件构成的，我们根据该电气控制电路图通过连接导线将相关的部件进行连接后，即构成了农业电气设备的电气控制电路，如图 8-15 所示。

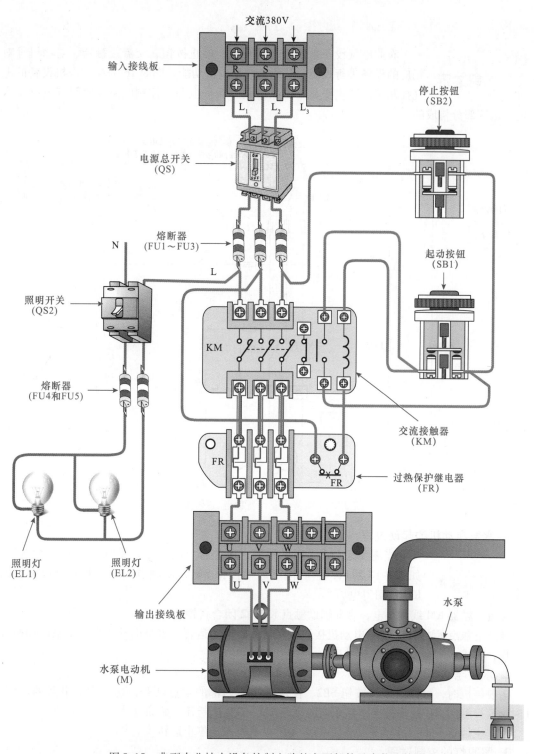

交流380V

输入接线板

电源总开关
(QS)

熔断器
(FU1~FU3)

N

照明开关
(QS2)

熔断器
(FU4和FU5)

KM

FR

照明灯
(EL1)

照明灯
(EL2)

输出接线板

水泵电动机
(M)

停止按钮
(SB2)

起动按钮
(SB1)

交流接触器
(KM)

过热保护继电器
(FR)

水泵

图8-15 典型农业抽水设备控制电路的主要部件及实物连接图

8.2.2 农机电气控制电路的控制过程

农业电气设备是依靠起动按钮、停止按钮、交流接触器、电动机等对相应的设备进行控制，从而实现相应的功能。图 8-16 为典型农机设备的电气控制图。该主要是由供电电路、保护电路、控制电路、照明灯电路及水泵电动机等部分构成的。

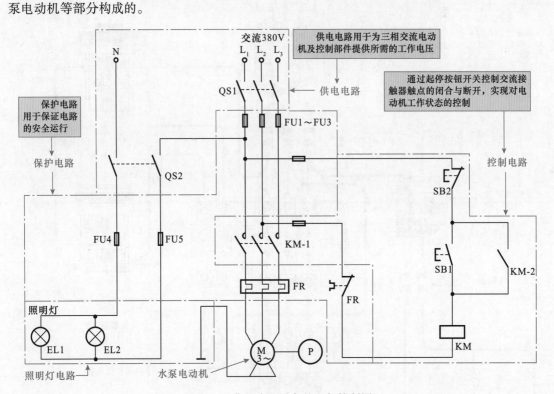

图 8-16　典型农业设备的电气控制图

1. 水泵电动机的起动过程

当需要起动水泵电动机时，应先合上电源总开关 QS，接通三相电源，如图 8-17 所示，然后按下起动按钮 SB1，使触点闭合，此时交流接触器 KM 线圈得电。

交流接触器 KM 线圈得电，常开辅助触点 KM - 2 闭合自锁。

常开主触点 KM - 1 闭合，电动机接通三相电源，起动运转，水泵电动机带动水泵电动机开始工作，完成水泵电动机的起动过程。

2. 水泵电动机的停机过程

需要停机时，可按下停止按钮 SB2，使停止按钮内部的触点断开，切断供电电路的电源，此时交流接触器 KM 线圈失电，常开辅助触点 KM - 2 复位断开，解除自锁。

常开主触点 KM - 1 复位闭合，切断电动机供电电源，停止运转。

3. 照明灯的控制过程

在对该电路中的电气设备进行控制的同时，若是需要照明时，可以合上电源开关 QS2，照明灯 EL1、EL2 接通电源，开始点亮；若不需要照明时，可关闭电源总开关 QS2，使照明灯熄灭。

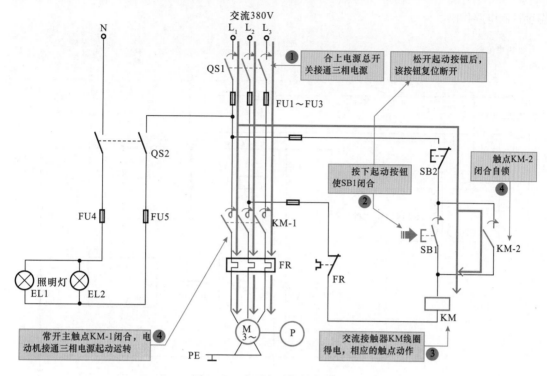

图 8-17　水泵电动机的起动过程

8.2.3　禽蛋孵化设备的自动化控制

禽蛋孵化恒温箱控制电路是指控制恒温箱内的温度保持恒定温度值，当恒温箱内的温度降低时，自动启动加热器进行加热工作。

当恒温箱内的温度达到预定的温度时，自动停止加热器工作，从而保证恒温箱内温度的恒定。

图 8-18 所示为典型禽蛋孵化恒温箱控制电路。该电路主要由供电电路、温度控制电路和加热器控制电路等构成。

电源变压器 T、桥式整流堆 VD1 ~ VD4、滤波电容器 C、稳压二极管 VZ、温度传感器集成电路 IC1、电位器 RP、三极管 VT、继电器 K、加热器 EE 等为禽蛋孵化恒温箱温度控制的核心部件。

IC1 是一种将温度检测传感器与接口电路集于一体的集成电路，IN（输入）端为启控温度设定端。当 IC1 检测的环境温度达到设定启控温度时 OUT（输出）端输出高电平，起到控制的作用。

1. 禽蛋孵化恒温箱的加热过程

在对禽蛋孵化恒温箱进行加热控制时，应先通过电位器 RP 预先调节好禽蛋孵化恒温箱内的温控值。

然后接通电源，如图 8-19 所示，交流 220V 电压经电源变压器 T 降压后，由次级输出交流 12V 电压，交流 12V 电压经桥式整流堆 VD1 ~ VD4 整流、滤波电容器 C 滤波、稳压二极管 VZ 稳压后，输出 +12V 直流电压，为温度控制电路供电。

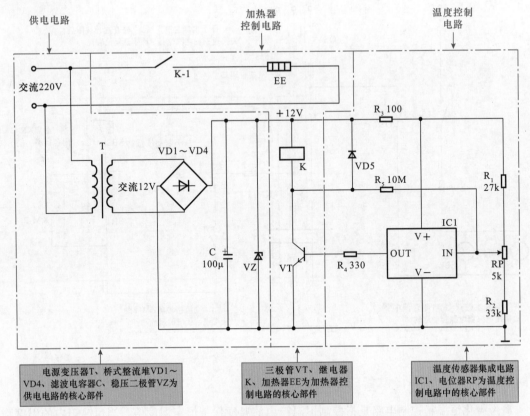

图 8-18　典型禽蛋孵化恒温箱控制电路

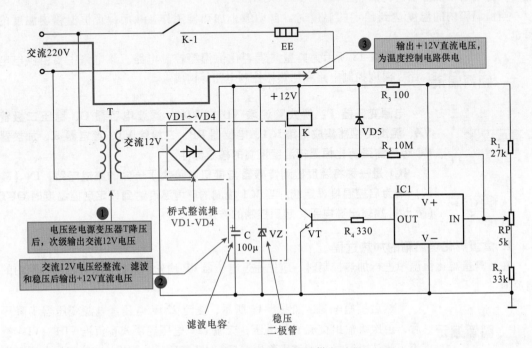

图 8-19　禽蛋孵化恒温箱的供电过程

如图 8-20 所示，当禽蛋孵化恒温箱内的温度低于电位器 RP 预先设定的温控值时，温度传感器集成电路 IC1 的 OUT 端输出高电平，三极管 VT 导通。

此时，继电器 K 线圈得电。

常开触点 K-1 闭合，接通加热器 EE 的供电电源，加热器 EE 开始加热工作。

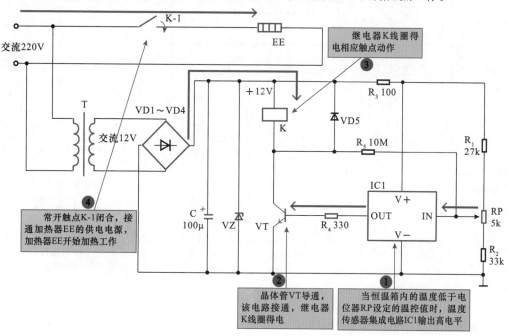

图 8-20　禽蛋孵化恒温箱的加热过程

2. 禽蛋孵化恒温箱的停止加热过程

当禽蛋孵化恒温箱内的温度上升至电位器 RP 预先设定的温控值时，温度传感器集成电路 IC 的 OUT 端输出低电平。此时三极管 VT 截止，继电器 K 线圈失电。

常开触点 K-1 复位断开，切断加热器 EE 的供电电源，加热器 EE 停止加热工作。

加热器停止加热一段时间后，禽蛋孵化恒温箱内的温度缓慢下降，当禽蛋孵化恒温箱内的温度再次低于电位器 **RP** 预先设定的温控值时，温度传感器集成电路 IC1 的 **OUT** 端再次输出高电平。

三极管 **VT** 再次导通。继电器 **K** 线圈再次得电：常开触点 **K-1** 闭合，再次接通加热器 **EE** 的供电电源，加热器 **EE** 开始加热工作。

如此反复循环，来保证禽蛋孵化恒温箱内的温度恒定。

8.2.4　养殖设备的自动化控制

养殖孵化室湿度控制电路是指控制孵化室内的湿度需要维持在一定范围内：当孵化室内的湿度低于设定的湿度时，应自动启动加湿器进行加湿工作；当孵化室内的湿度达到设定的湿度时，应自动停止加湿器工作，从而保证孵化室内湿度保持在一定范围内。

图 8-21 所示为典型养殖孵化室湿度控制电路。该电路主要是由供电电路、湿度检测电路、湿度控制电路等构成。

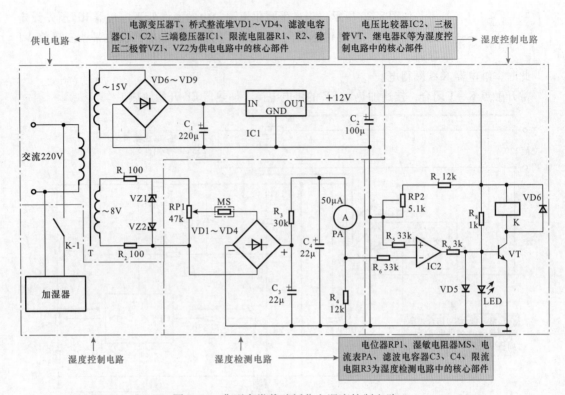

图 8-21　典型禽类养殖孵化室湿度控制电路

1. 禽类养殖孵化室的加湿过程

　　　　　　　　　　在增加孵化室的湿度前，应先接通电源，如图 8-22 所示，交流 220V 电压经电源变压器 T 降压后，由次级分别输出交流 15 V、8V 电压。

　　其中，交流 15V 电压经桥式整流堆 VD6 ~ VD9 整流、滤波电容器 C_1 滤波、三端稳压器 IC1 稳压后，输出 + 12 V 直流电压，为湿度控制电路供电，指示灯 LED 点亮。

　　交流 8V 经限流电阻器 R_1、R_2 限流，稳压二极管 VZ1、VZ2 稳压后输出交流电压，经电位器 RP1 调整取样，湿敏电阻器 MS 降压，桥式整流堆 VD1 ~ VD4 整流、限流电阻器 R_3 限流，滤波电容器 C_3、C_4 滤波后，加到电流表 PA 上。

　　　　　　　　　　各供电电压准备好后，如图 8-23 所示，当禽类养殖孵化室内的环境湿度较低时，湿敏电阻器 MS 的阻值变大，桥式整流堆输出电压减小（流过电流表 PA 上的电流就变小，进而流过电阻器 R_4 的电流也变小）。

　　此时电压比较器 IC2 的反相输入端（-）的比较电压低于正向输入端（+）的基准电压，因此由其电压比较器 IC2 的输出端输出高电平，三极管 VT 导通，继电器 K 线圈得电，相应的触点动作。

　　常开触点 K-1 闭合，接通加湿器的供电电源，加湿器开始加湿工作。

2. 禽类养殖孵化室的停止加湿过程

　　　　　　　　　　当禽类养殖孵化室内的环境湿度逐渐增高时，湿敏电阻器 MS 的阻值逐渐变小，整流电路输出电压升高（流过电流表 PA 上的电流逐渐变大，进而流过电阻器 R_4 的电流也逐渐变大），此时电压比较器 IC2 的反相输入端（-）的比较电压也逐渐变大，如图 8-24 所示。

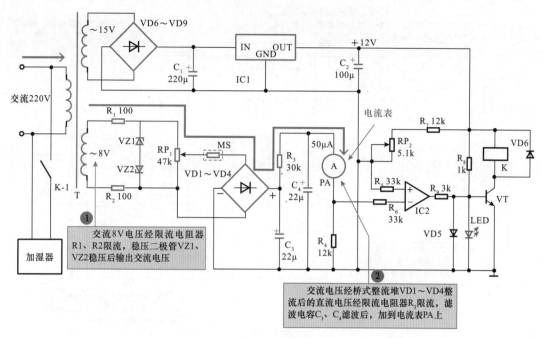

图 8-22 禽类养殖孵化室湿度检测电路的供电过程

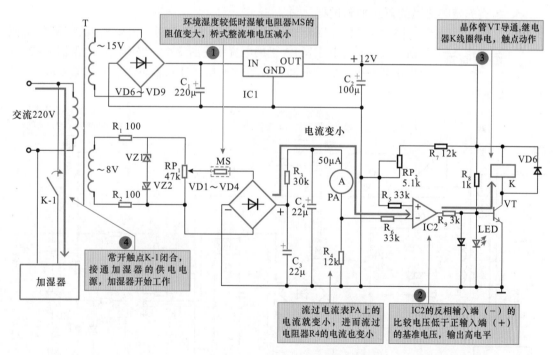

图 8-23 禽类养殖孵化室的加湿过程

由图可知，当禽类养殖孵化室内的环境湿度达到设定的湿度时，电压比较器 IC2 的反相输入端（－）的比较电压要高于正向输入端（＋）的基准电压，因此由其电压比较器 IC2 的输出端输出低电平，使三极管 VT 截止，从而继电器 K 线圈失电，相应的触点复位。

常开触点 K－1 复位断开，切断加湿器的供电电源，加湿器停止加湿工作。

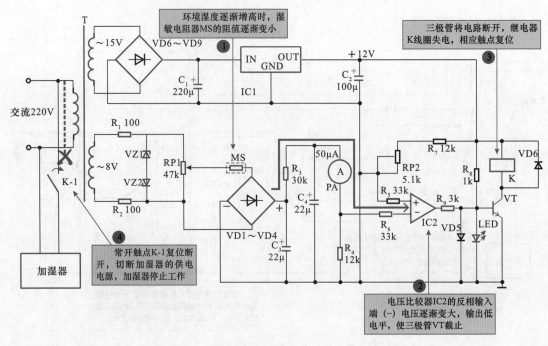

图 8-24　禽类养殖孵化室的停止加湿过程

3. 禽类养殖孵化室的再次加湿过程

孵化室的湿度随着加温器的停止逐渐降低时，温敏电阻器 MS 的阻值逐渐变大，流过电流表 PA 上的电流就逐渐变小，进而流过电阻器 R4 的电流也逐渐变小，如图 8-25 所示，此时电压比较器 IC2 的反相输入端（-）的比较电压也逐渐减小。

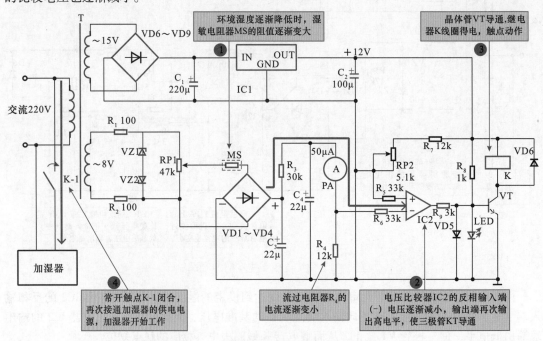

图 8-25　禽类养殖孵化室的再次加湿过程

当禽类养殖孵化室内的环境湿度不能达到设定的湿度时，电压比较器 IC2 的反相输入端（－）的比较电压再次低于正向输入端（＋）的基准电压，因此由其电压比较器 IC2 的输出端再次输出高电平，三极管 VT 再次导通，继电器 K 线圈再次得电，相应触点动作：

常开触点 K－1 闭合，再次接通加湿器的供电电源，加湿器开始加湿工作。

如此反复循环，来保证禽类养殖孵化室内的湿度保持在一定范围内。

8.2.5 排灌设备的自动化控制

排灌自动控制电路是指在进行农田灌溉时能够根据排灌渠中水位的高低自动控制排灌电动机的起动和停机，从而防止了排灌渠中无水而排灌电动机仍然工作的现象，进而起到保护排灌电动机的作用。

图 8-26 所示为典型农田排灌自动控制电路。该电路主要由供电电路、保护电路、检测电路、控制电路和三相交流电动机（排灌电动机）等构成。

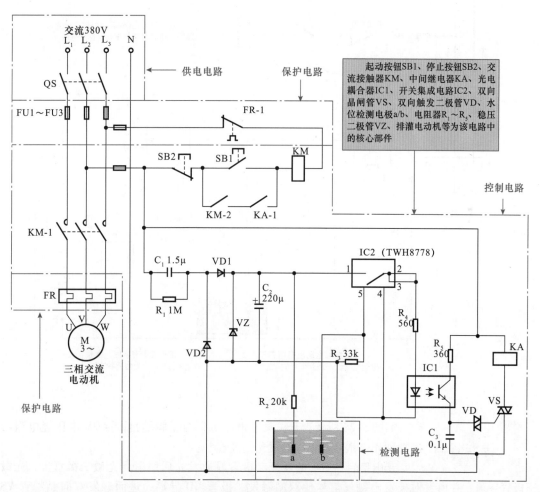

图 8-26　典型农田排灌自动控制电路

1. 农田排灌电动机的起动过程

合上电源总开关 QS，接通三相电源，如图 8-27 所示，相线 L_2 与零线 N 之间的交流 220V 电压经电阻器 R_1 和电容器 C_1 降压，整流二极管 VD1、VD2 整流，稳压二极管 VZ 稳压，滤波电容器 C_2 滤波后，输出 +9V 直流电压。

该电路中的供电电压准备好后，当排灌渠中有水时，+9V 直流电压一路直接加到开关集成电路 IC2 的①脚，另一路经电阻器 R_2 和水位检测电极 a、b 加到 IC1 的⑤脚，此时开关集成电路 IC2 内部的电子开关导通，由其②脚输出 +9V 电压。

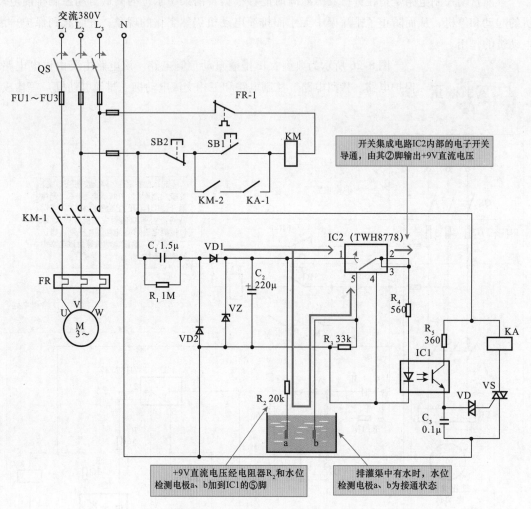

图 8-27 开关集成电路 IC2 导通过程

如图 8-28 所示，开关集成电路 IC2 的②脚输出的 +9V 电压经电阻器 R_4 加到光电耦合器 IC1 的发光二极管上。

光电耦合器 IC1 的发光二极管导通发光后照射到光敏三极管上，光敏三极管导通，并由发射极发出触发信号使双向触发二极管 VD 导通，进而触发双向晶闸管 VS 导通。

双向晶闸管 VS 导通后，中间继电器 KA 线圈得电，相应的触点动作。

常开触点 KA-1 闭合，为交流接触器 KM 线圈得电实现自锁功能做好准备。

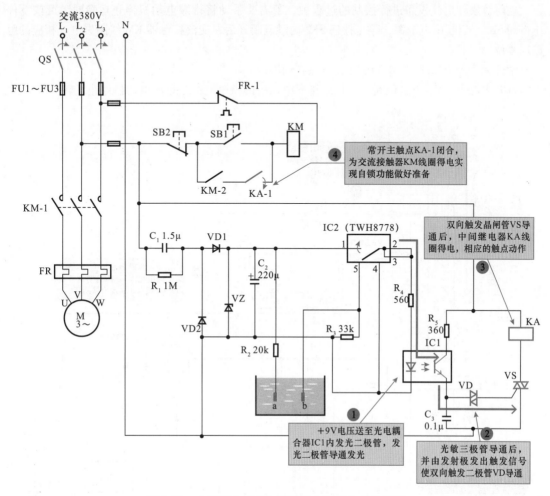

图 8-28　中间继电器 KA 线圈得电及触点动作过程

如图 8-29 所示，按下起动按钮 SB1 后，触点闭合，交流接触器 KM 线圈得电，相应触点动作。

常开辅助触点 KM-2 闭合，与中间继电器 KA 闭合的常开触点 KA-1 组合，实现自锁功能；常开主触点 KM-1 闭合，排灌电动机接通三相电源，起动运转。

排灌电动机运转后，带动排水泵进行抽水，来对农田进行灌溉作业。

2. 农田排灌电动机的自动停机过程

当排水泵抽出水进行农田灌溉后，排水渠中的水位逐渐降低，水位降至最低时，水位检测电极 a 与电极 b 由于无水而处于开路状态，断开电路，此时，开关集成电路 IC2 内部的电子开关复位断开。

光电耦合器 IC1、双向触发二极管 VD、双向晶闸管 VS 均截止，中间继电器 KA 线圈失电。

中间继电器 KA 线圈失电后，常开触点 KA-1 复位断开，切断交流接触器 KM 的自锁功能，交流接触器 KM 线圈失电，相应的触点复位。

常开辅助触点 KM-2 复位断开，解除自锁功能。

常开主触点 KM-1 复位断开，切断排灌电动机的供电电源，排灌电动机停止运转。

3. 农田排灌电动机的手动停机过程

在对该农业电气设备进行控制的过程中，若需要手动将排灌电动机停止运转时，可按下停止按钮SB2，切断供电电源，停止按钮SB2内触点断开后，交流接触器KM线圈失电，相应的触点均复位。

常开辅助触点 KM－2 复位断开，解除自锁功能。

常开主触点 KM－1 复位断开，切断排灌电动机的供电电源，排灌电动机停止运转。

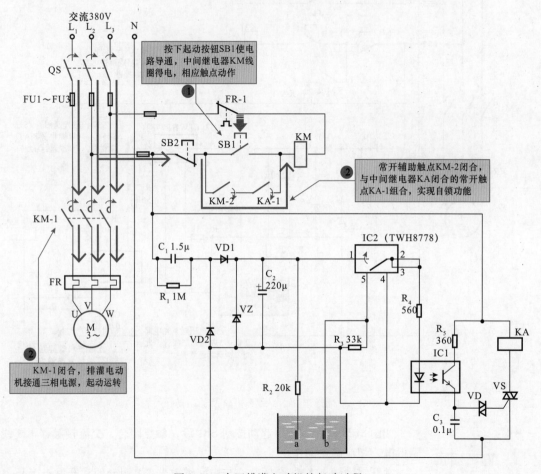

图 8-29 农田排灌电动机的起动过程

变频控制与变频器

 9.1 定频控制与变频控制

9.1.1 定频控制 ⇨

"变频"是相对于"定频"而言的。众所周知，在传统的电动机控制系统中，电动机采用定频控制方式，即用频率为 50Hz 的交流 220V 或 380V 电源（工频电源）直接去驱动电动机，如图 9-1 所示。

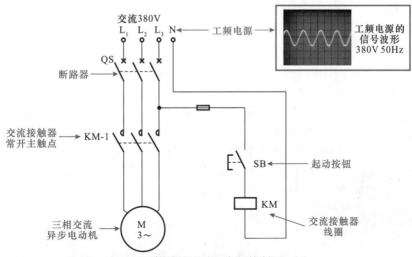

图 9-1 简单的电动机定频控制原理图

 这种控制方式中，当合上断路器 QF，接通三相电源。按下起动按钮 SB，交流接触器 KM 线圈得电，常开主触点 KM-1 闭合，电动机起动并在频率 50Hz 电源下全速运转，如图 9-2 所示。

当需要电动机停止运转时，松开按钮开关 SB，接触器线圈失电，主触点复位断开，电动机绕组失电，电动机停止运转，在这一过程中，电动机的旋转速度不变，只是在供电电路通与断两种状态下，实现起动与停止。

可以看到，电源直接为电动机供电，在起动运转开始时，电动机要克服电动机转子的惯性，从而使得电动机绕组中会产生很大的起动电流（约是运行电流的 6~7 倍），若频繁起动，势必会造成无谓的耗电，使效率降低，还会因起停时的冲击过大，对电网、电动机、负载设备以及整个拖动系统造成很大的冲击，易造成故障，从而增加维修成本。

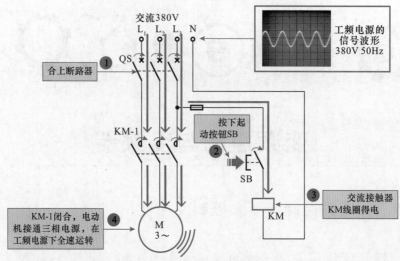

图9-2　电动机的定频控制过程

另外，由于该方式中电源频率是恒定的，因此电动机的转速是不变的，如果需要满足变速的需求，就需要增加附加的减速或升速机构（变速齿轮箱等），这样不仅增加了设备成本，还增加了能源的消耗。而很多传统的设备以及普通家用空调器、电冰箱等大都采用了定频控制方式，不利于节能环保。

9.1.2　变频控制

为了克服上述定频控制中的缺点，提高效率，电气技术人员研发出通过改变电动机供电频率的方式来达到电动机转速控制的目的，这就是变频技术的"初衷"。

图9-3所示为变频控制的原理示意图。变频技术逐渐发展并得到了广泛应用，即采用变频的驱动方式驱动电动机可以实现宽范围的转速控制，还可以大大提高效率，具有环保节能的特点。

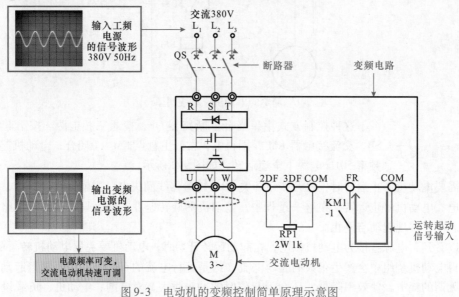

图9-3　电动机的变频控制简单原理示意图

提示说明　　工频电源，是指工业上用的交流电源，单位为赫兹（Hz）。不同国家、地区的电力工业标准频率各不相同，中国电力工业的标准频率定为 **50Hz**，有些国家或地区（如美国等）则定为 **60Hz**。

在上述电路中改变电源频率的电路即为变频电路。可以看到，采用变频控制的电动机驱动电路中，恒压恒频的工频电源经变频电路后变成电压、频率都可调的驱动电源，使得电动机绕组中的电流呈线性上升，起动电流小且对电气设备的冲击也降到最低。

相关资料　　定频与变频两种控制方式中，关键的区别在于控制电路输出交流电压的频率是否可变，图 **9-4** 所示为两种控制方式输出电压的波形图。

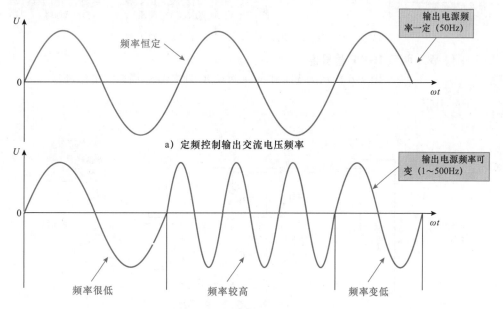

图 9-4　定频控制与变频控制中输出电压的曲线图

目前，多数变频电路在实际工作时，首先在整流电路模块将交流电压整流为直流电压，然后在中间电路模块对直流进行滤波，最后由逆变电路模块将直流电压变为频率可调的交流电压，进而对电动机实现变频控制。

由于逆变电路模块是实现变频的重点电路部分，因此我们从逆变电路的信号处理过程入手即可对变频的原理有所了解。

"变频"的控制主要是通过对逆变电路中电力半导体器件的控制，来实现输出电压频率发生变化，进而实现控制电动机转速的目的。

逆变电路由 6 只半导体三极管（以 IGBT 管较为常见）按一定方式连接而成，通过控制 6 只半导体三极管的通断状体，实现逆变过程。下面具体介绍逆变电路实现"变频"的具体工作过程。

1. U + 和 V – 两只 IGBT 管导通

图解演示　　图 9-5 所示为 U + 和 V – 两只 IGBT 管导通周期的工作过程。

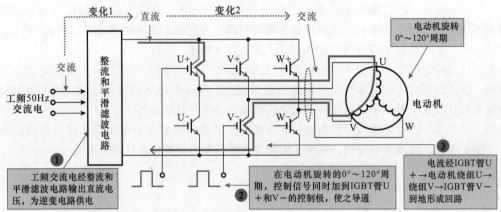

图 9-5　U＋和 V－两只 IGBT 管导通周期的工作过程

2. V＋和 W－两只 IGBT 管导通

图 9-6 所示为 V＋和 W－两只 IGBT 管导通周期的工作过程。

图解演示

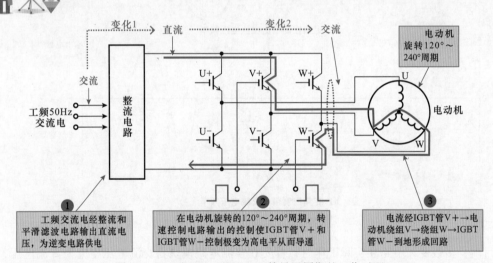

图 9-6　V＋和 W－两只 IGBT 管导通周期的工作过程

3. W＋和 U－两只 IGBT 管导通

图 9-7 所示为 W＋和 U－两只 IGBT 管导通周期的工作过程。

图解演示

提示说明　　我们平时使用的交流电都来自国家电网，在我国低压电网的电压和频率统一为 **380V、50Hz**，这是一种规定频率的电源，不可调整，平时我们也称其为工频电源，因此，如果我们要想得到电压和频率都能调节的电源，就必须想法"变出来"，这样的电源我们才能够控制。那么，这里我们"变出来"不可能凭空产生，只能从另一种"能源"中变过来，一般这种"能源"就是直流电源。

也就是说，我们需要将不可调、不能控制的交流电源变为直流电源，然后再从直流电源中"变出"可调、可控的变频电源。

由于变频电路所驱动控制的电动机又有直流和交流之分，因此变频电路的控制方式也可以分成直流变频方式和交流变频方式两种。

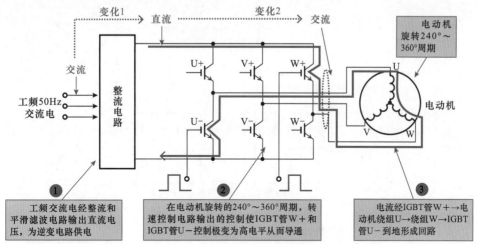

图 9-7 W＋和U－两只IGBT管导通周期的工作过程

图 9-8 所示为采用 **PWM** 脉宽调制的直流变频控制电路原理图。直流变频是把交流市电转换为直流电，并送至逆变电路，逆变电路受微处理器指令的控制。微处理器输出转速脉冲控制信号经逆变电路变成驱动电动机的信号。

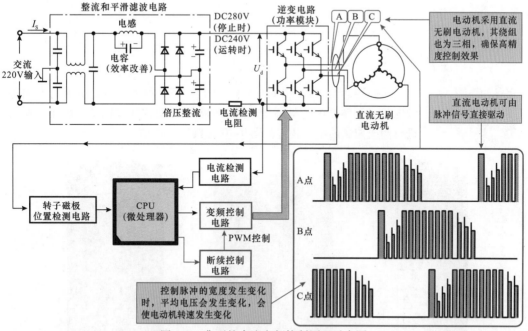

图 9-8 典型的直流变频控制原理示意图

图 9-9 所示为采用 **PWM** 脉宽调制的交流变频控制电路原理图。交流变频是把 **380/220V** 交流市电转换为直流电源，为逆变电路提供工作电压，逆变电路在变频控制下再将直流电"逆变"成交流电，该交流电再去驱动交

流感应电动机,"逆变"的过程受转速控制电路的指令控制,输出频率可变的交流电压,使电动机的转速随电压频率的变化而相应改变,这样就实现了对电动机转速的控制和调节。

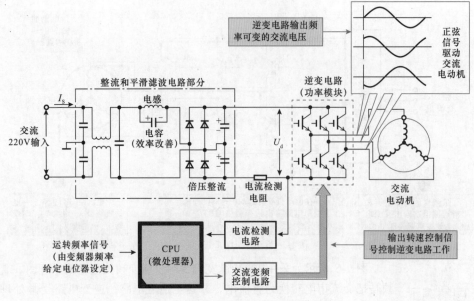

图 9-9　交流变频的工作原理示意图

9.2　变频器

9.2.1　变频器的结构

变频器的英文名称 VFD 或 VVVF,它是一种利用逆变电路的方式将工频电源(恒频恒压电源)变成频率和电压可变的变频电源,进而对电动机进行调速控制的电器装置。图 9-10 为典型变频器的实物外形。

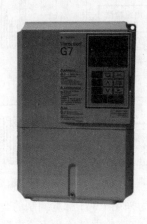

图 9-10　典型变频器的实物外形

1. 变频器的外部结构

变频器控制对象是电动机，由于电动机的动率或应用场合不同，因而驱动控制使用的变频器的性能、尺寸、安装环境也会有很大的差别。图9-11所示为典型变频器的外部结构图。

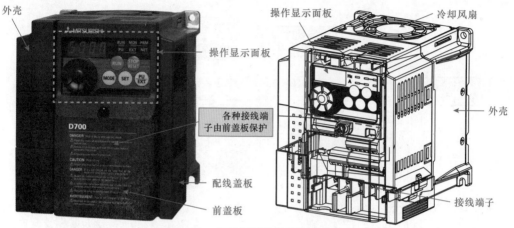

图 9-11　典型变频器的外部结构图

可以看到，变频器的操作显示面板位于变频器的正面，操作显示面板的下面是开关及各种接线端子。这些接线端子外装有前盖板，起到保护的作用。

在变频器的顶部有一个散热口，冷却风扇安装在变频器内，通过散热口散热。

图 9-12 为典型变频器的拆解示意图。图中明确标注了各部件的位置关系以及接线端子和开关接口（主电路接线端子、控制接线端子、控制逻辑切换跨接器、PU 接口、电流/电压切换开关）的分布。

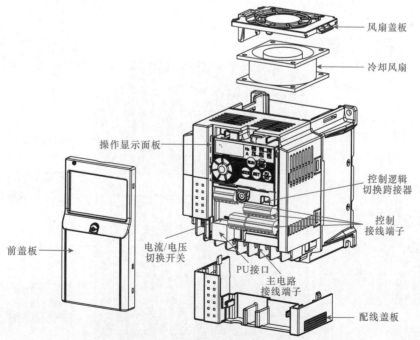

图 9-12　典型变频器的拆解示意图

（1）操作显示面板

操作显示面板是变频器与外界实现交互的关键部分，目前多数变频器都是通过操作显示面板上的显示屏、操作按键或键钮、指示灯等进行相关参数的设置及运行状态的监视，图 9-13 所示为典型变频器的操作显示面板。

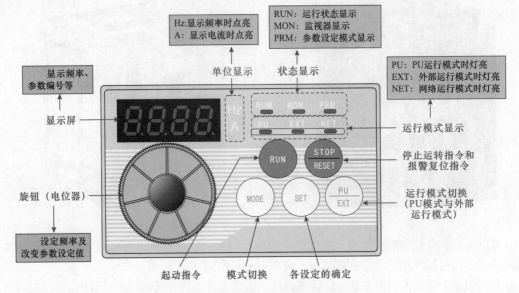

图 9-13　典型变频器的操作显示面板

不同类型的变频器其操作面板的组成也有所不同，图 9-14 所示为另一种变频器操作面板的结构图，从图中可以看出，这种变频器与图 9-14 所示变频器的键钮分布虽有区别，但基本的功能按键十分相似。

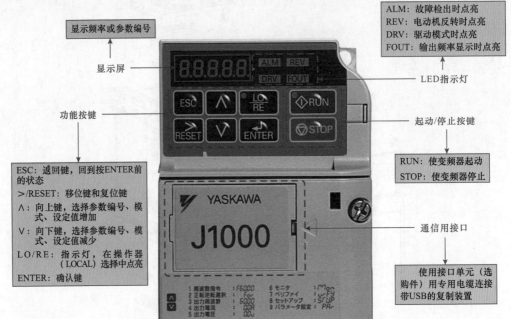

图 9-14　其他变频器操作面板的结构（安川 J1000 型变频器）

（2）主电路接线端子

　　电源侧的主电路接线端子主要用于连接三相供电电源，而负载侧的主电路接线端子主要用于连接电动机，图9-15所示为典型变频器的主电路接线端子部分及其接线方式。

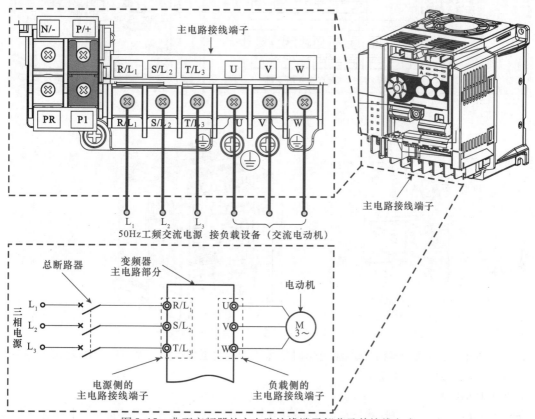

图9-15　典型变频器的主电路接线端子部分及其接线方式

（3）控制接线端子

　　控制接线端子一般包括输入信号、输出信号及生产厂家设定用端子部分，用于连接变频器控制信号的输入、输出、通信等部件。其中，输入信号接线端子一般用于为变频器输入外部的控制信号，如正反转起动方式、频率设定值、PTC热敏电阻输入等；输出信号端子则用于输出对外部装置的控制信号，如继电器控制信号等；生产厂家设定用端子一般不可连接任何设备，否则可能导致变频器故障。

　　图9-16所示为典型变频器的控制接线端子部分。

（4）控制逻辑切换跨接器

　　控制逻辑切换跨接器采用跳线帽设计，用于切换变频器控制逻辑方式的器件。一般变频器的控制逻辑方式一般分为漏型逻辑和源型逻辑（指控制场效应晶体管的漏极和源极），图9-17所示为典型变频器的控制逻辑切换跨接器。

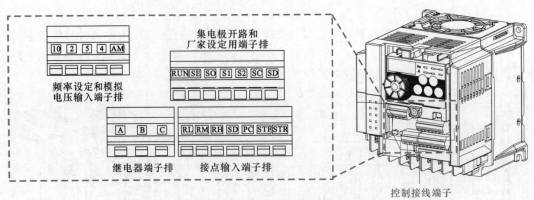

图 9-16　典型变频器的控制接线端子部分

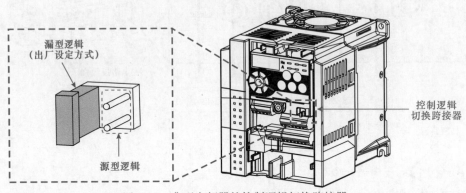

图 9-17　典型变频器的控制逻辑切换跨接器

　　漏型逻辑指信号输入端子有电流流出时信号为 ON 的逻辑；源型逻辑指信号输入端子中有电流流入时信号为 ON 的逻辑。

　　(5) PU 接口

　　PU 接口是指变频器的通信接口。通过该接口及相应的连接电缆可实现变频器与操作面板、计算机等进行连接，图 9-18 所示为典型变频器的 PU 接口部分。

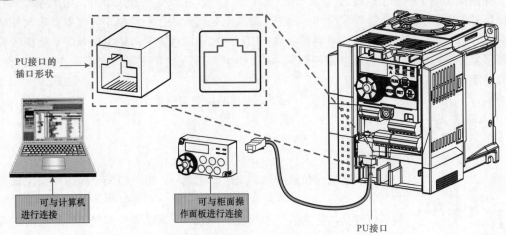

图 9-18　典型变频器的 PU 接口部分

变频器通过 PU 接口连接计算机时，用户可以通过客户端程序对变频器进行操作、监视或读写参数。

（6）电流/电压切换开关

电流/电压切换开关用于切换输入模拟信号的类型，所设定类型需要与输入模拟信号类型相符，否则可能损坏变频器。图 9-19 所示为典型变频器的电流/电压切换开关部分。

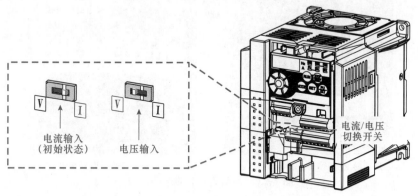

| V | I |
| V | I |

电流输入
（初始状态）　　　电压输入

电流/电压
切换开关

图 9-19　典型变频器的电流/电压切换开关部分

（7）冷却风扇

大多数变频器内部都安装有冷却风扇，用于对变频器内部主电路中半导体等发热器件的冷却，不同类型变频器其冷却风扇的安装位置有所不同，图 9-20 所示为典型变频器的冷却风扇部分。

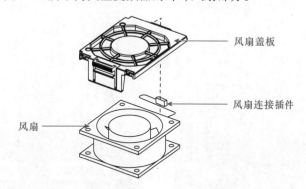

风扇盖板

风扇连接插件

风扇

图 9-20　典型变频器的冷却风扇部分

2. 变频器的内部结构

变频器的内部是由构成各种功能电路的电子、电力器件构成的。图 9-21 所示为典型变频器的内部结构。

如图 9-21 和图 9-22 所示，变频器内部主要是由整流单元（电源电路板）、控制单元（控制电路板）、其他单元（通信电路板）、高容量电容、电流互感器等部分构成的。

a) 变频器的后面板视图   b) 变频器的前面板视图

图 9-21 典型变频器的内部结构

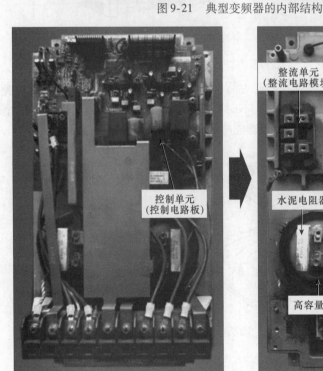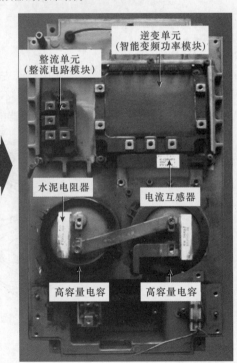

图 9-22 典型变频器内部的单元模块

3. 变频器的电路结构

变频器的电路大体上可以分成主电路和控制电路两大部分,如图 9-23 所示。

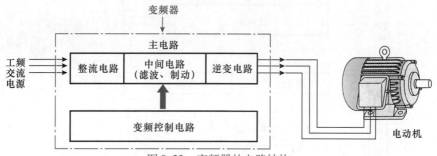
图 9-23　变频器的电路结构

（1）变频器的主电路部分

变频器的主电路是指将频率一定的工频电源转换为频率及电压可调的变频电源，再去驱动交流异步电动机的电路部分。不同结构的变频器其主电路部分的具体结构也不相同，其中，目前最常采用的为交 – 直 – 交型变频器，即先将工频交流电通过整流电源转换成脉动的直流电，再经中间电路中的电容平滑滤波后，由逆变电路再转换成频率和电压可调的交流电，图 9-24 所示为该类变频器的主电路部分。

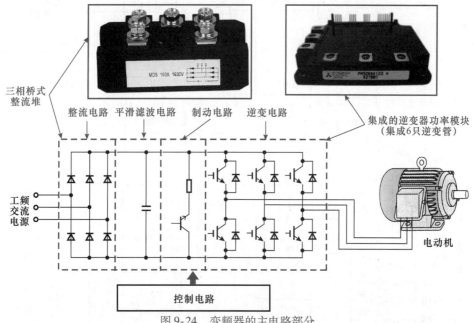
图 9-24　变频器的主电路部分

从图中可以看到，其主电路部分主要是由整流电路、平滑滤波电路、逆变电路和制动电路等部分构成的。

（2）变频器的控制电路部分

变频器中的控制电路是指用于给主电路提供控制信号的电路部分，其主要是完成对逆变电路中功率三极管的开关控制、对整流电路的电压控制以及完成各种保护功能等，图 9-25 所示为变频器控制电路部分结构框图。

图 9-26 所示为典型变频器的内部结构框图。

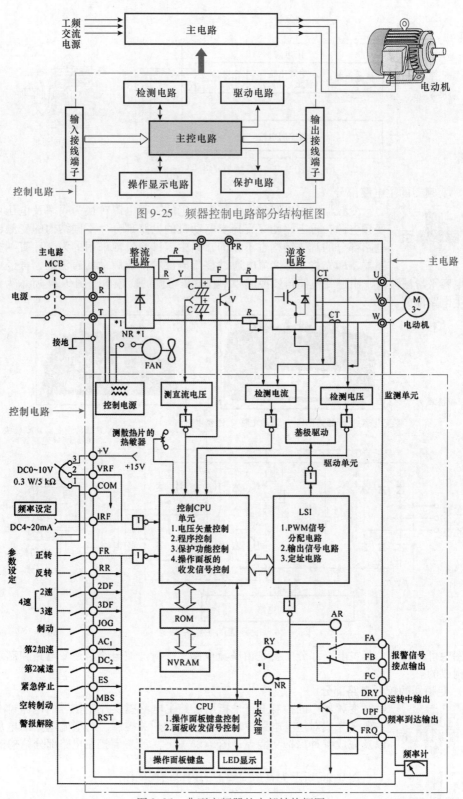

图 9-25　频器控制电路部分结构框图

图 9-26　典型变频器的内部结构框图

9.2.2　变频器的种类

变频器种类很多，其分类方式也是多种多样的，可根据需求，按变换方式、电源性质、变频控制、调压方式、用途等多种方式进行分类。

1. 按变换方式分类

变频器按照变换方式主要分为两类：交－直－交变频器和交－交变频器。

（1）交－直－交变频器

交－直－交变频器先将工频交流电通过整流单元转换成脉动的直流电，再经过中间电路中的电容平滑滤波，为逆变电路供电，在控制系统的控制下，逆变电路将直流电源转换成频率和电压可调的交流电，然后提供给负载（电动机）进行变速控制。

交－直－交变频器又称间接式变频器，是目前广泛应用的通用型变频器。图9-27所示为交－直－交变频器结构。

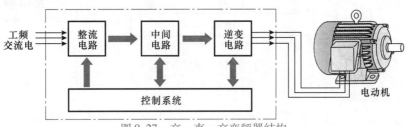

图9-27　交－直－交变频器结构

（2）交－交变频器

交－交变频器是将工频交流电直接转换成频率和电压可调的交流电，提供给负载（电动机）进行变速控制。

交－交变频器又称直接式变频器，由于该变频器只能将输入交流电频率调低输出，而工频交流电的频率本身就很低，因此交－交变频器的调速范围很窄，其应用也不广泛。图9-28所示为交－交变频器结构。

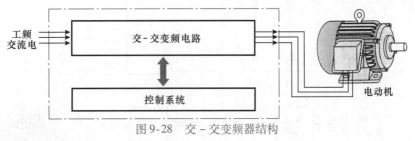

图9-28　交－交变频器结构

2. 按电源性质分类

根据交－直－交变频器中间电路的电源性质的不同，可将变频器分为两大类：电压型变频器和电流型变频器。

（1）电压型变频器

电压型变频器的特点是中间电路采用电容器作为直流储能元件，用以缓冲负载的无功功率。直流电压比较平稳，直流电源内阻较小，相当于电压源，故电压型变频器常选用于负载电压变化较大的场合。图9-29所示为

电压型变频器结构。

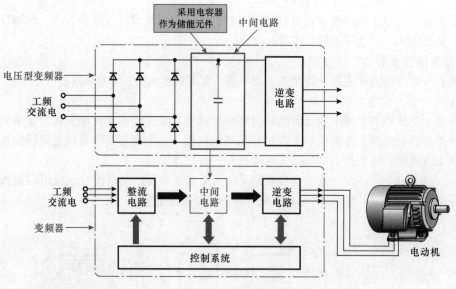

图 9-29　电压型变频器结构

（2）电流型变频器

电流型变频器的特点是中间电路采用电感器作为直流储能元件，用以缓冲负载的无功功率，即扼制电流的变化，使电压接近正弦波，由于该直流内阻较大，可扼制负载电流频繁而急剧地变化，故电流型变频器常选用于负载电流变化较大的场合。图 9-30 所示为电流型变频器结构。

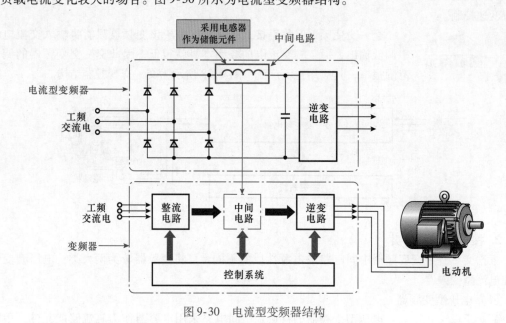

图 9-30　电流型变频器结构

表 9-1 所列为电压型变频器与电流型变频器的对比。

表9-1 电压型变频器与电流型变频器的对比

特点名称	电压型变频器	电流型变频器
储能元件	电容器	电感器
波形的特点	电压波形为矩形波 矩形波电压 电流波形近似正弦波 基波电流+高次谐波电流	电压波形为近似正弦波 基波电压+换流浪涌电压 电流波形为矩形波 矩形波电流
回路构成上的特点	有反馈二极管 直流电源并联大容量 电容（低阻抗电压源） 电动机四象限运转需要使用变流器	无反馈二极管 直流电源串联大电感 电感（高阻抗电流源） 电动机四象限运转容易
特性上的特点	负载短路时产生过电流 变频器转矩反应较慢 输入功率因数高	负载短路时能抑制过电流 变频器转矩反应快 输入功率因数低
使用场合	电压型变频器属恒压源，电压控制响应慢，不易波动，适于做多台电动机同步运行时的供电电源，或单台电动机调速但不要求快速起制动和快速减速的场合	不适用于多电动机传动，但可以满足快速起制动和可逆运行的要求

3. 按变频控制分类

由于电动机的运行特性，使其对交流电源的电压和频率有一定的要求，变频器作为控制电源，需满足对电动机特性的最优控制，从不同应用目的出发，采用多种变频控制方式。

（1）压/频控制变频器

压/频控制变频器又称 U/f 控制变频器，是通过改变电压实现变频的方式。这种控制方式的变频器控制方法简单、成本较低，被通用型变频器采用，但又由于精确度较低的特性，使其应用领域有一定的局限性。

（2）转差频率控制变频器

转差频率控制变频器又称 SF 控制变频器，它是采用控制电动机旋转磁场频率与转子转速率之差来控制转矩的方式，最终实现对电动机转速精度的控制。

SF 控制变频器虽然在控制精度上比 U/f 控制变频器高。但由于其在工作过程中需要实时检测电动机的转速，使得整个系统的结构较为复杂，导致其通用性较差。图9-31 所示为 SF 控制变频器控制方式。

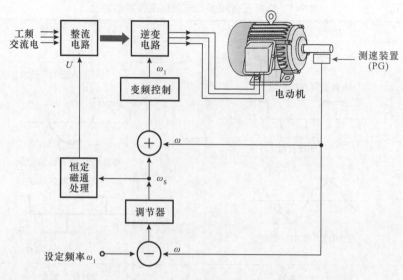

图 9-31　SF 控制变频器控制方式

（3）矢量控制变频器

矢量控制变频器又称 VC 控制变频器，是通过控制变频器输出电流的大小、频率和相位来控制电动机的转矩，从而控制电动机的转速。

（4）直接转矩控制变频器

直接转矩控制变频器又称 DTC 控制变频器，是目前最先进的交流异步电动机控制方式，非常适合重载、起重、电力牵引、大惯性电力拖动、电梯等设备的拖动。

4. 按调压方法分类

变频器按照调压方法主要分为两类：PAM 变频器和 PWM 变频器。

（1）PAM 变频器

PAM 是 Pulse Amplitude Modulation（脉冲幅度调制）的缩写。PAM 变频器是按照一定规律对脉冲列的脉冲幅度进行调制，控制其输出的量值和波形。实际上就是能量的大小用脉冲的幅度来表示，整流输出电路中增加开关管（门控管 IGBT），通过对该 IGBT 管的控制改变整流电路输出的直流电压幅度（140 ~ 390V），这样变频电路输出的脉冲电压不但宽度可变，而且幅度也可变。图 9-32 所示为 PAM 变频器结构。

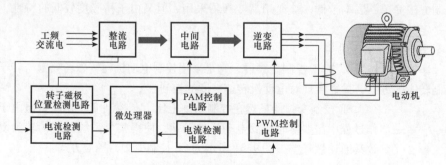

图 9-32　PAM 变频器结构

（2）PWM 变频器

PWM 是 Pulse Width Modulation（脉冲宽度调制）的缩写。PWM 变频器同样是按照一定规律对脉冲列的脉冲宽度进行调制，控制其输出量和波形的。实际上就是能量的大小用脉冲的宽度来表示，此种驱动方式，整流电路输出的直流供电电压基本不变，变频器功率模块的输出电压幅度恒定，脉冲的宽度受微处理器控制。图 9-33 所示为 PWM 变频器结构。

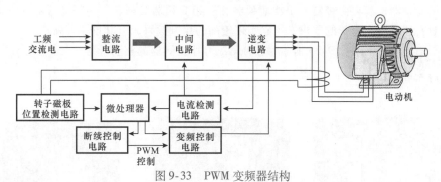

图 9-33　PWM 变频器结构

5. 按用途分类

变频器按用途可分为通用变频器和专用变频器两大类。

（1）通用变频器

通用变频器是指通用性较强，对其使用的环境没有严格的要求，以简便的控制方式为主。这种变频器的适用范围广，多用于精确度或调速性能要求不高的通用场合，具有体积小、价格低等特点。

随着通用变频器的发展，目前市场上还出现了许多采用转矩矢量控制方式的高性能多功能变频器，其在软件和硬件方面的改进，除具有普通通用变频器的特点外，还具有较高的转矩控制性能，可适用于传动带、升降装置以及机床、电动车辆等对调速系统性能和功能要求较高的许多场合。

图 9-34 所示为几种常见通用变频器的实物外形。

三菱D700型通用变频器　　安川J1000型通用变频器　　西门子MM420型通用变频器

图 9-34　几种常见通用变频器的实物外形

通用变频器是指在很多方面具有很强通用性的变频器，该类变频器简化了一些系统功能，并主要以节能为主要目的，多为中小容量变频器，一般应用于水泵、风扇、鼓风机等对于系统调速性能要求不高的场合。

（2）专用变频器

专用变频器通常指专门针对某一方面或某一领域而设计研发的变频器。该类变频器针对性较强，具有适用于所针对领域独有的功能和优势，从而能够更好地发挥变频调速的作用。例如，高性能专用变频器、高频变频器、单相变频器和三相变频器等都属于专用变频器，它们的针对性较强，对安装环境有特殊的要求，可以实现较高的控制效果，但其价格较高。

图9-35所示为几种常见专用变频器的实物外形。

西门子MM430型水泵风机专用变频器　　　风机专用变频器　　　恒压供水（水泵）专用变频器

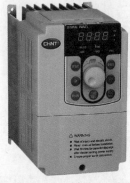

NVF1G-JR系列卷绕专用变频器　　LB-60GX系列线切割专用变频器　　电梯专用变频器

图9-35　几种常见专用变频器的实物外形

较常见的专用变频器主要有风机专用变频器、恒压供水（水泵）专用变频器、机床类专用变频器、重载专用变频器、注塑机专用变频器、纺织类专用变频器等。

9.2.3　变频器的功能

变频器是一种集起停控制、变频调速、显示及按键设置功能、保护功能等于一体的电动机控制装置，主要用于需要调整转速的设备中，既可以改变输出的电压又可以改变频率（即可改变电动机的转速）。

图 9-36 所示为变频器的功能原理图。从图中可以看到，变频器用于将频率一定的交流电源，转换为频率可变的交流电源，从而实现对电动机的起动及对转速进行控制。

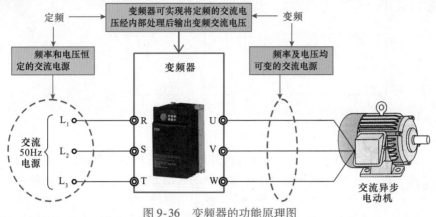

图 9-36 变频器的功能原理图

1. 变频器能够起停控制

变频器收到起动和停止指令后，可根据预先设定的起动和停车方式控制电动机的起动与停机，其主要的控制功能包含变频起动控制、加/减速控制、停机及制动控制等功能。

（1）变频起动功能

电动机的起动控制方式大致可以分为硬起动方式、软起动方式和变频起动方式。

图 9-37 所示为电动机的硬起动方式。可以看到，电源经开关直接为电动机供电，由于电动机处于停机状态，为了克服电动机转子的惯性，绕组中的电流很大，在大电流作用下，电动机转速迅速上升，在短时间内（小于 1s）到达额定转速，在转速为 N_K 时转矩最大。这种情况转速不可调，其起动电流为运行电流的 6～7 倍，因而起动时电流冲击很大，对机械设备和电气设备都有较大的冲击。

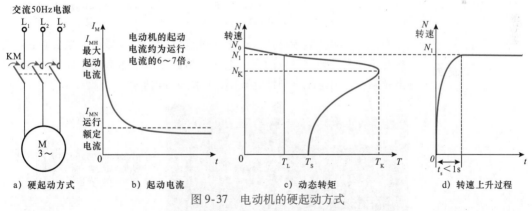

图 9-37 电动机的硬起动方式

图 9-38 所示为电动机的软起动方式。可以看到，在软起动方式中，由于采用了减压起动方式，使加给电动机的电压缓慢上升，延长了电动机从停机到额定转速的时间，因而起动电流比硬起动方式时的冲击电流减小为 $\frac{1}{3}$～$\frac{1}{2}$。正常运行状态时的电流与硬起动方式相同。

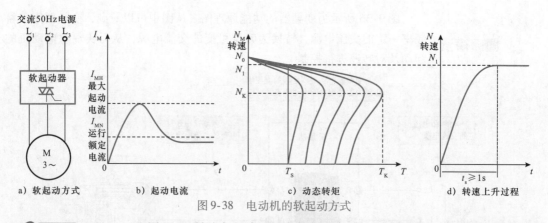

图 9-38　电动机的软起动方式

　　图 9-39 所示为电动机的变频起动方式。可以看到，在变频器起动方式中，由于采用的是减压和降频的起动方式，使电动机起动的过程为线性上升过程，因而起动电流只有额定电流的 1.2 ~ 1.5 倍，对电动机和电器设备几乎无冲击作用，而且进入运行状态后会随负载的变化改变频率和电压，从而使转矩随之变化，达到节省能源的最佳效果，这也是变频驱动方式的优点。

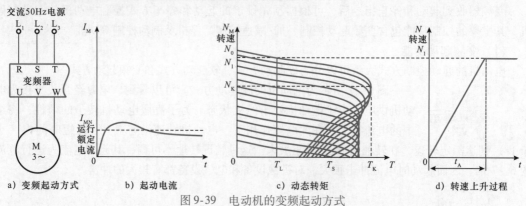

图 9-39　电动机的变频起动方式

　　变频器的起动频率可在起动之前进行设定，变频器可实现其输出由零直接变化为起动频率对应的交流电压，然后按照其内部加速曲线逐步提高输出频率和输出电压直到设定频率，如图 9-40 所示。

图 9-40　变频器中起动频率的设定

（2）可受控的加/减速功能

在使用变频器对电动机进行控制时，变频器输出的频率和电压可从低频低压加速至额定的频率和额定的电压，或从额定的频率和额定的电压减速至低频低压，而加/减速时的快慢可以由用户选择加/减速方式进行设定，即改变上升或下降频率，其基本原则是，在电动机的起动电流允许的条件下，尽可能缩短/减速时间。

例如，三菱 FR－A700 通用变频器的加/减速方式有直线升降速、S 曲线加/减速 A、S 曲线加/减速 B 和暂停加/减速四种，如图 9-41 所示。

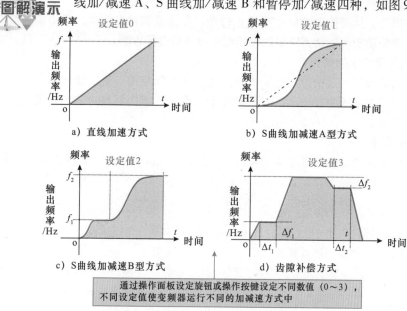

a）直线加速方式　　　　b）S曲线加减速A型方式

c）S曲线加减速B型方式　　　　d）齿隙补偿方式

通过操作面板设定旋钮或操作按键设定不同数值（0～3），不同设定值使变频器运行不同的加减速方式中

图 9-41　三菱 FR－A700 通用变频器的升速方式

◆ 直线加/减速方式

直线加/减速是指频率与时间按一定比例变化（该变频器中其设定值为"0"）。在变频器运行模式下，改变频率时，为不使电动机及变频器突然加减速，使其输出频率直线变化，达到设定频率。

◆ S 曲线加/减速 A 方式

S 曲线加/减速 A 方式（该变频器中其设定值为"1"）用于需要在基准频率以上的高速范围内短时间加减速的场合，如工作机械主轴电动机的驱动系统。

◆ S 曲线加/减速 B 方式

S 曲线加/减速 B 方式（该变频器中其设定值为"2"）从 f_2（当前频率）到 f_1（目标频率）提供一个 S 型加/减曲线，具有缓和加/减速时的振动效果，可防止负载冲击力过大。适用于防止运输机械等的负载冲击太大，如皮带传送的运输类负载设备中，用来避免货物在运送的过程中滑动。

◆ 齿隙补偿方式

齿隙补偿方式（该变频器中其设定值为"3"）是指为了避免齿隙，在加减速时暂时中断加减速的方式。

齿隙是指电动机在切换旋转方向时或从定速运行转换为减速运行时，驱动齿轮所产生的齿轮间隙。

（3）可受控的停车及制动功能

在变频器控制中，停车及制动方式可以受控，且一般变频器都具有多种停车方式及制动方式进行设定或选择，如减速停车、自由停车、减速停车＋制动等，该功能可减少对机械部件和电动机的冲击，从而使整个系统更加可靠。

相关资料 在变频器中经常使用的制动方式有两种，即直流制动、外接制动电阻制动和制动单元功能，用来满足不同用户的需要。

◆ **直流制动功能**

变频器的直流制动功能是指当电动机的工作频率下降到一定的范围时，变频器向电动机的绕组间接入直流电压，从而使电动机迅速停止转动。在直流制动功能中，用户需对变频器的直流制动电压、直流制动时间以及直流制动起始频率等参数进行设置。

◆ **外接制动电阻和制动单元**

当变频器输出频率下降过快时，电动机将产生回馈制动电流，使直流电压上升，可能会损坏变频器。此时为回馈电路中加入制动电阻和制动单元，将直流回路中的能量消耗掉，以便保护变频器并实现制动。

2. 变频能够调速

变频器的变频调速功能是其最基本的功能，也是其明显区别于软起动器等控制装置的地方。通常，交流电动机转速的计算公式为

$$N_1 = \frac{60f_1}{P}$$

式中，N_1 为电动机转速；f_1 为电源频率；P 为电动机磁极对数（由电动机内部结构决定），可以看到，电动机的转速与电源频率成正比。

在普通电动机供电及控制线路中，电动机直接由工频电源（50Hz）供电，即其供电电源的频率 f_1 是恒定不变的，例如，若当交流电动机磁极对数 $P = 2$ 时，可知其在工频电源下的转速为

$$N_1 = \frac{60f_1}{P} = \frac{60 \times 50}{2} = 1500\text{r/min}$$

而由变频器控制的电动机线路中，变频器可以将工频电源通过一系列的转换使输出频率可变，从而可自动完成电动机的调速控制。目前，多数变频器的调速控制主要有压/频控制方式、转差频率控制方式、矢量控制方式和直接转矩控制方式四种。

（1）压/频控制方式

图解演示 压/频控制方式又称为 U/f 控制方式，即通过控制逆变电路输出电源频率变化的同时也调节输出电压的大小（即 U 增大则 f 增大，U 减小则 f 减小），从而调节电动机的转速，图9-42所示为典型压/频控制电路框图。

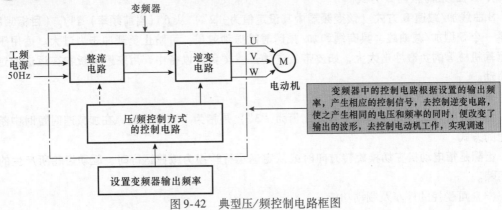

图9-42 典型压/频控制电路框图

采用该类控制方式的变频器多为通用变频器，适用于调速范围要求不高的场合，如风机、水泵的调速驱动电路等。

（2）转差频率控制方式

转差频率控制方式又称为SF控制方式，该方式采用测速装置来检测电动机的旋转速度，然后与设定转速频率进行比较，根据转差频率去控制逆变电路，图9-43所示为转差频率控制方式工作原理示意图。

采用该类控制方式的变频器需要测速装置检出电动机转速，因此多为一台变频器控制一台电动机形式，通用性较差，适用于自动控制系统中。

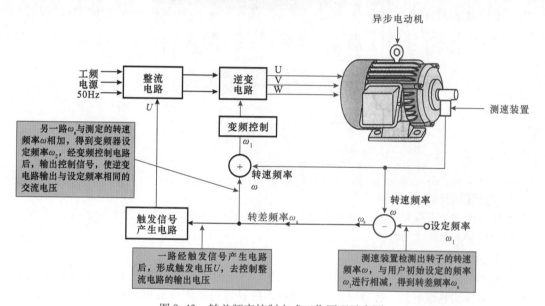

图9-43　转差频率控制方式工作原理示意图

（3）矢量控制方式

矢量控制方式是一种仿照直流电动机的控制特点，将异步电动机的定子电流在理论上分成两部分：产生磁场的电流分量（磁场电流）和与磁场相垂直、产生转矩的电流分量（转矩电流），并分别加以控制。

该类方式的变频器具有低频转矩大、响应快、机械特性好、控制精度高等特点。

（4）直接转矩控制方式

直接转矩控制方式又称为DTC控制，是目前最先进的交流异步电动机控制方式，该方式不是间接的控制电流、磁链等量，而是把转矩直接作为被控制量来进行变频控制。

目前，该类方式多用于一些大型的变频器设备中，如重载、起重、电力牵引、惯性较大的驱动系统以及电梯等设备中。

3. 变频器能够显示及进行按键设置

变频器前面板上一般都设有显示屏及操作按键，可用于对变频器各项参数进行设定以及对设定值、运行状态等进行显示。

例如，图9-44所示为三菱FR–DU04型变频器的显示屏及操作按键部分。从图中可以看到，该变频器的前面板上安装有操作按键、LED显示屏和状态指示灯，通过操作按键便可对各种控制和功能等进行操作，同时观

察显示屏和指示灯来观察工作状态。

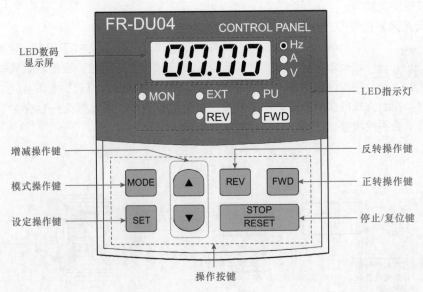

图 9-44　三菱 FR‐DU04 型变频器的显示屏及操作按键部分

4. 变频器能够实行保护

变频器内部设有保护电路，可实现对其自身及负载电动机的各种异常保护功能，其中主要实现过载保护和防失速保护。

（1）过热（过载）保护功能

变频器的过热（过载）保护即过电流保护或过热保护。在所有的变频器中都配置了电子热保护功能或采用热继电器。过热（过载）保护功能是通过监测负载电动机及变频器本身温度，当变频器所控制的负载惯性过大或因负载过大引起电动机堵转时，其输出电流超过额定值或交流电动机过热时，保护电路动作，使电动机停转，防止变频器及负载电动机损坏。

（2）防失速保护

失速是指当给定的加速时间过短，电动机加速变化远远跟不上变频器的输出频率变化时，变频器将电流过大而跳闸，运转停止。

为了防止上述失速现象影响电动机正常运转，变频器内部设有防失速保护电路，该电路可检出电流的大小并进行频率控制。当加速电流过大时适当放慢加速速率，减速电流过大时也适当放慢减速速率，以防出现失速情况。

另外，变频器内的保护电路可在运行中实现过电流短路保护、过电压保护、冷却风扇过热保护和瞬时停电保护等，当检测到异常状态后可控制内部电路停机保护。

5. 变频器能够通信

为了便于通信以及人机交互，变频器上通常设有不同的通信接口，可用于与 PLC 自动控制系统以及远程操作盘、通信模块、电脑等进行通信连接，如图 9-45 所示。

6. 变频器的其他功能

变频器作为一种新型的电动机控制装置，除上述功能特点外，还具有运转精度高、功率因数可控等特点。

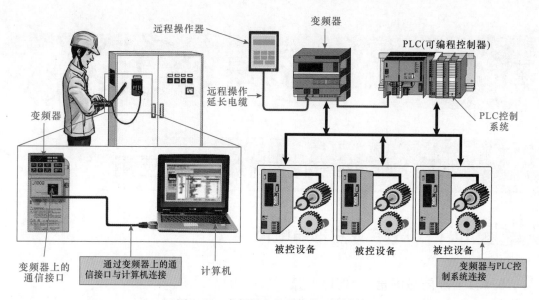

远程操作器

变频器

PLC(可编程控制器)

远程操作
延长电缆

PLC控制
系统

变频器

J1000

变频器上的
通信接口

通过变频器上的通
信接口与计算机连接

计算机

被控设备　被控设备　被控设备

变频器与PLC控
制系统连接

图 9-45　变频器上的通信接口及连接

　　无功功率不但增加线损和设备的发热,更主要的是功率因数的降低会导致电网有功功率的降低,使大量的无功电能消耗在线路当中,使设备的效率低下,能源浪费严重,使用变频调速装置后,由于变频器内部设置了功率因数补偿电路(滤波电容的作用),从而减少了无功损耗,增加了电网的有功功率。

变频电路的控制特点与应用

10.1　变频电路中的晶闸管

10.1.1　单向晶闸管（SCR）

单向晶闸管又称单向可控硅（SCR），是指其导通后只允许一个方向的电流流过的半导体器件，相当于一个可控的整流二极管，广泛应用于可控整流、交流调压、逆变电路和开关电源电路中。

1. 单向晶闸管的结构

单向晶闸管在电路中的名称标识通常为"VS"，有三个电极，分别为阳极（用 A 表示）、阴极（用 K 表示）和控制极（用 G 表示，又称栅极），且根据控制极的位置不同，晶闸管可分为阴极受控和阳极受控两类。图 10-1所示为单向晶闸管的实物外形及电路符号。

a）单向晶闸管的实物外形　　　　　　　b）单向晶闸管的图形符号及文字标识

图 10-1　单向晶闸管的实物外形及电路符号

单向晶闸管内部是由 3 个 PN 结组成的 P－N－P－N 四层结构，图 10-2所示为单向晶闸管的内部结构及其等效电路原理图。从图中可以看到，单向晶闸管可等效于一个 PNP 型三极管和一个 NPN 型三极管交错的结构。

2. 单向晶闸管的功能特性

（1）单向晶闸管的导通原理

根据单向晶闸管内部结构可以了解到，其可以等效地看成一个 PNP 型三极管和一个 NPN 型三极管的交错结构，当给单向晶闸管加上正向电压时，也可根据其内部三极管导通特性来了解。

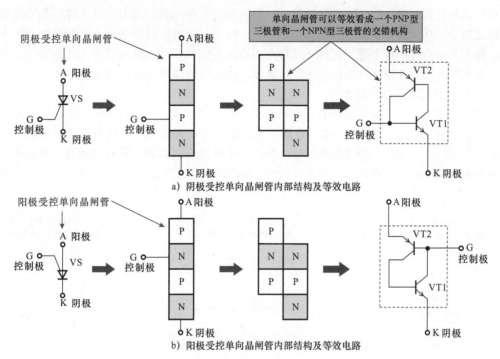

图 10-2　单向晶闸管的内部结构及等效电路原理图

单向晶闸管的导通原理及特性曲线如图 10-3 所示。

当给单向晶闸管阳极（A）加正向电压时，三极管 VT1 和 VT2 都承受正向电压，VT2 发射极正偏，VT1 集电极反偏。如果这时在控制极（G）加上较小的正向控制电压 U_g（触发信号），则有控制电流 I_g 送入 VT1 的基极。经过放大，VT1 的集电极便有 $I_{C1} = \beta_1 I_g$ 的电流流进。此电流送入 VT2 基极，经 VT2 放大，VT2 的集电极便有 $I_{C2} = \beta_1 \beta_2 I_g$ 的电流流过。而该电流又送入 VT1 的基极，如此反复，两个三极管很快便导通。单向晶闸管导通后，VT1 的基极始终有比 I_g 大得多的电流流过，因而即使触发信号消失，单向晶闸管仍能保持导通状态。

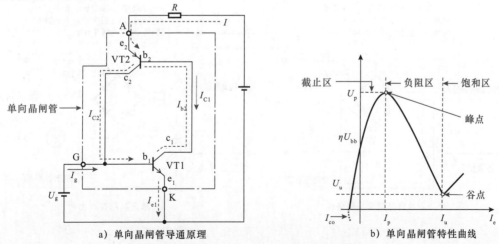

a）单向晶闸管导通原理　　　　　　b）单向晶闸管特性曲线

图 10-3　单向晶闸管的导通原理及特性曲线

单向晶闸管是一种具有负阻特性的器件，即当流经它的电流增加时，电压降不是随之增加而是随之减小。从伏安特性曲线（见图 10-3b）可看出，随着发射极电流 I_e 不断增加，U_e 不断下降，降至某一点时不再下降了，这一点称为谷点。谷点之后单向晶闸管进入了饱和区。在饱和区，发射极与第一基极间的电流达到饱和状态，所以 U_e 继续增加时，I_e 增加不多。

（2）单向晶闸管的基本特性

单向晶闸管只有在同时满足阳极（A）与阴极（K）之间加有正向电压，控制极（G）收到正向触发信号（高电平）才可导通。单向晶闸管导通后，即使触发信号消失，仍可维持导通状态。只有当触发信号消失，并且阳极与阴极之间的正向电压也消失或反向时，单向晶闸管才可截止。图 10-4 所示为单向晶闸管的基本特性。

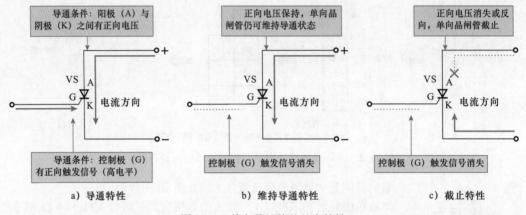

图 10-4　单向晶闸管的基本特性

很多实际应用电路中，由 **220V** 交流电经桥式整流电路整流后变成直流直接加到单向晶闸管的阳极（**A**）上，单向晶闸管工作在脉动直流电压的状态下，当电压为零时三极管便不能维持导通状态，必须有持续的触发信号才能维持其导通状态，如图 **10-5** 所示。

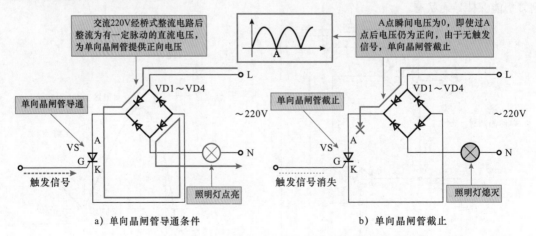

图 10-5　工作在脉动直流电压下的单向晶闸管

10.1.2　双向晶闸管（TRIAC）

双向晶闸管（TRIAC）又称双向可控硅，与单向晶闸管在大多方面都相同，不同的是，双向晶闸管可以双向导通，可允许两个方向有电流流过，常用在交流电路中。

1. 双向晶闸管的结构

双向晶闸管在电路中的名称标识通常为"VS"，由于其可双向导通，因此除控制极 G 外的另两个电极不再分阳极、阴极，而称之为主电极 T1、T2。图 10-6 所示为双向晶闸管的实物外形及电路符号。

a）双向晶闸管的实物外形　　　　b）双向晶闸管的图形符号及文字标识

图 10-6　双向晶闸管的实物外形及电路符号

双向晶闸管内部为 N–P–N–P–N 五层结构的半导体器件，图 10-7 所示为双向晶闸管的内部结构及等效电路原理图。

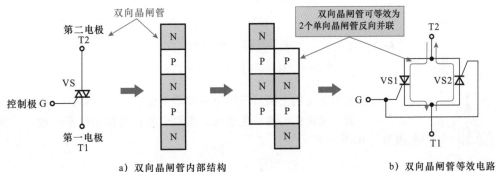

a）双向晶闸管内部结构　　　　　　　b）双向晶闸管等效电路

图 10-7　双向晶闸管的内部结构及等效电路原理图

2. 双向晶闸管的功能特性

通过双向晶闸管内部结构可以看到，双向晶闸管可等效为 2 个单向晶闸管反向并联，使其具有双向导通的特性，允许两个方向有电流流过，如图 10-8 所示。

双向晶闸管第一电极 T1 与第二电极 T2 间，无论所加电压极性是正向还是反向，只要控制极 G 和第一电极 T1 间加有正、负极性不同的触发电压，就可触发晶闸管导通，并且失去触发电压，也能继续保持导通状态。当第一电极 T1、第二电极 T2 电流减小至小于维持电流或 T1、T2

间的电压极性改变且没有触发电压时，双向晶闸管才会截止，此时只有重新送入触发电压方可导通。

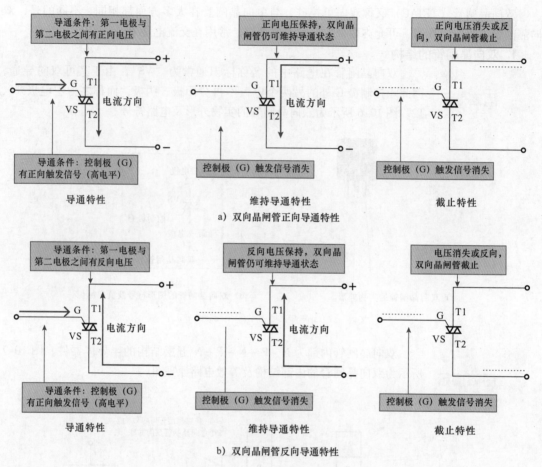

图 10-8 双向晶闸管的基本特性

相关资料
　　双向晶闸管在结构上相当于两个单向晶闸管反极性并联，因此它具有两个方向都导通、关断的特性，也就是具有两个方向对称的伏安特性，其特性曲线如图10-9所示。

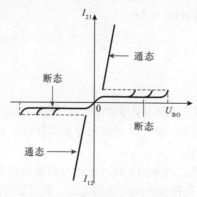

图 10-9 双向晶闸管特性曲线

10.1.3 门极关断晶闸管（GTO）

门极关断（Gate Turn - Off Thyristor）晶闸管简称为GTO，是晶闸管的一种派生器件，与普通单向晶闸管的触发功能相同。

门极关断晶闸管在电路中的名称标识通常为"VS"，也有三个电极，分别为阳极（用 A 表示）、阴极（用 K 表示）和控制极（用 G 表示，又称栅极）。门极关断晶闸管的特点是当控制极加有负向触发信号时其能自行关断。图 10-10 所示为门极关断晶闸管的实物外形及电路符号。

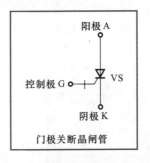

a）门极关断晶闸管的实物外形　　　　b）门极关断晶闸管的图形符号及文字标识

图 10-10　门极关断晶闸管的实物外形及电路符号

图 10-11 所示为门极关断晶闸管内部结构和等效电路。从图中可以看到，它保留着普通单向晶闸管耐压高、电流大等优点。而且经过改良后具有自关断能力，使用方便，是理想的高压、大电流开关器件。门极关断晶闸管已广泛用于斩波调速、变频调速、逆变电源等领域。

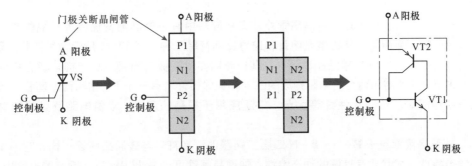

图 10-11　门极关断晶闸管内部结构和等效电路

门极关断晶闸管与普通单向晶闸管的区别是：

（1）普通单向晶闸管触发导通后，撤掉触发信号亦能维持导通状态。欲使之关断，必须切断电源，使正向电流低于维持电流，或施以反向电压进行关断。这就需要增加换向电路，不仅使设备的体积、重量增大，而且会降低效率，产生波形失真和噪声。

（2）门极关断晶闸管克服了上述缺陷，它既保留了普通晶闸管耐压高、电流大等优点，还具有当控制极加有负向触发信号时自行关断能力，使用方便。是理想的高压、大电流开关器件。

补充一点，门极关断晶闸管与普通晶闸管的相同之处：门极关断晶闸管也属于 **P - N - P -**

N 四层三端器件，其结构及等效电路和普通晶闸管相同。

 ## 10.1.4 MOS 控制晶闸管（MCT）

MOS 控制晶闸管是一种新型 MOS 控制双极复合器，简称为 MCT（MOS Controlled Thyristor），兼有晶闸管电流、电压容量大与 MOS 管门极导通和关断方便的特性。MOS 控制晶闸管可分为 N 型和 P 型，对称和不对称关断、单端或双端关断门极控制，以及不同的导通选择（包括光控导通）。

MOS 控制晶闸管的结构是由阴极、门极、发射极构成，在其内部有 ON-FET 沟道和 OFF-FET 沟道。图 10-12 所示为 MOS 控制晶闸管内部结构和等效电路。

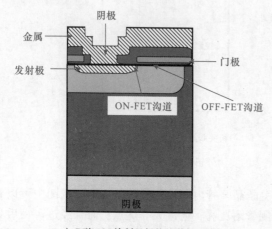

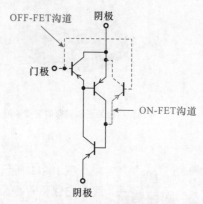

a）P型MOS控制晶闸管的道剖面图　　　　　b）P型MOS控制晶闸管的等效电路

图 10-12　MOS 控制晶闸管内部结构和等效电路

除上述几种晶闸管外，实际应用中常见的晶闸管还有单结晶体管、快速晶闸管、螺栓型晶闸管和逆导晶闸管等几种，图 10-13 所示为其实物外形。

（1）单结晶体管（UJT）也叫作双基极二极管。从结构功能上类似晶闸管，它是由一个 PN 结和两个内电阻构成的三端半导体器件，有一个 PN 结和两个基极。单结晶体管具有结构简单、热稳定性好等优点，广泛应用于振荡、定时、双稳电路及晶闸管触发电路中。

（2）快速晶闸管属于 P-N-P-N 四层三端器件，其符号与普通晶闸管一样，它不仅要有良好的静态特性，尤其要有良好的动态特性。快速晶闸管可以在 400Hz 以上频率的电路中工作，其开通时间为 4~8μs，关断时间为 10~60μs。主要应用于较高频率的整流、斩波、逆变和变频电路中。

（3）螺栓型晶闸管的螺栓一端为阳极（A），较细的引线端为控制极（G），较粗的引线端为阴极（K），它是一种大电流晶闸管，螺栓方便安装散热片。

（4）逆导晶闸管（RCT）也叫作反向导通晶闸管，它在阳极与阴极之间反向并联一只二极管，使阳极与阴极的发射结均呈短路状态。由于这种特殊电路结构，使之具有耐高压、耐高温、关断时间短、通态电压低等优良性能。

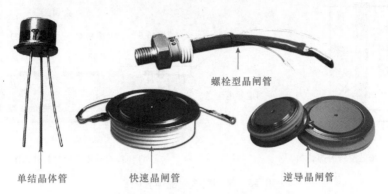

螺栓型晶闸管

单结晶体管　　　　快速晶闸管　　　　逆导晶闸管

图 10-13　其他常见晶闸管的实物外形

10.2　变频电路中的场效应晶体管

10.2.1　结型场效应晶体管（BJT）

结型场效应晶体管简称 BJT，是场效应晶体管的一种，它与普通半导体三极管的不同之处在于它是电压控制器件。

1. 结型场效应晶体管的结构

结型场效应晶体管是在一块 N 型或 P 型的半导体材料两端分别扩散一个高杂质浓度的 P 型区或 N 型区，这样就说明它也是一种具有 PN 结构的半导体器件。图 10-14 所示为结型场效应晶体管的外形与电路符号。

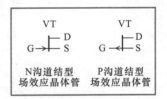

a）结型场效应晶体管的实物外形　　b）结型场效应晶体管的电路符号及文字标识

图 10-14　结型场效应晶体管的外形与电路符号

图 10-15 所示为结型场效应晶体管内部结构。结型场效应晶体管中间的半导体相连接两个电极，称为漏极（Drain，用 D 表示）和源极（Source，用 S 表示），两侧的半导体引出的电极，称为栅极（Gat，用 G 表示）。从图 10-15b 中可以看出，N 沟道结型场效应晶体管是由 P 型衬底、消耗层、N 型导电沟道、氧化层、金属铝保护侧和栅极（G）、源极（S）、漏极（D）构成的。

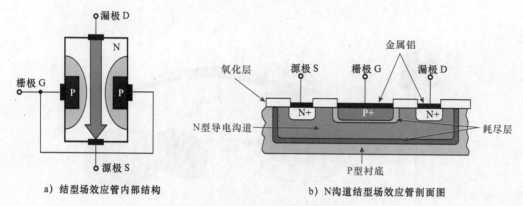

a) 结型场效应管内部结构　　　　　　　b) N沟道结型场效应管剖面图

图 10-15　结型场效应晶体管内部结构

2. 结型场效应晶体管的功能特性

图 10-16 所示，为结型场效应晶体管的工作原理。

当 G、S 间不加反向电压时（即 $U_{GS}=0$），PN 结（图中阴影部分）的宽度窄，导电沟道宽，沟道电阻小，I_D 电流大；当 G、S 间加负电压时，PN 结的宽度增加，I_D 电流变小，导电沟道宽度减小，沟道电阻增大；当 G、S 间负向电压进一步增加时，PN 结宽度进一步加宽，两边 PN 结合并拢（称夹断），没有导电沟道，电流 I_D 为 0，沟道电阻很大。我们把导电沟道刚被夹断的 U_{GS} 值称为夹断电压，用 U_P 表示。可见结型场效应晶体管在某种意义上是一个用电压控制的可变器件。

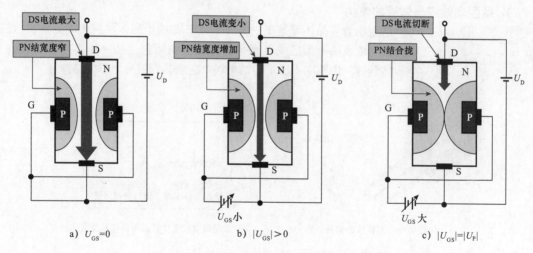

a) $U_{GS}=0$　　　　　　　b) $|U_{GS}|>0$　　　　　　　c) $|U_{GS}|=|U_P|$

图 10-16　结型场效应晶体管的工作原理

图 10-17 所示为结型场效应晶体管的转移特性和输出特性曲线。

如图 10-17a 所示，当 U_{DS} 值恒定时，反映电流 I_D 与 U_{GS} 之间关系；如图 10-17b 所示，在 U_{GS} 一定时，反映电流 I_D 与电压 U_{DS} 之间的关系，即 $I_D=f$（U_{DS}）/U_{GS} = 常数。由该图可以看出结型场效应晶体管的工作状态可以分为三个区域：可变电阻区、饱和区和击穿区。

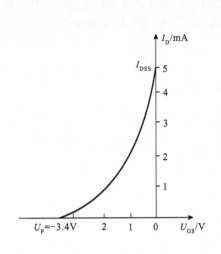

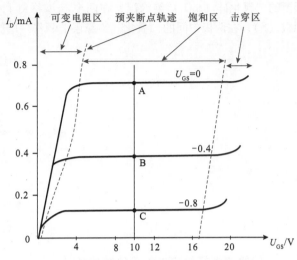

a）N沟道结型场效应晶体管的转移特性曲线　　b）N沟道结型场效应晶体管的输出特性曲线

图 10-17　结型场效应晶体管的转移特性和输出特性曲线

10.2.2　绝缘栅型场效应晶体管（MOS）

绝缘栅型场效应晶体管简称为 MOS，是应用十分广泛的一类场效应晶体管。

1. 绝缘栅型场效应晶体管（MOS）的结构

绝缘栅型场效应晶体管是利用感应电荷的多少，改变沟道导电特性来控制漏极电流的。绝缘栅型场效应晶体管可以分为 N 沟道增强型、P 沟道增强型、N 沟道耗尽型、P 沟道耗尽型、双栅 N 沟道耗尽型、双栅 P 沟道耗尽型。图 10-18 所示为绝缘栅型场场效应晶体管的实物外形与电路符号。

VT	VT
N沟道增强型场效应晶体管	P沟道增强型场效应晶体管
VT	VT
N沟道耗尽型场效应晶体管	P沟道耗尽型场效应晶体管
VT	VT
双栅N沟道耗尽型场效应晶体管	双栅P沟道耗尽型场效应晶体管

a）绝缘栅型场效应晶体管的实物外形　　b）绝缘栅型场效应晶体管的电路符号及文字标识

图 10-18　绝缘栅型场场效应晶体管的实物外形与电路符号

绝缘栅型场效应晶体管内部结构的讲解以 N 沟道增强型 MOS 场效应晶体管为例，如图10-19所示。N 沟道增强型 MOS 场效应晶体管是以 P 型硅片作为衬底，在衬底上制作两个含有杂质的 N 型材料，在其上面一层覆盖

很薄的二氧化硅（SiO_2）绝缘层，在两个 N 型材料上引出两个铝电极，分别称为漏极（D）和源极（S），在两极中间的二氧化硅绝缘层上制作一层铝质导电层，该导电层为栅极（G）。

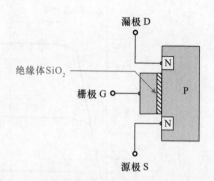

图 10-19　N 沟道增强型 MOS 场效应晶体管内部结构

2. 绝缘栅型场效应晶体管的功能特性

图解演示

图 10-20 所示为 MOS 场效应晶体管（N 沟道）的工作原理。

电源 E_2 经电阻 R_2 为漏极供电，电源 E_1 经开关 S 为栅极提供偏压。当开关 S 断开时，G 极无电压，D、S 极所接的两个 N 区之间没有导电沟道，所以无法导通，D 极电流为零；当开关 S 闭合时，G 极获得正电压，与 G 极连接的铝电极有正电荷，它产生电场穿过 SiO_2 层，将 P 型衬底的很多电子吸引至 SiO_2 层，形成 N 型导电沟道（导电沟道的宽窄与电流量的大小成正比），使 S、D 极之间产生正向电压，电流通过该场效应晶体管。

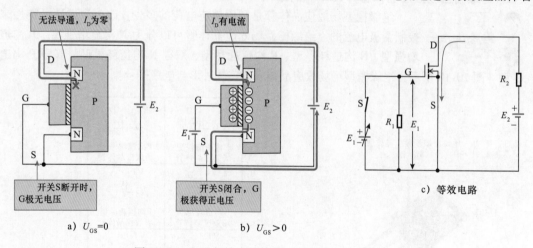

a）$U_{GS}=0$　　　　　　b）$U_{GS}>0$

c）等效电路

图 10-20　MOS 场效应晶体管（N 沟道）的工作原理

相关资料

图 10-21 所示为绝缘栅型场效应晶体管的转移特性和输出特性曲线（以 N 沟道耗尽型场效应晶体管为例）。

如图 10-21a 所示，当 I_{DSS}（零栅压漏极电流）值恒定时，反映 I_D 与 U_{GS} 之间关系。

如图 10-21b 所示，在 U_{GS} 一定时，反映电流 I_D 与电压 U_{DS} 之间的关系。

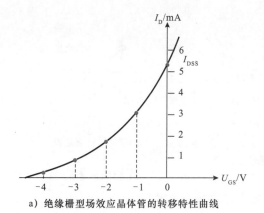

a）绝缘栅型场效应晶体管的转移特性曲线

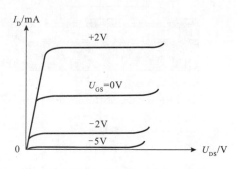

b）绝缘栅型场效应晶体管的输出特性曲线

图 10-21　绝缘栅型场场效应晶体管的转移特性和输出特征曲线（N 沟道耗尽型）

10.3　变频电路中的其他功率器件

10.3.1　绝缘栅双极型晶体管（IGBT）

绝缘栅双极型晶体管，简称 IGBT 或门控管，是一种高压、高速的大功率半导体器件。

1. IGBT 的结构

常见的 IGBT 分为带有阻尼二极管和不带有阻尼二极管的。它有 3 个极，分别为栅极（用 g 表示，也称控制极）、漏极（用 c 表示，也称集电极）和源极（用 e 表示，也称发射极）。图 10-22 所示为 IGBT 的外形与电路符号。

绝缘栅双极型晶体管（IGBT）

a）IGBT的实物外形

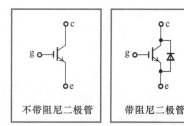

不带阻尼二极管　　带阻尼二极管

b）IGBT的图形符号及文字标识

图 10-22　IGBT 的实物外形与电路符号

IGBT 的结构是以 P 型硅片作为衬底，在衬底上有缓冲区 N + 和漂移区 N－，在漂移区上有 P + 层，在其上部有两个含有很多杂质的 N 型材料，在 P + 层上分有发射极 e，在两个 P + 层中间位栅极 g，在 IGBT 的底部为集电极 c。它的等效电路相当于 N 沟道的 MOS 管加上三极管构成。图 10-23 所示为绝缘栅双极型晶体管内部结构及等效电路图。

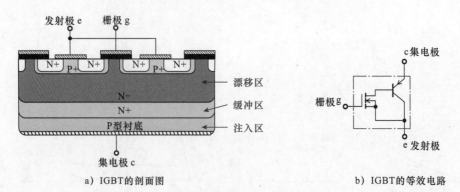

a) IGBT的剖面图   b) IGBT的等效电路

图 10-23   IGBT 的内部结构及等效电路图

2. IGBT 的功能特性

图 10-24 所示为 IGBT 导通特性图。从图中可以看到，当给 IGBT 的 g 极和 e 极间加入电压 U_{ge}，同时为 IGBT 的 c 极与 e 极间加入电压 U_2 时，U_{ge} 端的电压大于开启电压（2～6V），IGBT 内部 MOS 管内有导电沟道形成，MOS 管 D、S 极之间导通，为三极管提供电流使其导通，实际上场效应晶体管的作用是为三极管提供足够的基极电流，因为输入信号电流太小不能使三极管导通。若 U_1 被切断后，电压 U_{ge} 为 0，MOS 管内的沟道消失，IGBT 截止。

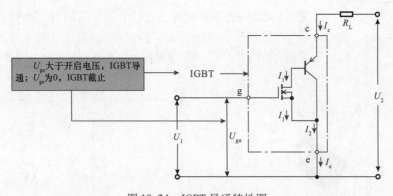

图 10-24   IGBT 导通特性图

图 10-25 所示为 IGBT 的转移特性和输出特性曲线。

如图 10-25a 所示，IGBT 集电极电流 I_C 与栅射电压 U_{GE} 之间的关系。开启电压 $U_{GE(th)}$ 是 IGBT 能实现导通的最低栅射电压，该电压随温度升高而略有下降。

如图 10-25b 所示，IGBT 栅极发出的电压为参考值，电流 I_C 与集射极间的电压 U_{CE} 的变化关系。输出曲线特征分为正向阻断区、有源区、饱和区、反向阻断区。当 D 电压 $U_{CE} < 0$ 时，IGBT 反向阻断工作状态。

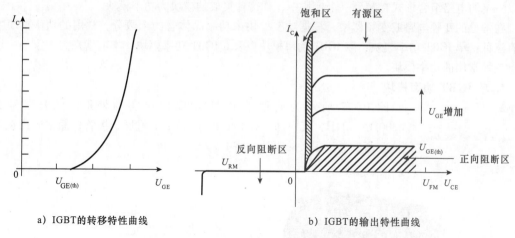

a）IGBT的转移特性曲线　　　　　　　　b）IGBT的输出特性曲线

图 10-25　IGBT 的转移特性和输出特性曲线

10.3.2　耐高压绝缘栅双极型晶体管（HVIGBT）

耐高压绝缘栅双极型晶体管（High Voltage Insulated Gate bipolar Transistor Module）英文缩写为 HVIGBT。

耐高压绝缘栅双极晶体管与普通 IGBT 相比有以下 3 种特点：

1）无缓冲回路也可以进行关断，由于可省略或缩小 di/dt 抑制用的阳极电抗器。因此，可实现半导体外部回路小型化。

2）可以降低触发电压及总损耗（包括元件及外部回路），可以实现节能化。

3）可以将关断的频率提高到 2～3kHz，由此，应用领域可以扩大到以下几个方面，例如：地铁等电气化铁路、有源滤波器、调速泵站、开关装置、大容量工业变频器、逆变器等。

图 10-26 所示为耐高压绝缘栅双极型晶体管的关断波形。从波形可以看出，当进行关断时，电流 I_c 与供电电压 V_{cc} 之间的波形变化。

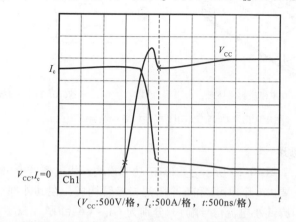

（V_{cc}:500V/格，I_c:500A/格，t:500ns/格）

图 10-26　耐高压绝缘栅双极型晶体管的关断波形

10.3.3　功率模块

随着变频技术的发展和模块化、集成化、智能化水平的提高，通常可将多个相互配合的器件以一定的电路组合形式封装到一个模块中，称这种集成的模块为功率模块。

在常见的变频电路或变频器中，根据功率模块内功率晶体管的个数分，常用的功率模块主要有三种：单 IGBT 功率模块、双 IGBT 功率模块以及 6 IGBT 功率模块，本节就来为大家一一讲解这三种常用的功率模块。

1. 单 IGBT 功率模块

图 10-27 所示为典型单 IGBT 功率模块实物外形，代表型号为 CM300HA – 24H，其内部只有 1 个 IGBT 和 1 个阻尼二极管，通常应用在电压值较高、电流很大的驱动电路中。

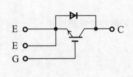

a）单IGBT功率模块实物外形　　　　　b）单IGBT模块内部电路

图 10-27　典型单 IGBT 模块（CM300HA – 24H）

2. 双 IGBT 功率模块

图 10-28 所示为双 IGBT 功率模块，代表型号为 BS M100 GB120 DN2，其内部共有 2 个 IGBT 和 2 个阻尼二极管，通常应用在大功率变频驱动电路中。

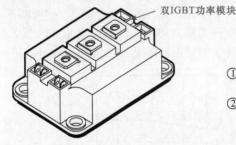

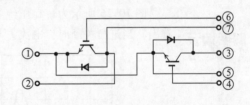

a）双IGBT功率模块实物外形　　　　　b）双IGBT模块内部电路

图 10-28　典型双 IGBT 模块（BS M100 GB120 DN2）

3. 6 IGBT 功率模块

图 10-29 所示为 6 IGBT 功率模块，代表型号为 6MBI50L – 060，其内部主要由 6 个 IGBT 和 6 个阻尼二极管构成，在其外部可看到有 12 个较细的引脚（小电流信号端），分别为 G1 ~ G6 和 E1 ~ E6，控制电路将驱动信号加到 IGBT 的控制极（G1 ~ G6），驱动其内部的 IGBT 工作，而较粗的引脚（U、V、W 输出端）则主要为变频压缩机的电动机提供变频驱动信号，P、N 端分别接在直流供电电路的正负极，为功率模块提供工作电压。

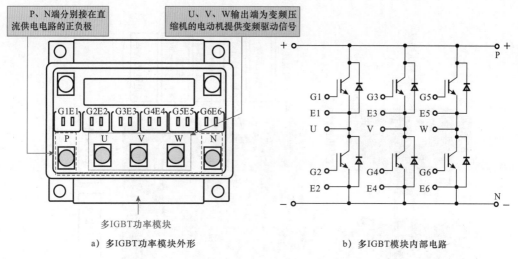

P、N端分别接在直流供电路的正负极

U、V、W输出端为变频压缩机的电动机提供变频驱动信号

多IGBT功率模块

a）多IGBT功率模块外形　　　　　　　　b）多IGBT模块内部电路

图10-29　典型多IGBT功率模块（6MBI50L-060）

10.4　制冷设备的变频控制

10.4.1　制冷设备中的变频电路

变频制冷设备是指由变频器或变频电路对变频压缩机、水泵（电动机）的起动、运行等进行控制的制冷设备，如变频电冰箱、变频空调器、中央空调、冷库等。

变频电路是变频制冷设备中特有的电路模块，其主要的功能就是为压缩机或水泵提供驱动信号，用来调节压缩机或电动机的转速，实现制冷剂的循环，完成热交换的功能。

图10-30所示为典型变频空调器的电路关系示意图，从图可看出该变频空调器主要由室内机和室外机两部分组成。室外机电路部分接收由室内机电路部分发送来的控制信号，并对其进行处理后经变频电路控制变频压缩机起动、运行，再由压缩机控制管路中的制冷剂循环，从而实现空气温度调节功能。

其中变频电路和变频压缩机位于室外机机组中，电源电路为其变频电路提供所需的工作电压，并通过控制电路进行控制，从而输出驱动变频压缩机的变频驱动信号，使变频压缩机起动、运行，从而达到制冷或制热的效果。

可以看到，变频电路和变频压缩机位于空调器室外机机组中。变频电路在室外机控制电路控制、电源电路供电两大条件下，输出驱动变频压缩机的变频驱动信号，使变频压缩机起动、运行，从而达到制冷或制热的效果。

图10-31所示为6个IGBT构成的变频驱动电路。微处理器将变频控制信号送到变频控制电路中，由变频控制电路输出6个功率管导通与截止的时序信号（逻辑控制信号），使6个功率晶体管为变频压缩机电动机的绕组提供变频电流，从而控制电动机的转速。

图10-32所示为典型变频空调器中变频电路板的实物外形，可以看到，变频电路主要是由智能功率模块、光电耦合器、连接插件或接口等组成的。

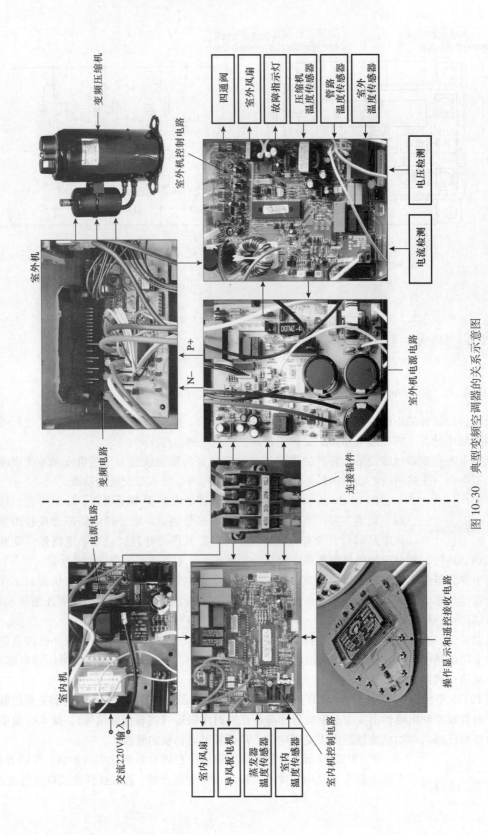

图 10-30 典型变频空调器的关系示意图

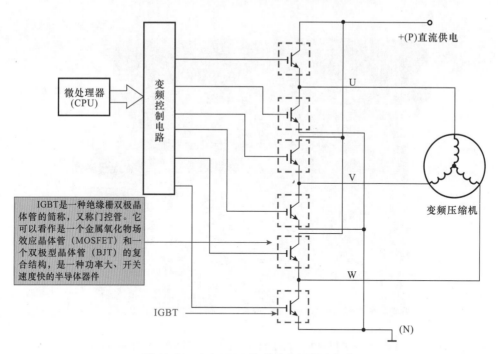

IGBT是一种绝缘栅双极晶体管的简称，又称门控管。它可以看作是一个金属氧化物场效应晶体管（MOSFET）和一个双极型晶体管（BJT）的复合结构，是一种功率大、开关速度快的半导体器件

图 10-31　6 个 IGBT 构成的变频驱动电路

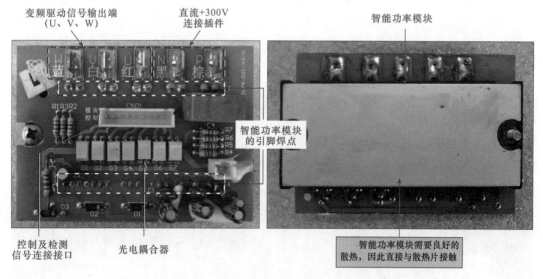

图 10-32　变频电路板的实物外形

随着变频技术的发展，应用于变频空调器中的变频电路也日益完善，很多新型变频空调器中的变频电路不仅具有智能功率模块的功能，而且还将一些外部电路集成到一起，如有些变频电路集成了电源电路，有些则集成有 CPU 控制模块，还有些则将室外机控制电路与变频电路制作在一起，称为模块控制电路一体化电路等，如图 10-33 所示。

散热片

智能功率模块

直流300V
供电端

变频驱动
信号输出端

CPU

与通信电路
连接的接口

直流15V
供电接口

存储器

图 10-33　空调器室外机控制电路与变频电路制作在一起的模块控制电路一体化电路

在变频电路中，智能功率模块是电路中的核心部件，其通常为一只体积较大的集成电路模块，内部包含变频控制电路、驱动电流、过电压过电流检测电路和功率输出电路（逆变器），一般安装在变频电路背部或边缘部分，如图 10-34 所示。

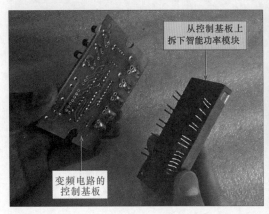

从控制基板上
拆下智能功率模块

变频电路的
控制基板

智能功率模块上标
识有型号和引脚标识

图 10-34　变频电路中智能功率模块的实物外形

图 10-35 所示为智能功率模块（STK621 - 410）的内部结构简图，可以看到其内部由逻辑控制电路和 6 只带阻尼二极管的 IGBT 组成的逆变电路。

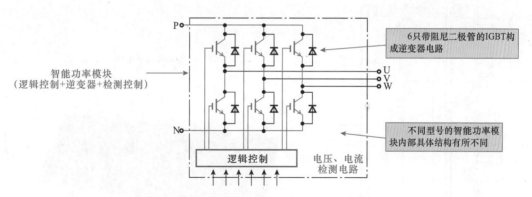

图 10-35　STK621 –410 型智能功率模块的内部结构简图

相关资料　变频电路中常用的变频功率模块主要有 **PS21564 – P/SP、PS21865/7/9 – P/AP、PS21964/5/7 – AT/AT、PS21765/7、PS21246、FSBS15CH60** 等 几 种，这几种变频功率模块受微处理器输出的控制信号的控制，通过将控制信号放大、逆变后，对空调器的压缩机电动机进行驱动控制，**图 10-36** 所示为变频空调器中几种常见智能功率模块的实物外形。

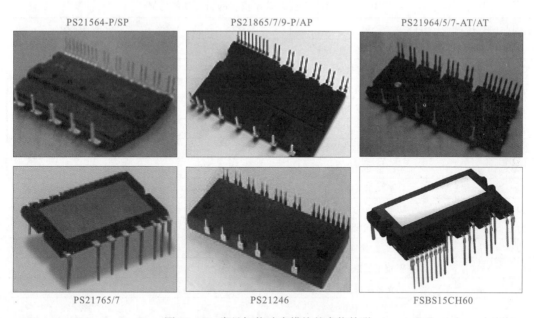

图 10-36　常见智能功率模块的实物外形

图解演示　图 10-37 所示为 PS21867 变频功率模块的实物外形及内部结构。PS21867 型变频功率模块参数为 30A/600V，共有 41 个引脚，其中①~㉑脚为数据信号输入端，㉒~㉖脚与变频压缩机绕组连接，用于信号的输出，而㉗~㊶脚则为空脚。其引脚功能见表 10-1 所列。

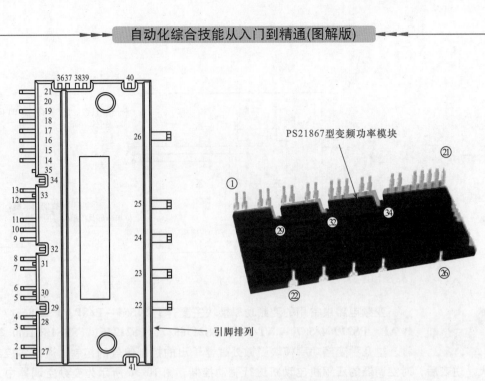

图 10-37　PS21867 变频功率模块的实物外形及内部结构

表 10-1　PS21867 变频功率模块的引脚功能含义

引脚	标识	引脚功能	引脚	标识	引脚功能
①	U_P	功率管 U（上）控制	㉒	P	直流供电端
②	V_{P1}	模块内 IC 供电 +15V	㉓	U	接电动机绕组 U
③	V_{UFB}	U 绕组反馈信号输入	㉔	V	接电动机绕组 V
④	V_{UFS}	U 绕组反馈信号	㉕	W	接电动机绕组 W
⑤	V_P	功率管 V（上）控制	㉖	N	直流供电负端
⑥	V_{P1}	模块内 IC 供电 +15V	㉗	NC	空脚
⑦	V_{VFB}	V 绕组反馈信号输入	㉘	NC	空脚
⑧	V_{VFS}	V 绕组反馈信号	㉙	NC	空脚
⑨	W_P	功率管 W（上）控制	㉚	NC	空脚
⑩	V_{P1}	模块内 IC 供电 +15V	㉛	NC	空脚
⑪	V_{PC}	接地	㉜	NC	空脚
⑫	V_{WFB}	W 绕组反馈信号输入	㉝	NC	空脚
⑬	V_{WFS}	W 绕组反馈信号	㉞	NC	空脚
⑭	V_{N1}	欠电压检测端	㉟	NC	空脚
⑮	V_{NC}	接地	㊱	NC	空脚
⑯	C_{IN}	过电流检测	㊲	NC	空脚
⑰	C_{FO}	故障输出（滤波端）	㊳	NC	空脚
⑱	F_O	故障检测	㊴	NC	空脚
⑲	U_N	功率管 U（下）控制	㊵	NC	空脚
⑳	V_N	功率管 V（下）控制	㊶	NC	空脚
㉑	W_N	功率管 W（下）控制	—	—	—

图 10-38 所示为海信 KFR－5001LW/BP 型变频空调器的变频电路原理图，该变频电路是由控制电路、变频模块和变频压缩机构成，其中 CN01 的①脚为变频模块反馈的故障信号传输端，当变频模块出现过热、过电流、短路等情况时，便由 CN01 的①脚将故障信号传输给室外机控制电路，实施保护。

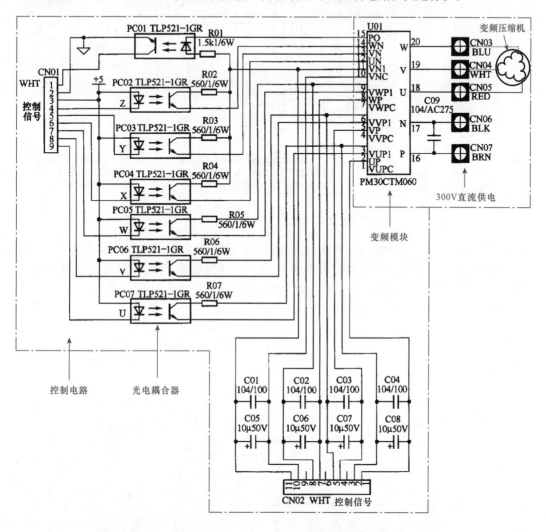

图 10-38　海信 KFR－5001LW/BP 型变频空调器的变频电路原理图

10.4.2　制冷设备中的变频控制过程

制冷设备中的变频电路不同于传统的驱动电路，它主要是通过改变输出电流的频率和电压，来调节压缩机或水泵中的电动机转速。采用变频电路控制的制冷设备，工作效率更高，更加节约能源。下面以典型变频空调器的变频电路为例，介绍一下制冷设备中变频电路的控制过程。图 10-39 所示变频空调器中变频电路的流程框图。

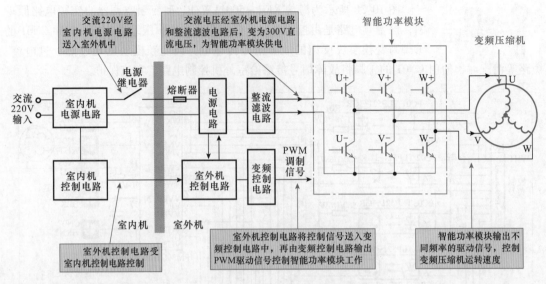

图 10-39　变频空调器中变频电路的流程框图

智能功率模块在控制信号的作用下，将供电部分送入的 300V 直流电压逆变为不同频率的交流电压（变频驱动信号）加到变频压缩机的三相绕组端，使变频压缩机起动，进行变频运转，如图 10-40 所示，压缩机驱动制冷剂循环，进而达到冷热交换的目的。

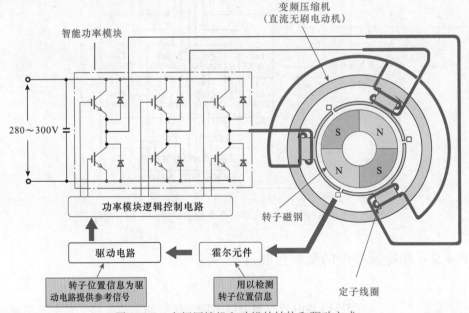

图 10-40　变频压缩机电动机的结构和驱动方式

在变频压缩机电动机（直流无刷电动机）的定子上装有霍尔元件，用以检测转子磁极的旋转位置，为驱动电路提供参考信号，将该信号送入智能控制电路中，与提供给定子线圈的电流相位保持一定关系，再由功率模块中的 6 个三极管进行控制，按特定的规律和频率转换，实现变频压缩机电动机速度的控制。

在变频空调器中，控制电路可根据对室内温度的高低来判断是否需要加大制冷或制热量，进而控制变频电路的工作状态。当室内温度较高时，控制电路识别到该信号后（由室内温度传感器检测），输出的脉冲信号宽度较宽，该信号控制逆变电路中的半导体器件导通时间变长，从而使输出的信号频率升高，变频压缩机处于高速运转状态，空调器中制冷循环加速，进而实现对室内温度降温的功能。

　　当室内温度下降到设定温度时，控制电路也检测到该信号，此时便输出宽度较窄的脉冲信号，该信号控制逆变电路中的半导体器件导通时间变短，输出信号频率降低，压缩机转速下降，空调器中制冷循环变得平缓，从而维持室内温度在某一范围内。

　　在变频压缩机工作过程中，温度到达设定要求时，变频电路控制压缩机处于低速运转状态，进入节能状态，而且有效避免了频繁起动、停机造成的大电流损耗，这就是变频空调器的节能原理。

　　图10-41所示为海信KFR－4539（5039）LW/BP变频空调器的变频电路，该变频电路主要由控制电路、过流检测电路、变频模块和变频压缩机构成。

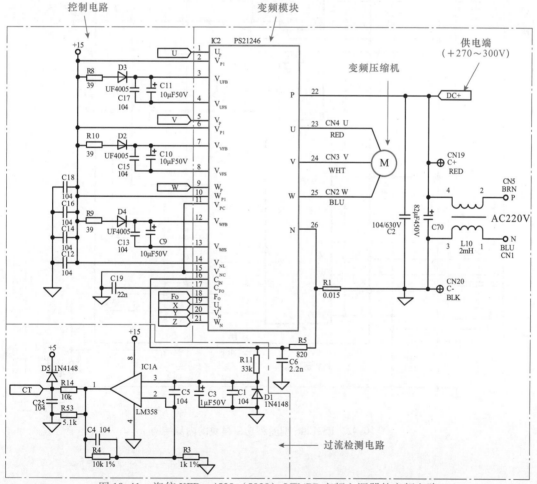

图10-41　海信 KFR－4539（5039）LW/BP 变频空调器的变频电路

提示说明

图10-42 所示为 PS21246 型变频功率模块的内部结构。该模块内部主要由 HVIC1～3 和 LVIC 一共 4 个逻辑控制电路，6 个功率输出 IGBT（门控管）和 6 个阻尼二极管等部分构成。300V 的 P 端为 IGBT 提供电源电压，由供电电路为其中的逻辑控制电路提供 +5V 的工作电压。由微处理器为 PS21246 输入控制信号，经功率模块内部逻辑处理后为 IGBT 控制极提供驱动信号，U、V、W 端为直流无刷电动机绕组提供驱动电流。PS21246 型变频功率模块的引脚功能见表10-2 所列。

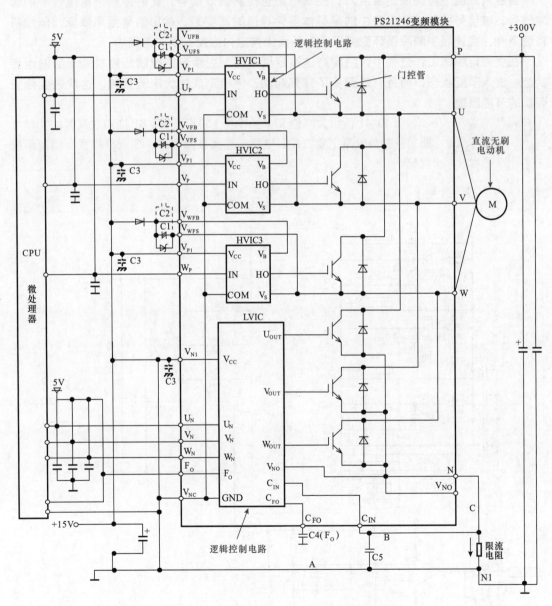

图 10-42 PS21246 型变频功率模块的内部结构

表 10-2　PS21246 型变频功率模块引脚功能

引脚	标识	引脚功能	引脚	标识	引脚功能
①	U_P	功率管 U（上）控制	⑭	V_{N1}	欠电压检测端
②	V_{P1}	模块内 IC 供电 +15V	⑮	V_{NC}	接地
③	V_{UFB}	U 绕组反馈信号输入	⑯	C_{IN}	过电流检测
④	V_{UFS}	U 绕组反馈信号	⑰	C_{FO}	故障输出（滤波端）
⑤	V_P	功率管 V（上）控制	⑱	F_O	故障检测
⑥	V_{P1}	模块内 IC 供电 +15V	⑲	U_N	功率管 U（下）控制
⑦	V_{VFB}	V 绕组反馈信号输入	⑳	V_N	功率管 V（下）控制
⑧	V_{VFS}	V 绕组反馈信号	㉑	W_N	功率管 W（下）控制
⑨	W_P	功率管 W（上）控制	㉒	P	直流供电端
⑩	V_{P1}	模块内 IC 供电 +15V	㉓	U	接电动机绕组 U
⑪	V_{PC}	接地	㉔	V	接电动机绕组 V
⑫	V_{WFB}	W 绕组反馈信号输入	㉕	W	接电动机绕组 W
⑬	V_{WFS}	W 绕组反馈信号	㉖	N	直流供电负端

　　图 10-43 所示为海信 KFR-4539（5039）LW/BP 变频空调器中变频电路的工作过程。电源供电电路为变频模块提供 +15V 直流电压，由室外机控制电路中的微处理器为 PS21246 型变频功率模块 IC2 提供控制信号，经变频模块 IC2 内部电路的放大和变换，为变频压缩机提供变频驱动信号，驱动变频压缩机起动运转。

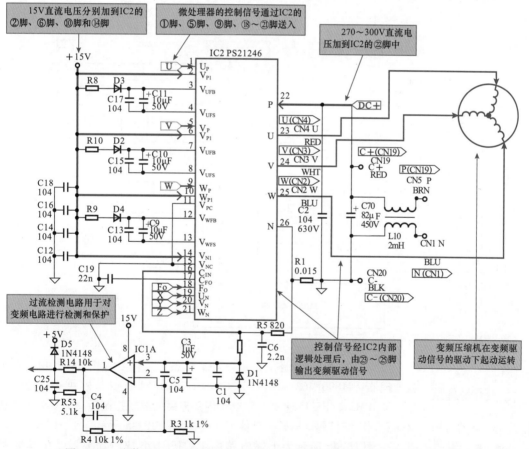

图 10-43　海信 KFR-4539（5039）LW/BP 变频空调器中变频电路的工作过程

　　电源供电电路输出的 +15V 直流电压分别送入 PS21246 型变频功率模块 IC2 的②脚、⑥脚、⑩脚和⑭脚中，为变频模块提供所需的工作电压。变频模块 IC2 的㉒脚为 +300V 电压输入端，为该模块的 IGBT 提供工作电压。

　　室外机控制电路中的微处理器 CPU 为变频模块 IC2 的①脚、⑤脚、⑨脚、⑱~㉑脚提供控制信号，控制变频模块内部的逻辑电路电路工作。控制信号经 PS21246 型变频功率模块 IC2 内部电路的逻辑处理后，由㉓~㉕脚输出变频驱动信号，分别加到变频压缩机的三相绕组端。变频压缩机在变频驱动信号的驱动下起动运转工作。

　　过电流检测电路用于对变频电路进行检测和保护，当变频模块内部的电流值过高时，过电流检测电路便将过电流检测信号送往微处理器中，由微处理器对室外机电路实施保护控制。

　　海信变频空调器 KFR－25GW/06BP 采用智能变频模块作为变频电路对变频压缩机进行调速控制，同时智能变频模块的电流检测信号会送到微处理器中，由微处理器根据信号对变频模块进行保护。

　　图 10-44 所示为海信 KFR－25GW/06BP 型变频空调器中的变频电路部分。该变频电路主要由控制电路、变频模块和变频压缩机等构成。

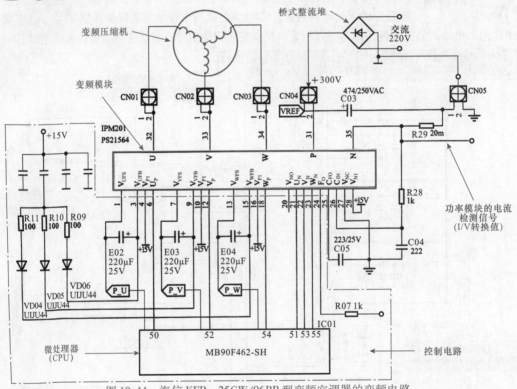

图 10-44　海信 KFR－25GW/06BP 型变频空调器的变频电路

　　该电路中，变频电路满足供电等工作条件后，由室外机控制电路中的微处理器（MB90F462－SH）为 IPM201/PS21564 型变频模块提供控制信号，经 IPM201/PS21564 型变频模块内部电路的逻辑控制后，为变频压缩机提供变频驱动信号，驱动变频压缩机起动运转，具体工作过程如图 10-45 所示。

　　图 10-46 所示为上述电路中 PS21564 型智能功率模块的实物外形、引脚排列及内部结构，其各引脚功能见表 10-3 所列。

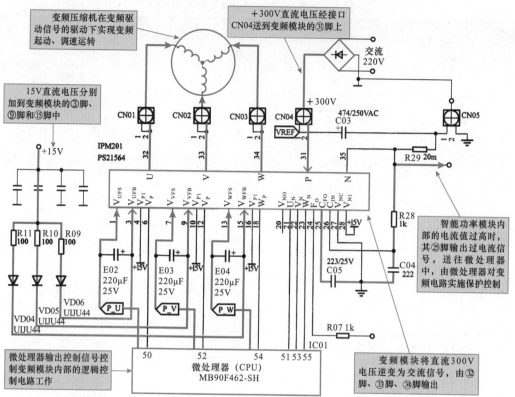

图 10-45 海信 KFR–25GW/06BP 型变频空调器变频电路的工作过程

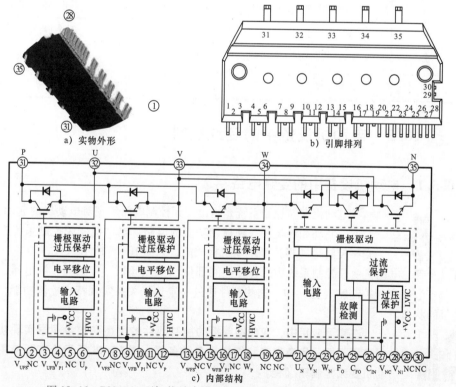

图 10-46 PS21564 型智能功率模块的实物外形、引脚排列及内容结构

表 10-3　PS21564 型智能功率模块引脚功能

引脚	标识	引脚功能	引脚	标识	引脚功能
①	V_{UFS}	U 绕组反馈信号	⑲	NC	空脚
②	NC	空脚	⑳	NC	空脚
③	V_{UFB}	U 绕组反馈信号输入	㉑	U_N	功率管 U（下）控制
④	V_{P1}	模块内 IC 供电 +15V	㉒	V_N	功率管 V（下）控制
⑤	NC	空脚	㉓	W_N	功率管 W（下）控制
⑥	U_P	功率管 U（上）控制	㉔	F_O	故障检测
⑦	V_{VFS}	V 绕组反馈信号	㉕	C_{FO}	故障输出（滤波端）
⑧	NC	空脚	㉖	C_{IN}	过电流检测
⑨	V_{VFB}	V 绕组反馈信号输入	㉗	V_{NC}	接地
⑩	V_{P1}	模块内 IC 供电 +15V	㉘	V_{N1}	欠电压检测端
⑪	NC	空脚	㉙	NC	空脚
⑫	V_P	功率管 V（上）控制	㉚	NC	空脚
⑬	V_{WFS}	W 绕组反馈信号	㉛	P	直流供电端
⑭	NC	空脚	㉜	U	接电动机绕组 W
⑮	V_{WFB}	W 绕组反馈信号输入	㉝	V	接电动机绕组 V
⑯	V_{P1}	模块内 IC 供电 +15V	㉞	W	接电动机绕组 U
⑰	NC	空脚	㉟	N	直流供电负端
⑱	W_P	功率管 W（上）控制	—	—	—

10.5　电动机设备中的变频控制

10.5.1　电动机设备中的变频电路

　　电动机变频控制系统是指由变频控制电路实现对电动机的起动、运转、变速、制动和停机等各种控制功能的电路。电动机变频控制系统主要是由变频控制箱（柜）和电动机构成的，如图 10-47 所示。

　　可以看到，电动机变频控制系统中的各种控制部件（如变频器、接触器、继电器、控制按钮等）都安装在变频控制箱（柜）中，这些部件通过一定连接关系实现特定控制功能，用以控制电动机的状态。

　　在实际应用中，变频控制柜的控制部件的类型和数量根据实现功能的不同有所不同，复杂程度和规模也多种多样，图 10-48 所示为实际应用中的电动机变频控制箱（柜）。

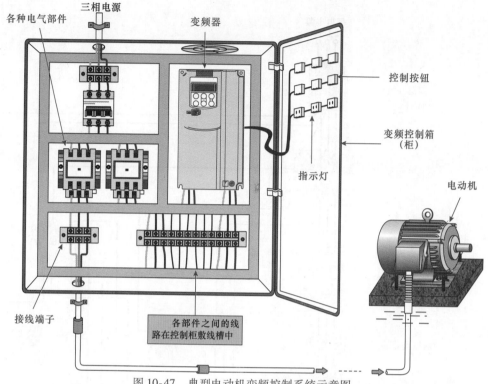

图 10-47 典型电动机变频控制系统示意图

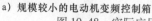

a）规模较小的电动机变频控制箱

b）规模较大的电动机变频控制柜

图 10-48 实际应用中的电动机变频控制箱（柜）

从控制关系和功能来说，不论控制系统是简单还是复杂，是大还是小，电动机的变频控制系统都可以划分为主电路和控制电路两大部分，图10-49所示为典型电动机变频控制系统的连接关系。

在该连接关系图中，可看出不同控制功能的变频控制系统，其主电路部分大体都是相同的，所不同的主要体现在控制电路部分，选用不同的控制部件，并与主电路建立不同的连接关系，即可实现多种多样的控制功能，这也是该类控制系统的主要特点之一。

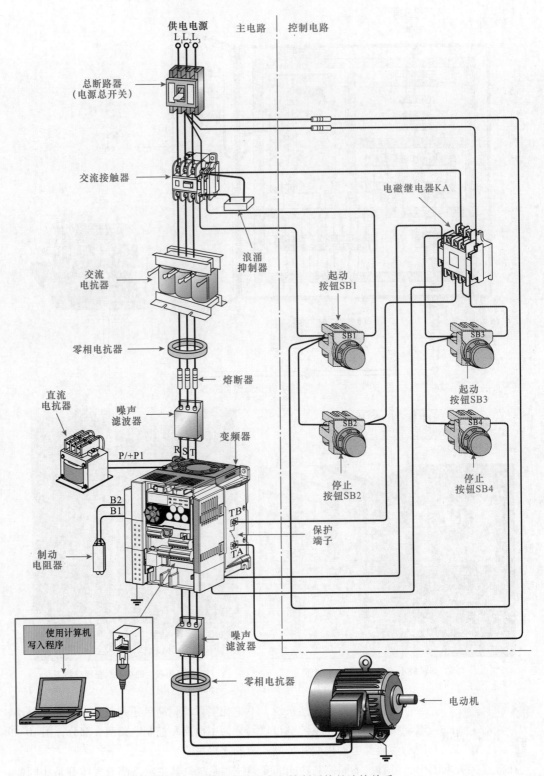

图 10-49　典型电动机变频控制系统的连接关系

10.5.2　电动机设备中的变频控制过程

1. 三相交流电动机的变频控制过程

图 10-50 所示为典型三相交流电动机的点动、连续运行变频调速控制电路。可以看到，该电路主要是由主电路和控制电路两大部分构成的。

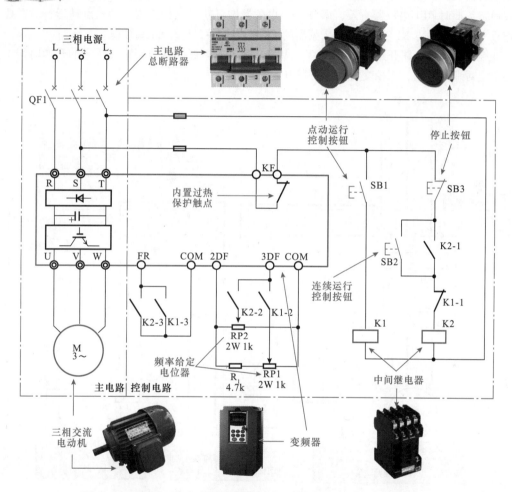

图 10-50　典型三相交流电动机的点动、连续运行变频调速控制电路

主电路部分主要包括主电路总断路器 QF1、变频器内部的主电路（三相桥式整流电路、中间波电路、逆变电路等部分）、三相交流电动机等。

控制电路部分主要包括控制按钮 SB1～SB3、继电器 K1、K2、变频器的运行控制端 FR、内置过热保护端 KF 以及三相交流电动机运行电源频率给定电位器 RP1、RP2 等。

控制按钮用于控制继电器的线圈，从而控制变频器电源的通断，进而控制三相交流电动机的起动和停止；同时继电器触点控制频率给定电位器的有效性，通过调整电位器控制三相交流电动机的转速。

（1）点动运行控制过程

图 10-51 所示为三相交流电动机的点动、连续运行变频调速控制电路的点动运行起动控制过程。合上主电路的总断路器 QF1，接通三相电源，变频器主电路输入端 R、S、T 得电，控制电路部分也接通电源进入准备状态。

当按下点动控制按钮 SB1 时，继电器 K1 线圈得电，常闭触点 K1－1 断开，实现联锁控制，防止继电器 K2 得电；常开触点 K1－2 闭合，变频器的 3DF 端与频率给定电位器 RP1 及 COM 端构成回路，此时 RP1 电位器有效，调节 RP1 电位器即可获得三相交流电动机点动运行时需要的工作频率；常开触点 K1－3 闭合，变频器的 FR 端经 K1－3 与 COM 端接通。

变频器内部主电路开始工作，U、V、W 端输出变频电源，电源频率按预置的升速时间上升至与给定对应的数值，三相交流电动机得电起动运行。

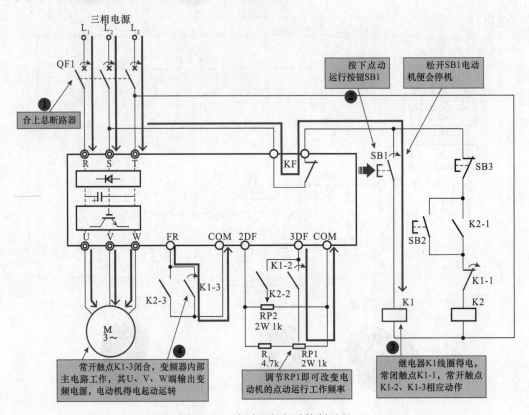

图 10-51　点动运行起动控制过程

电动机运行过程中，若松开按钮开关 **SB1**，则继电器 **K1** 线圈失电，常闭触点 **K1－1** 复位闭合，为继电器 **K2** 工作做好准备；常开触点 **K1－2** 复位断开，变频器的 **3DF** 端与频率给定电位器 **RP1** 触点被切断；常开触点 **K1－3** 复位断开，变频器的 **FR** 端与 **COM** 端断开，变频器内部主电路停止工作，三相交流电动机失电停转。

（2）连续运行控制过程

图 10-52 所示为三相交流电动机的点动、连续运行变频调速控制电路的连续运行启动控制过程。

当按下连续控制按钮SB2时，继电器K2线圈得电，常开触点K2－1闭合，实现自锁功能（当手松开按钮SB2后，继电器K2仍保持得电）；常开触点K2-2闭合，变频器的3DF端与频率给定电位器RP2及COM端构成回路，此时RP2电位器有效，调节RP2电位器即可获得三相交流电动机连续运行时需要的工作频率；常开触点K2-3闭合，变频器的FR端经K2-3与COM端接通。

　　变频器内部主电路开始工作，U、V、W端输出变频电源，电源频率按预置的升速时间上升至与给定对应的数值，三相交流电动机得电起动运行。

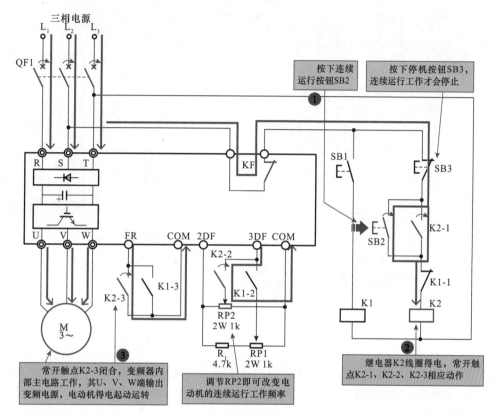

图 10-52　连续运行起动控制过程

 变频电路所使用的变频器都具有过热、过载保护功能，若电动机出现过载、过热故障时，变频器内置过热保护触点（KF）便会断开，将切断继电器线圈供电，变频器主电路断电，三相交流电动机停转，起到过热保护的功能。

2. 单水泵恒压供水的变频控制

　　图10-53所示为单水泵恒压供水变频控制原理示意图。在实际恒压供水系统中，一般在管路中安装有压力传感器，由压力传感器检测管路中水的压力大小，并将压力信号转换为电信号，送至变频器中，通过变频器来对水泵电动机进行控制，进而对供水量进行控制，以满足工业设备对水量的需求。

　　当用水量减少，供水能力大于用水需求时，水压上升，实际反馈信号 X_F 变大，目标给定信号 X_T 与 X_F 的差减小，该比较信号经PID处理后的频率给定信号变小，变频器输出频率下降，水泵电动机M1转速下降，供水能力下降。

　　当用水量增加，供水能力小于用水需求时，水压下降，实际反馈信号 X_F 减小，目标给定信

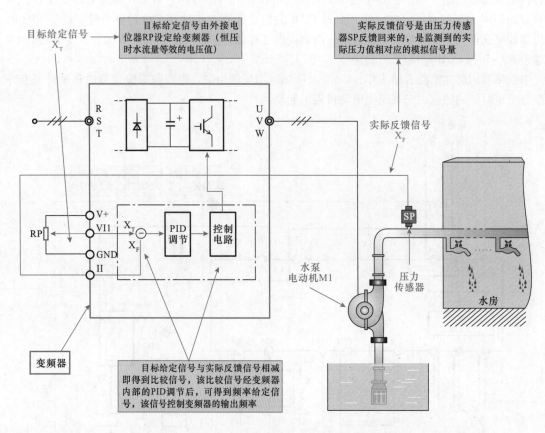

图 10-53　单水泵恒压供水变频控制原理示意图

号 X_T 与 X_F 的差增大，PID 处理后的频率给定信号变大，变频器输出频率上升，水泵电动机 M1 转速上升，供水能力提高，直到压力大小等于目标值、供水能力与用水需求之间达到平衡为止，即实现恒压供水。

对供水系统进行控制，流量是最根本的控制对象，而管道中水的压力就可作为控制流量变化的参考变量。若要保持供水系统中某处压力的恒定，只需保证该处的供水量同用水量处于平衡状态既可，即实现恒压供水。

图 10-54 所示为典型的单水泵恒压供水变频控制电路。从图中可以看到，该电路主要是由主电路和控制电路两大部分构成的，其中主电路包括变频器、变频供电接触器 KM1 与 KM2 的主触点 KM1－1 与 KM2－1、工频供电接触器 KM3 的主触点 KM3－1、压力传感器 SP 以及水泵电动机等部分；控制电路则主要是由变频供电起动按钮 SB1、变频供电停止按钮 SB2、变频运行起动按钮 SB3、变频运行停止按钮 SB4、工频运行停止按钮 SB5、工频运行起动控制按钮 SB6、中间继电器 KA1 与 KA2、时间继电器 KT1 及接触器 KM1、KM2、KM3 及其辅助触点等部分组成。

该电路中采用康沃 CVF－P2 风机/水泵专用变频器，其内部有自带的 PID 调节器，采用 U/f 控制方式。该变频器具有变频/工频切换控制功能，可在变频电路发生故障或维护检修时，切换到工频状态维持供水系统工作。

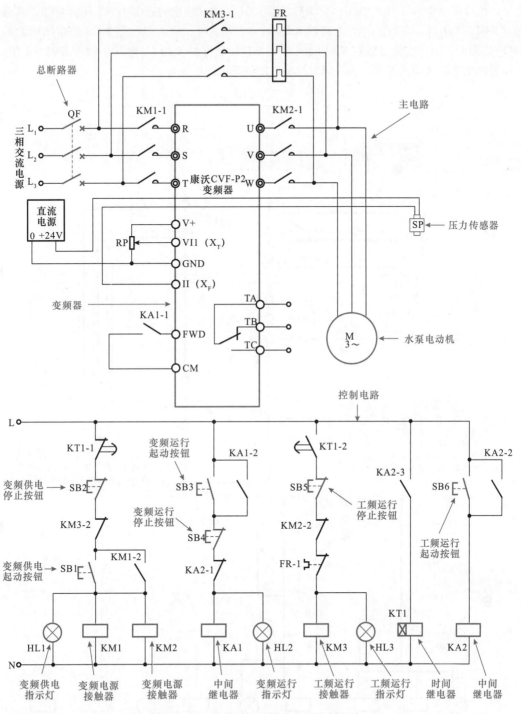

图 10-54　单水泵恒压供水变频控制电路

（1）水泵电动机变频控制过程

　　　　图 10-55 所示为水泵电动机在变频器控制下的工作过程。首先合上总断路器 QF，按下变频供电起动按钮 SB1，交流接触器 KM1、KM2 线圈同时

得电，变频供电指示灯 HL1 点亮；交流接触器 KM1 的常开辅助触点 KM1-2 闭合自锁，常开主触点 KM1-1 闭合，变频器的主电路输入端 R、S、T 得电；交流接触器 KM2 的常闭辅助触点 KM2-2 断开，防止交流接触器 KM3 线圈得电（起联锁保护作用），常开主触点 KM2-1 闭合，变频器输出端与电动机相连，为变频器控制电动机运行做好准备。

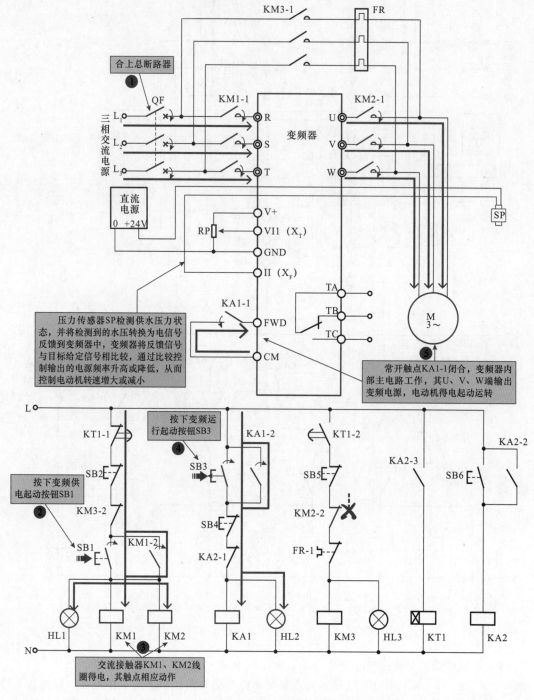

图 10-55　水泵电动机在变频器控制下的工作过程

然后按下变频运行起动按钮 SB3，中间继电器 KA1 线圈得电，同时变频运行指示灯 HL2 点亮；中间继电器 KA1 的常开辅助触点 KA1 - 2 闭合自锁，常开辅助触点 KA1 - 1 闭合，变频器 FWD 端子与 CM 端子短接，变频器接收到起动指令（正转），内部主电路开始工作，U、V、W 端输出变频电源，经 KM2 - 1 后加到水泵电动机的三相绕组上。水泵电动机开始起动运转，将蓄水池中的水通过管道送入水房，进行供水。

水泵电动机工作时，供水系统中的压力传感器 SP 检测供水压力状态，并将检测到的水压转换为电信号反馈到变频器端子 II（X_F）上，变频器将反馈信号与初始目标设定端子 VI1（X_T）给定信号相比较，将比较信号经变频器内部 PID 调节处理后得到频率给定信号，用于控制变频器输出的电源频率升高或降低，从而控制电动机转速增大或减小。

若需要变频控制线路停机时，按下变频运行停止按钮 SB4 即可。若需要对变频电路进行检修或长时间不使用控制电路时，需按下变频供电停止按钮 SB2 以及断开总断路器 QF，切断供电电路。

（2）水泵电动机工频控制过程

该控制电路具有工频 - 变频转换功能，当变频线路维护或故障时，可将工作模式切换到工频运行状态。图 10-56 所示为水泵电动机在工频控制下的工作过程。

首先按下工频运行起动按钮 SB6，中间继电器 KA2 线圈得电，其常开触点 KA2 - 2 闭合自锁；常闭触点 KA2 - 1 断开，中间继电器 KA1 线圈失电，所有触点均复位，其中 KA1 - 1 复位断开，切断变频器运行端子回路，变频器停止输出，同时变频运行指示灯 HL2 熄灭。

中间继电器 KA2 的常开触点 KA2 - 3 闭合，时间继电器 KT1 线圈得电，其延时断开触点 KT1 - 1 延时一段时间后断开，交流接触器 KM1、KM2 线圈均失电，所有触点均复位，主电路中将变频器与三相交流电源断开，同时变频电路供电指示灯 HL1 熄灭。

时间继电器 KT1 的延时闭合的触点 KT1 - 2 延时一段时间后闭合，工频运行接触器 KM3 线圈得电，同时，工频运行指示灯 HL3 点亮。

工频运行接触器 KM3 的常闭辅助触点 KM3 - 2 断开，防止交流接触器 KM2、KM1 线圈得电（起联锁保护作用）；常开主触点 KM3 - 1 闭合，水泵电动机接入工频电源，开始运行。

在变频器控制电路中，进行工频/变频切换时需要注意：（1）电动机从变频控制电路切出前，变频器必须停止输出。（2）当变频运行切换到工频运行时，需采用同步切换的方法，即切换前变频器输出频率应达到工频（50Hz），切换后延时 0.2～0.4s，此时电动机的转速应控制在额定转速的 80% 以内。（3）当由工频运行切换到变频运行时，应保证变频器的输出频率与电动机的运行频率一致，以减小冲击电流。

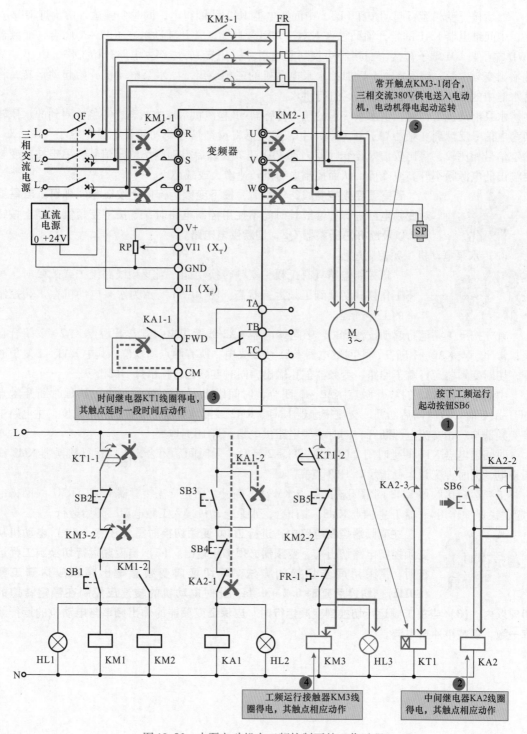

图 10-56　水泵电动机在工频控制下的工作过程

第⑪章

PLC 与 PLC 控制技术

11.1 PLC 的种类和结构特点

11.1.1 PLC 的种类特点

目前，PLC 在全世界的工业控制中被大范围采用。PLC 的生产厂家不断涌现，推出的产品种类繁多，功能各具特色。其中，美国的 AB 公司、通用电气公司，德国的西门子公司，法国的 TE 公司，日本的欧姆龙、三菱、富士等公司，都是目前市场上非常主流且极具有代表性的生产厂家。目前国内也自行研制、开发、生产出许多小型 PLC，应用于更多的有各类需求的自动化控制系统中。

在世界范围内（包括国内市场），西门子、三菱、欧姆龙、松下等公司的产品占有率较高、普及应用较广，大致介绍一下这些典型 PLC 相关产品信息。

1. 西门子 PLC

德国西门子（SIEMENS）公司的 PLC 系列产品在中国的推广较早，在很多的工业生产自动化控制领域，都曾有过经典的应用。从某种意义上说，西门子系列 PLC 决定了现代可编程序控制器发展的方向。

西门子公司为了满足用户的不同要求，推出了多种 PLC 产品，这里主要以西门子 S7 类 PLC（包括 S7 - 200 系列、S7 - 300 系列和 S7 - 400 系列）产品为例进行介绍。

西门子 S7 类 PLC 产品主要有 PLC 主机（CPU 模块）、电源模块（PS）、信号模块（SM）、通信模块（CP）、功能模块（FM）、接口模块（IM）等部分，如图 11-1 所示。

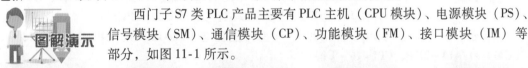

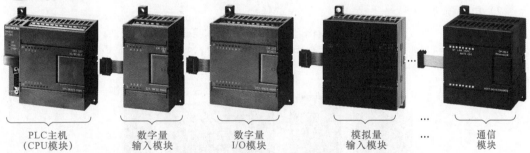

| PLC主机
（CPU模块） | 数字量
输入模块 | 数字量
I/O模块 | 模拟量
输入模块 | 通信
模块 |

图 11-1 典型西门子 PLC 的实物外形

（1）PLC 主机

PLC 的主机（也称 CPU 模块）是将 CPU、基本输入/输出和电源等集成封装在一个独立、紧凑的设备中，从而构成了一个完整的微型 PLC 系统。因此，该系列的 PLC 主机可以单独构成一个独立的控制系统，并实现相应的控制功能。

 图 11-2 所示为几种典型西门子 PLC 主机的实物外形。

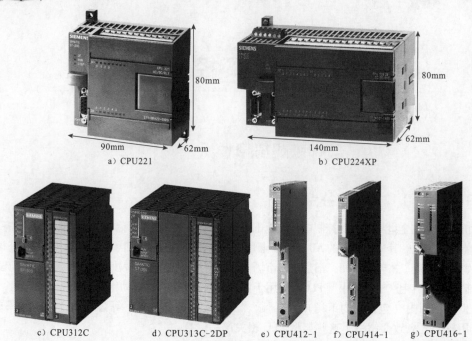

a）CPU221　　　　　　　　　　b）CPU224XP

c）CPU312C　　d）CPU313C-2DP　　e）CPU412-1　　f）CPU414-1　　g）CPU416-1

图 11-2　几种典型西门子 PLC 主机的实物外形

西门子 S7 -200 系列 PLC 主机的 CPU 包括多种型号，主要有 CPU221、CPU222、CPU224、CPU224XP/CPUXPsi、CPU226 等几种。

西门子 S7 -300 系列 PLC 常见的 CPU 型号主要有 CPU313、CPU314、CPU315/CPU315 -2DP、CPU316 -2DP、CPU312IFM、CPU312C、CPU313C、CPU315F 等。

西门子 S7 - 400 系列 PLC 常见的 CPU 型号主要有 CPU412 -1、CPU413 -1/413 -2、CPU414 -1/414 -2DP、CPU416 -1 等。

（2）电源模块（PS）

电源模块是指由外部为 PLC 供电的功能单元，在西门子 S7 -300 系列、西门子 S7 -400 系列中比较多见，图 11-3 所示为几种西门子 PLC 电源模块实物外形。

a）PS305　b）PS307（5A）　c）PS307（10A）　d）PS407

图 11-3　几种西门子 PLC 电源模块实物外形

不同型号的PLC所采用的电源模块不相同，西门子S7300系列PLC采用的电源模块主要有PS305和PS307两种，西门子S7－400系列PLC采用的电源模块主要有PS405和PS407两种。不同类型的电源模块，其供电方式也不相同，可根据产品附带的参数表了解。

（3）信号扩展模块

各类型的西门子PLC在实际应用中，为了实现更强的控制功能可以采用扩展I/O点的方法扩展其系统配置和控制规模，其中各种扩展用的I/O模块统称为信号扩展模块（SM）。不同类型的PLC所采用的信号扩展模块不同，但基本都包含了数字量扩展模块和模拟量扩展模块两种。

图11-4为典型数字量扩展模块和模拟量扩展模块实物外形。

a）EM221（AC） S7-200系列PLC 数字量输入模块	b）SM321 S7-300系列PLC 数字量输入模块	c）EM223（DC） S7-200系列PLC 数字量I/O输出模块	d）SM323 S7-300系列PLC 数字量I/O模块	e）SM422 S7-400系列PLC 数字量输出模块

f）EM232 S7-200系列PLC 模拟量输入模块	g）EM235 S7-200系列PLC 模拟量I/O模块	h）SM334 S7-300系列PLC 模拟量I/O模块	i）SM431 S7-400系列PLC 模拟量输入模块

图11-4 典型数字量扩展模块和模拟量扩展模块实物外形

西门子各系列PLC中除本机集成的数字量I/O端子外，可连接数字量扩展模块（DI/DO）用以扩展更多的数字量I/O端子。

在PLC的数字系统中，不能输入和处理连续的模拟量信号，但在很多自动控制系统所控制的量为模拟量，因此为使PLC的数字系统可以处理更多的模拟量，除本机集成的模拟量I/O端子外，可连接模拟量扩展模块（AI/AO）用以扩展更多的模拟量I/O端子。

（4）通信模块（CP）

西门子PLC有很强的通信功能，除其CPU模块本身集成的通信接口外，还扩展连接通信模块，用以实现 PLC 与 PLC 之间、PLC 与计算机之间、PLC 与其他功能设备之间的通信。

图 11-5 所示为西门子 S7 系列常用的通信模块实物外形。不同型号的 PLC 可扩展不同类型或型号的通信模块，用以实现强大的通信功能。

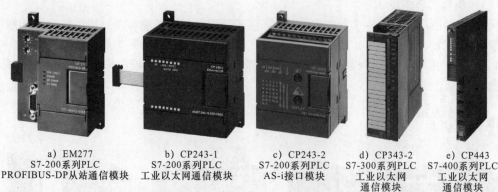

| a）EM277 S7-200系列PLC PROFIBUS-DP从站通信模块 | b）CP243-1 S7-200系列PLC 工业以太网通信模块 | c）CP243-2 S7-200系列PLC AS-i接口模块 | d）CP343-2 S7-300系列PLC 工业以太网 通信模块 | e）CP443 S7-400系列PLC 工业以太网 通信模块 |

图 11-5　西门子 S7 系列常用的通信模块实物外形

（5）功能模块（FM）

功能模块（FM）主要用于要求较高的特殊控制任务，西门子 PLC 中常用的功能模块主要有计数器模块、进给驱动位置控制模块、步进电动机定位模块、伺服电动机定位模块、定位和连续路径控制模块、闭环控制模块、称重模块、位置输入模块和超声波位置解码器等。

图 11-6 所示为西门子 S7 系列常用的功能模块实物外形。

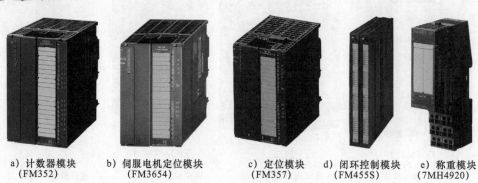

| a）计数器模块 （FM352） | b）伺服电机定位模块 （FM3654） | c）定位模块 （FM357） | d）闭环控制模块 （FM455S） | e）称重模块 （7MH4920） |

图 11-6　西门子 S7 系列常用的功能模块实物外形

（6）接口模块（IM）

接口模块（IM）用于组成多机架系统时连接主机架（CR）和扩展机架（ER），多应用于西门子 S7 – 300/400 系列 PLC 系统中。

图 11-7 所示为西门子 S7 – 300/400 系列常用的接口模块实物外形。

a）IM360
S7-300系列PLC
多机架扩展接口模块

b）IM361
S7-300系列PLC
多机架扩展接口模块

c）IM460
S7-400系列PLC
中央机架发送接口模块

图 11-7　西门子 S7-300/400 系列常用的接口模块实物外形

　不同类型的接口模块功能特点和规格也不相同，各接口模块的特点及规格见表 11-1 所列。

表 11-1　各接口模块的特点及规格见所列

PLC 系列及接口模块		特点及应用
S7-300	IM365	专用于 S7-300 的双机架系统扩展，IM365 发送接口模块安装在主机架中；IM365 接收模块安装在扩展机架中，两个模块之间通过 368 连接电缆连接
	IM360 IM361	IM360 和 IM361 接口模块必须配合使用，用于 S7-300 的多机架系统扩展。其中，IM360 必须安装在主机架中；IM361 安装在扩展机架中，通过 368 电缆连接
S7-400	IM460-X 用于中央机架的发送接口模块	IM460-0 与 IM461-0 配合使用，属于集中式扩展，最大距离 3m
		IM460-1 与 IM461-1 配合使用，属于集中式扩展，最大距离 1.5m
	IM461-X 用于扩展机架的接收接口模块	IM460-3 与 IM461-3 配合使用，属于分布式扩展，最大距离 100m
		IM460-4 与 IM461-4 配合使用，属于分布式扩展，最大距离 605m

（7）其他扩展模块

西门子 PLC 系统中，除上述的基本组成模块和扩展模块外，还有一些其他功能的扩展模块，该类模块一般作为一系列 PLC 专用的扩展模块。

例如，热电偶或热电阻扩展模块（EM231），该模块是专门与 S7-200（CPU224、CPU224XP、CPU226、CPU226XM）PLC 匹配使用的，它是一种特殊的模拟量扩展模块，可以直接连接热电偶（TC）或热电阻（RTD）以测量温度。该温度值可通过模拟量通道直接被用户程序访问。

2. 三菱 PLC

　三菱公司为了满足各行各业不同的控制需求，推出了多种系列型号的 PLC，如 Q 系列、AnS 系列、QnA 系列、A 系列和 FX 系列等，如图 11-8 所示。

同样，三菱公司为了满足用户的不同要求，也在 PLC 主机的基础上，推出了多种 PLC 产品，这里主要以三菱 FX 系列 PLC 产品为例进行介绍。

　三菱 FX 系列 PLC 产品中，除了 PLC 基本单元（相当于我们上述的 PLC 主机）外，还包括扩展单元、扩展模块以及特殊功能模块等，这些产品可以结合构成不同的控制系统，如图 11-9 所示。

三菱Q系列PLC　　　　　三菱QnA系列PLC　　　　　三菱FX系列PLC

图 11-8　三菱各系列型号的 PLC

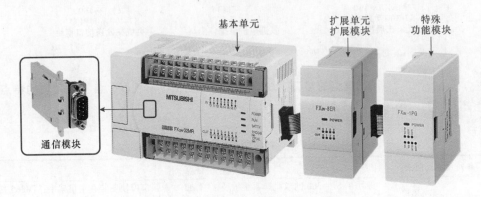

图 11-9　三菱 FX 系列 PLC 产品

（1）基本单元

三菱 PLC 的基本单元是 PLC 的控制核心，也称为主单元，主要由 CPU、存储器、输入接口、输出接口及电源等构成，是 PLC 硬件系统中的必选单元。

图 11-10 所示为三菱 FX_{2N} 系列 PLC 的基本单元实物外形。它是 FX 系列中最为先进的系列，其 I/O 点数在 256 点以内。

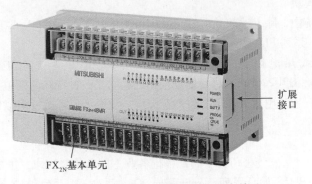

图 11-10　三菱 FX_{2N} 系列 PLC 的基本单元

三菱 FX_{2N} 系列 PLC 的基本单元主要有 25 种产品类型，每一种类型的基本单元通过 I/O 扩展单元都可扩展到 256 个 I/O 点，根据其电源类型的不同 25 种类型的 FX_{2N} 系列 PLC 基本单元可分为交流电源和直流电源两大类。表 11-2 所列为三菱 FX_{2N} 系列 PLC 基本单元的类型及 I/O 点数。

表 11-2 三菱 FX_{2N} 系列 PLC 基本单元的类型及 I/O 点数

AC 电源、24V 直流输入				
继电器输出	三极管输出	晶闸管输出	输入点数	输出点数
FX_{2N} – 16MR – 001	FX_{2N} – 16MT – 001	FX_{2N} – 16MS – 001	8	8
FX_{2N} – 32MR – 001	FX_{2N} – 32MT – 001	FX_{2N} – 32MS – 001	16	16
FX_{2N} – 48MR – 001	FX_{2N} – 48MT – 001	FX_{2N} – 48MS – 001	24	24
FX_{2N} – 64MR – 001	FX_{2N} – 64MT – 001	FX_{2N} – 64MS – 001	32	32
FX_{2N} – 80MR – 001	FX_{2N} – 80MT – 001	FX_{2N} – 80MS – 001	40	40
FX_{2N} – 128MR – 001	FX_{2N} – 128MT – 001	—	64	64
DC 电源、24V 直流输入				
继电器输出	三极管输出		输入点数	输出点数
FX_{2N} – 32MR – D	FX_{2N} – 32MT – D		16	16
FX_{2N} – 48MR – D	FX_{2N} – 48MT – D		24	24
FX_{2N} – 64MR – D	FX_{2N} – 64MT – D		32	32
FX_{2N} – 80MR – D	FX_{2N} – 80MT – D		40	40

（2）扩展单元

扩展单元是一个独立的扩展设备，通常接在 PLC 基本单元的扩展接口或扩展插槽上，用于增加 PLC 的 I/O 点数及供电电流的装置，内部设有电源，但无 CPU，因此需要与基本单元同时使用。当扩展组合供电电流总容量不足时，就须在 PLC 硬件系统中增设扩展单元进行供电电流容量的扩展。图 11-11 所示为三菱 FX_{2N} 系列 PLC 的扩展单元。

FX_{2N}-32ER
扩展单元

图 11-11 三菱 FX_{2N} 系列 PLC 的扩展单元

三菱 FX_{2N} 系列 PLC 的扩展单元主要有 6 种类型，根据其输出类型的不同 6 种类型的 FX_{2N} 系列 PLC 扩展单元可分为继电器输出和三极管输出两大类。表 11-3 所列为三菱 FX_{2N} 系列 PLC 扩展单元的类型及 I/O 点数。

表 11-3 三菱 FX_{2N} 系列 PLC 扩展单元的类型及 I/O 点数

继电器输出	三极管输出	I/O 点总数	输入点数	输出点数	输入电压	类型
FX_{2N} – 32ER	FX_{2N} – 32ET	32	16	16	24V 直流	漏型
FX_{2N} – 48ER	FX_{2N} – 48ET	48	24	24		
FX_{2N} – 48ER – D	FX_{2N} – 48ET – D	48	24	24		

（3）扩展模块

三菱 PLC 的扩展模块是用于增加 PLC 的 I/O 点数及改变 I/O 比例的装置，内部无电源和 CPU，因此需要与基本单元配合使用，并由基本单元或扩展单元供电，如图 11-12 所示。

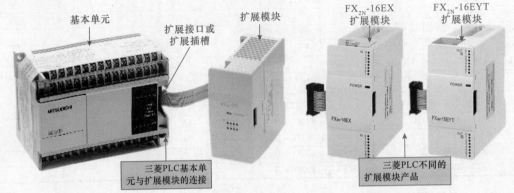

图 11-12　扩展模块

三菱 FX$_{2N}$ 系列 PLC 的扩展模块主要有 3 种类型，分别为 FX$_{2N}$ – 16EX、FX$_{2N}$ – 16EYT、FX$_{2N}$ – 16EYR，其各类型扩展模块的类型及 I/O 点数见表 11-4 所列。

表 11-4　三菱 FX$_{2N}$ 系列 PLC 扩展模块的类型及 I/O 点数

型号	I/O 点总数	输入点数	输出点数	输入电压	输入类型	输出类型
FX$_{2N}$ – 16EX	16	16	—	24V 直流	漏型	—
FX$_{2N}$ – 16EYT	16	—	16	—	—	三极管
FX$_{2N}$ – 16EYR	16	—	16	—	—	继电器

（4）特殊功能模块

特殊功能模块是 PLC 中的一种专用的扩展模块，如模拟量 I/O 模块、通信扩展模块、温度控制模块、定位控制模块、高速计数模块、热电偶温度传感器输入模块、凸轮控制模块等。

图 11-13 所示为几种特殊功能模块的实物外形。我们可以根据实际需要有针对性地对某种特殊功能模块产品进行详细了解，这里不再一一介绍。

a）模拟量输出模块
FX$_{2N}$-4DA

b）RS-485通信扩展板
FX$_{2N}$-485-BD

c）FX$_{2N}$-422-BD
通讯扩展板
嵌入位置

d）脉冲输出模块
FX$_{2N}$-1PG

图 11-13　几种特殊功能模块产品的实物外形

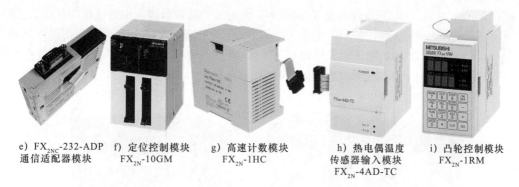

e) FX_{2NC}-232-ADP 通信适配器模块 FX_{2N}-10GM f) 定位控制模块 g) 高速计数模块 FX_{2N}-1HC h) 热电偶温度 传感器输入模块 FX_{2N}-4AD-TC i) 凸轮控制模块 FX_{2N}-1RM

图 11-13 几种特殊功能模块产品的实物外形（续）

3. 松下 PLC

松下 PLC 是目前国内比较常见的 PLC 产品之一，其功能完善，性价比较高，图 11-14 所示为松下 PLC 不同系列产品的实物外形图。松下 PLC 可分为小型的 FP–X、FP0、FP1、FPΣ、FP–e 系列产品；中型的 FP2、FP2SH、FP3 系列；大型的 EP5 系列等。

松下EP-X系列的PLC　　松下FP系列的PLC

图 11-14 松下系列的 PLC 实物外形图

松下 PLC 的主要功能特点。

- 具有超高速处理功能，处理基本指令只需 0.32μs，还可快速扫描。
- 程序容量大，容量可达到 32k 步。
- 具有广泛的扩展性，I/O 最多为 300 点。还可通过功能扩展插件、扩展 FP0 适配器，使扩展范围更进一步扩大。
- 可靠性和安全性保证，8 位密码保护和禁止上传功能，可以有效地保护系统程序。
- 通过普通 USB 电缆线（AB 型）即可与计算机实现连接。
- 部分产品具有指令系统，功能十分强大。
- 部分产品采用了可以识别 FP–BASIC 语言的 CPU 及多种智能模块，可以设计十分复杂的控制系统。
- FP 系列都配置通信机制，并且使用的应用层通信协议具有一致性，可以设计多级 PLC 网络控制系统。

4. 欧姆龙 PLC

日本欧姆龙（OMRON）公司的 PLC 较早进入中国市场，开发了最大的 I/O 点数在 140 点以下的 C20P、C20 等微型 PLC；最大 I/O 点数在 2048 点的 C2000H 等大型 PLC，图 11-15 所示为欧姆龙 PLC 系列产品的实物外形，该公司产品被广泛用于自动化系统设计的产品中。

欧姆龙CP1H系列的PLC　　　　　　　　　欧姆龙CP1L系列的PLC

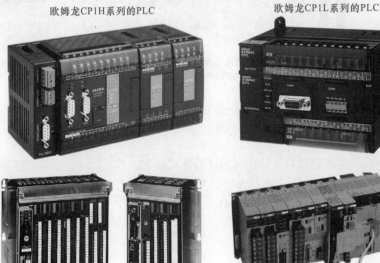

欧姆龙PLC5系列的PLC　　　　　　　　欧姆龙C200H系列的PLC

图 11-15　欧姆龙 PLC 系列产品的实物外形

欧姆龙公司对可编程序控制器及其软件的开发有自己的特殊风格。例如：C2000H 大型 PLC 是将系统存储器、用户存储器、数据存储器和实际的输入输出接口、功能模块等，统一按绝对地址形式组成系统。它把数据存储和电器控制使用的术语合二为一。命名数据区为 I/O 继电器、内部负载继电器、保持继电器、专用继电器、定时器/计数器。

11.1.2　PLC 的结构特点

PLC 的全称是可编程序控制器。是在继电器、接触器控制和计算机技术的基础上，逐渐发展起来的以微处理器为核心，集微电子技术、自动化技术、计算机技术、通信技术为一体，以工业自动化控制为目标的新型控制装置。图 11-16 所示为典型 PLC 的实物外形。

图 11-16　典型 PLC 的实物外形

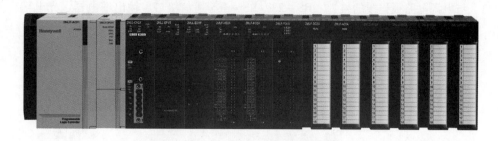

图 11-16 典型 PLC 的实物外形（续）

"可编程序"从字面意思理解就是"可以编写程序"，结合起来就是"可以编写程序的控制器"，它的意思是说，这种控制器内部的控制程序是可以再编写的，通过写入不同的应用程序就可以实现不同的控制功能了。

图 11-17 所示为典型西门子 PLC 拆开外壳后的内部结构图。PLC 内部主要由三块电路板构成，分别是 CPU 电路板、输入/输出接口电路板和电源电路板。

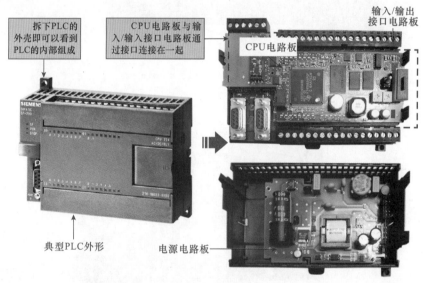

图 11-17 典型西门子 PLC 拆开外壳的内部结构图（西门子 S7 – 200 系列 PLC）

1. CPU 电路板

CPU 电路板主要用于完成 PLC 的运算、存储和控制功能。图 11-18 所示为 CPU 电路板结构，可以看到，该电路板上设有微处理器芯片、存储器芯片、PLC 状态指示灯、输出 LED 指示灯、输入 LED 指示灯、模式选择转换开关、模拟量调节电位器、电感器、电容器、与输入/输出接口电路板连接的接口等。

2. 输入/输出接口电路板

输入/输出接口电路板主要用于对 PLC 输入、输出信号的处理。图 11-19所示为输入/输出接口电路板的结构，可以看到，该电路板主要由输入接口、输出接口、电源输入接口、传感器输出接口、与 CPU 电路板连接的接口、与电源电路板连接的接口、RS－232/RS－485 通信接口、输出继电器、光电耦合器等构成。

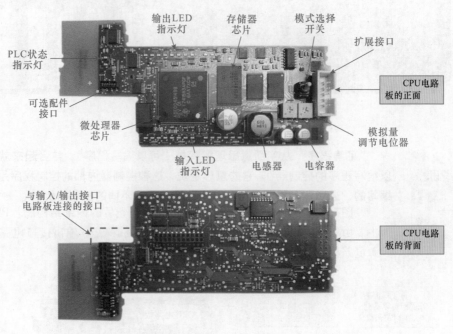

图 11-18　CPU 电路板的结构

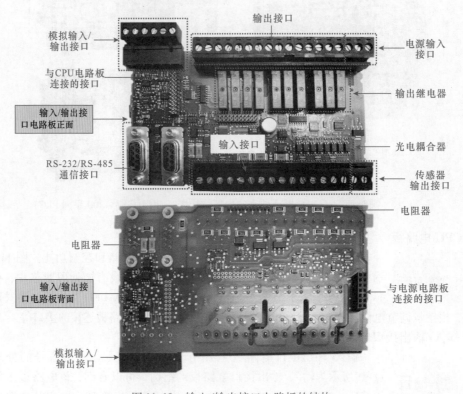

图 11-19　输入/输出接口电路板的结构

3. 电源电路板

电源电路板主要用于为 PLC 内部各电路提供所需的工作电压。图11-20 所示为电源电路板的结构，可以看到，该电路板主要由桥式整流堆、压敏电阻器、电容器、变压器、与输入/输出接口电路板连接的接口等构成。

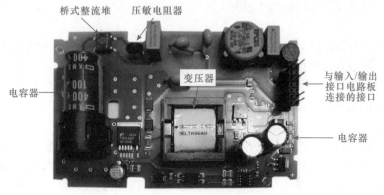

图 11-20　电源电路板的结构

11.2　PLC 的技术特点与应用

11.2.1　PLC 的技术特点

图 11-21 所示为 PLC 的整机工作原理示意图，可以看到，PLC 可以划分成 CPU、存储器、通信接口、基本 I/O 接口、电源共 5 部分。

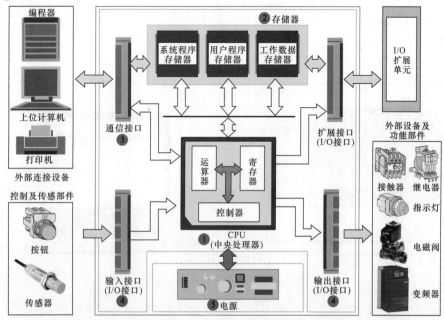

图 11-21　PLC 的整机工作原理示意图

控制及传感部件发出的状态信息和控制指令通过输入接口（I/O 接口）送入到存储器的工作数据存储器中。在 CPU 的控制下，这些数据信息会从工作数据存储器中调入 CPU 的寄存器，与 PLC 认可的编译程序结合，由运算器进行数据分析、运算和处理。最终，将运算结果或控制指令通过输出接口传送给继电器、电磁阀、指示灯、蜂鸣器、电磁线圈、电动机等外部设备及功能部件。这些外部设备及功能部件即会执行相应的工作。

1. CPU

CPU（中央处理器）是 PLC 的控制核心，它主要由控制器、运算器和寄存器三部分构成。通过数据总线、控制总线和地址总线与其内部存储器及 I/O 接口相连。

CPU 的性能决定了 PLC 的整体性能。不同的 PLC 配有不同的 CPU，其主要作用是接收、存储由编程器输入的用户程序和数据，对用户程序进行检查、校验、编译，并执行用户程序。

2. 存储器

PLC 的存储器一般分为系统程序存储器、用户程序存储器和工作数据存储器。其中，系统程序存储器为只读存储器（ROM），用于存储系统程序。系统程序是由 PLC 制造厂商设计编写的，用户不能直接读写和更改。一般包括系统诊断程序、输入处理程序、编译程序、信息传送程序、监控程序等。

用户程序存储器为随机存储器（RAM），用于存储用户程序。用户程序是用户根据控制要求，按系统程序允许的编程规则，用厂家提供的编程语言编写的程序。

当用户编写的程序存入后，CPU 会向存储器发出控制指令，从系统程序存储器中调用解释程序将用户编写的程序进行进一步的编译，使之成为 PLC 认可的编译程序，如图 11-22 所示。

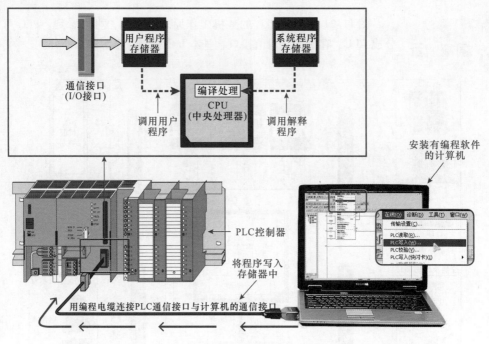

图 11-22　用户程序的写入、编译

工作数据存储器为随机存储器（RAM），用来存储工作过程中的指令信息和数据。

3. 通信接口

通信接口通过编程电缆与编程设备（计算机）连接或 PLC 与 PLC 之间连接，如图 11-23 所示，计算机通过编程电缆对 PLC 进行编程、调试、监视、试验和记录。

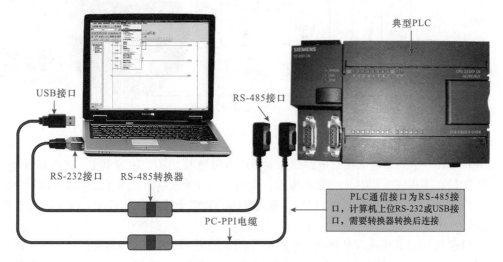

图 11-23　PLC 通信接口的连接

4. 基本 I/O 接口

基本 I/O 接口是 PLC 与外部各设备联系的桥梁，可以分为 PLC 输入接口和 PLC 输出接口两种。

（1）输入接口

输入接口主要为输入信号采集部分，其作用是将被控对象的各种控制信息及操作命令转换成 PLC 输入信号，然后送给 CPU 的运算控制电路部分。

PLC 的输入接口根据输入端电源类型不同主要有直流输入接口和交流输入接口两种，如图 11-24 所示，可以看到，PLC 外接的各种按钮、操作开关等提供的开关信号作为输入信号经输入接线端子后送至 PLC 内部接口电路（由电阻器、电容器、发光二极管、光电耦合器等构成），在接口电路部分进行滤波、光电隔离、电平转换等处理，将各种开关信号变为 CPU 能够接收和处理的标准信号（图中只画出对应于一个输入点的输入电路，各个输入点所对应的输入电路均相同）。

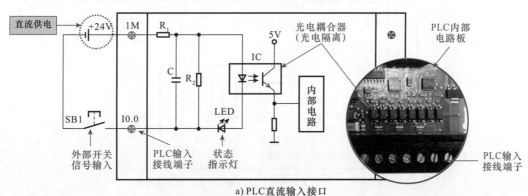

a）PLC直流输入接口

图 11-24　PLC 的输入接口部分

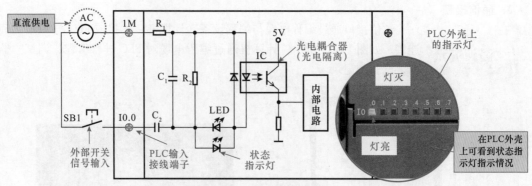

b) PLC交流输入接口

图11-24 PLC的输入接口部分（续）

在图11-24a中，PLC输入接口电路部分主要由电阻器 R_1、R_2、电容器 C、光电耦合器 IC、发光二极管 LED 等构成。其中 R_1 为限流电阻、R_2 与 C 构成滤波电路，用于滤除输入信号中的高频干扰；光电耦合器起到光电隔离的作用，防止现场的强电干扰进入 PLC 中；发光二极管用于显示输入点的状态。

在图11-24b中，交流输入电路中，电容器 C_2 用于隔离交流强电中的直流分量，防止强电干扰损坏 PLC。另外，光电耦合器内部的为两个方向相反的发光二极管，任意一个发光二极管导通都可以使光电耦合器中光敏三极管导通并输出相应信号。状态指示灯也采用了两个反向并联的发光二极管，光电耦合器中任意一只二极管导通都能使状态指示灯点亮（直流输入电路也可以采用该结构，外接直流电源时可不用考虑极性）。

相关资料　　　　　PLC输入接口及相关电路的工作过程如图 **11-25** 所示。以图 **11-25a** 为例，可以看到，当按下 PLC 外接开关部件（按钮 SB1）时，PLC 内光电耦合器导通，发光二极管 LED 点亮，用以指示开关部件 SB1 处于闭合状态。此时，光电耦合器输出端输出高电平，该高电平信号送至内部电路中。CPU 识别该信号时将用户程序中对应的输入继电器触点置1。

相反，当按钮 SB1 断开时，光电耦合器不导通，发光二极管不亮，CPU 识别该信号时将用户程序中对应的输入继电器触点置0。

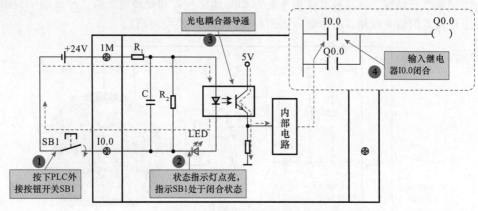

a）PLC直流输入接口及相关电路的工作过程

图11-25 PLC 输入接口及相关电路的工作过程

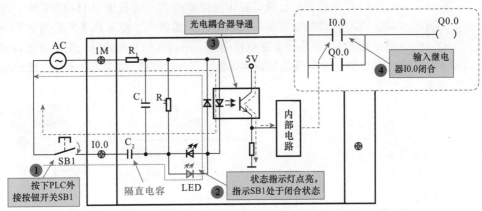

b）PLC交流输入接口及相关电路的工作过程

图 11-25 PLC 输入接口及相关电路的工作过程（续）

（2）输出接口

输出接口即开关量的输出单元，由 PLC 输出接口电路、连接端子和外部设备及功能部件构成，CPU 完成的运算结果由 PLC 该电路提供给被控负载，用以完成 PLC 主机与工业设备或生产机械之间的信息交换。

当 PLC 内部电路输出的控制信号，经输出接口电路（由光电耦合器、三极管或晶闸管或继电器、电阻器等构成）、PLC 输出接线端子后，送至外接的执行部件，用以输出开关量信号，控制外接设备或功能部件的状态。

PLC 的输出电路根据输出接口所用开关器件不同，主要有三极管输出接口、晶闸管输出接口和继电器输出接口三种。

① 三极管输出接口

图 11-26 所示为三极管输出接口，它主要是由光电耦合器 IC、状态指示灯 LED、输出三极管 VT、保护二极管 VD、熔断器 FU 等构成的。其中，熔断器 FU 用于防止 PLC 外接设备或功能部件短路时损坏 PLC（图 11-26 中只画出对应于一个输出点的输出接口，各个输出点所对应的输出接口均相同）。

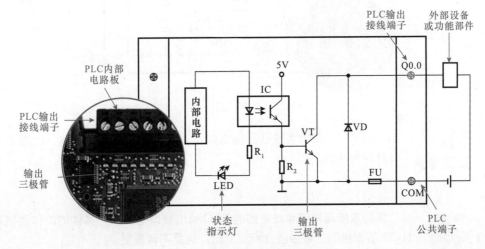

图 11-26 三极管输出接口

PLC 三极管输出接口及相关电路的工作过程如图 11-27 所示,可以看到,PLC 内部接收到输入接口的开关量信号,使对应于三极管 VT 的内部继电器为 1,相应输出继电器得电,所对应输出电路的光电耦合器导通,从而使三极管 VT 导通,PLC 外部设备或功能部件得电,同时状态指示灯 LED 点亮,表示当前该输出点状态为 1。

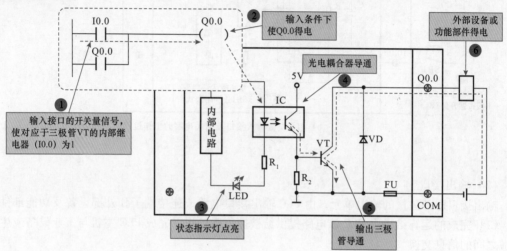

图 11-27　PLC 三极管输出接口及相关电路的工作过程

② 晶闸管输出接口

图 11-28 所示为晶闸管输出接口,它主要是由光电耦合器 IC、状态指示灯 LED、双向晶闸管 VS、保护二极管 VD、熔断器 FU 等构成的。

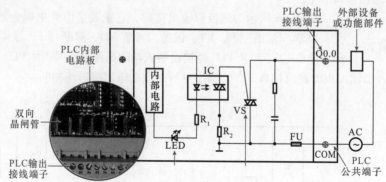

图 11-28　晶闸管输出接口

③ 继电器输出接口

图 11-29 所示为继电器输出接口,它主要是由继电器 K、状态指示灯 LED 等构成的。

采用双向晶闸管和继电器的 PLC 输出接口电路中,具体的工作过程与图 11-27 基本相同,可参考分析和介绍,这里不再重复。

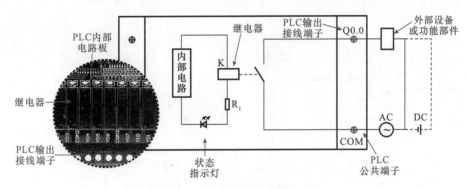

图 11-29　继电器输出接口

5. 电源

　　PLC 内部配有一个专用开关式稳压电源，始终为各部分电路提供工作所需的电压，确保 PLC 工作的顺利进行。

　　PLC 电源部分主要是将外加的交流电压或直流电压转换成微处理器、存储器、I/O 电路等部分所需要的工作电压。图 11-30 所示为其工作过程示意图。

图 11-30　PLC 电源电路的工作过程示意图

　　不同型号或品牌的 PLC 供电方式也有所不同，有些采用直流电源（5V、12V、24V），有些采用交流电源供电（220V、110V）。目前，采用交流电源（220V、110V）供电的 PLC 较多，该类 PLC 内置开关式稳压电源，将交流电压进行整流、滤波、稳压处理后，转换为满足 PLC 内部微处理器、存储器、I/O 电路等所需的工作电压。另外，有些 PLC 可以向外部输出 24V 的直流电压，可为输入电路外接的开关部件或传感部件供电。

11.2.2　PLC 的技术应用

　　PLC 在近年来发展极为迅速，随着技术的不断更新其 PLC 的控制功能，数据采集、存储、处理功能，可编程、调试功能，通信联网功能、人机界面功能等，使其功能逐渐变得强大，使得 PLC 的应用领域得到进一步的急速扩展，广泛应用于各行各业的控制系统中。

　　目前，PLC 已经成为生产自动化、现代化的重要标志。众多生产厂商都投入到了 PLC 产品的研发中，PLC 的品种越来越丰富，功能越来越强大，应用也越来越广泛，无论是生产、制造还是管理、检验，都可以看到 PLC 的身影。

1. PLC 在电动机控制系统中的应用

　　PLC 应用于电动机控制系统中，用于实现自动控制，并且能够在不大幅度改变外接部件的前提下，仅修改内部的程序便可实现多种多样的控制功能，使电气控制更加灵活高效。

　　图 11-31 所示为 PLC 在电动机控制系统中的应用示意图。

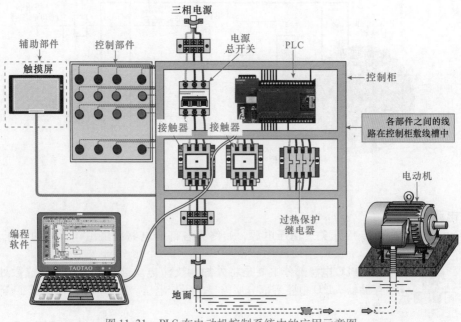

图 11-31　PLC 在电动机控制系统中的应用示意图

可以看到，该系统主要是由操作部件、控制部件和电动机以及一些辅助部件构成的。

其中，各种操作部件用于为该系统输入各种人工指令，包括各种按钮开关、传感器件等；控制部件主要包括总电源开关（总断路器）、PLC、接触器、过热保护继电器等，用于输出控制指令和执行相应动作；电动机是将系统电能转换为机械能的输出部件，其执行的各种动作是该控制系统实现的最终目的。

2. PLC 在复杂机床设备中的应用

众所周知，机床设备是工业领域中的重要设备之一，也更是由于其功能的强大、精密，使得对它的控制要求更高，普通的继电器控制虽然能够实现基本的控制功能，但早已无法满足其安全可靠、高效的管理要求。

用 PLC 对机床设备进行控制，不仅提高自动化水平，在实现相应的切削、磨削、钻孔、传送等功能中更具有突出的优势。

图 11-32 所示为典型机床的 PLC 控制系统。可以看到，该系统主要是由操作部件、控制部件和机床设备构成的。

其中，各种操作部件用于为该系统输入各种人工指令，包括各种按钮开关、传感器件等；控制部件主要包括电源总开关（总断路器）、PLC、接触器、变频器等，用于输出控制指令和执行相应动作；机床设备主要包括电动机、传感器、检测电路等，通过电动机将系统电能转换为机械能输出，从而控制机械部件完成相应的动作，最终实现相应的加工操作。

3. PLC 在自动化生产制造设备中的应用

PLC 在自动化生产制造设备中应用主要用来实现自动控制功能。PLC 在电子元件加工、制造设备中作为控制中心，使元件的输送定位驱动电动机、加工深度调整电动机、旋转电动机和输出电动机能够协调运转，相互配合实现自动化工作。

PLC 在自动化生产制造设备中的应用见图 11-33。

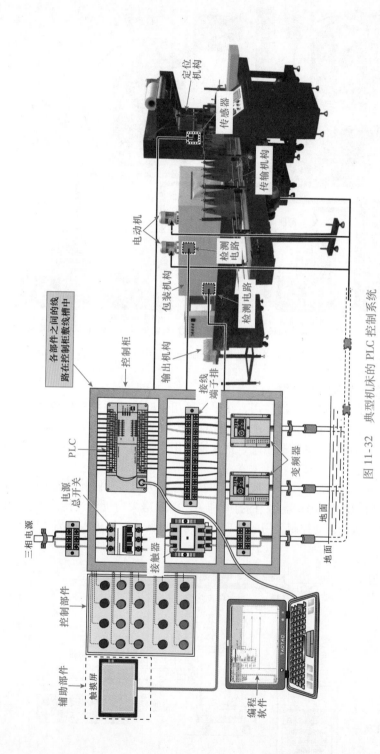

图11-32 典型机床的 PLC 控制系统

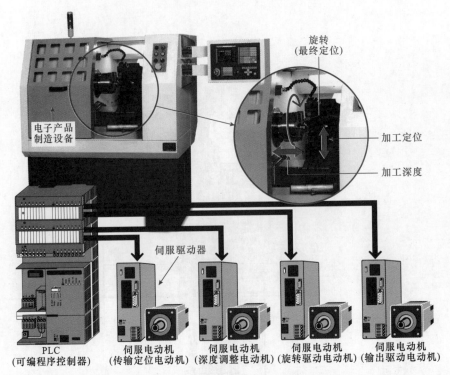

图 11-33　PLC 在自动化生产制造设备中的应用

4. PLC 在民用生产生活中的应用

　　PLC 不仅在电子、工业生产中广泛应用，在很多民用生产生活领域中也得到迅速发展。如常见的自动门系统、汽车自动清洗系统、水塔水位自动控制系统、声光报警系统、流水生产线、农机设备控制系统、库房大门自动控制系统、蓄水池进出水控制系统等，都可由 PLC 控制、管理实现自动化功能。

　　例如，图 11-34 所示为 PLC 在库房大门自动控制系统中的应用示意图。用 PLC 控制库房大门的打开和关闭。库房大门可通过传感器检测驶进车辆状态来自动控制大门的开启和关闭，以便让车辆进入或离开库房。

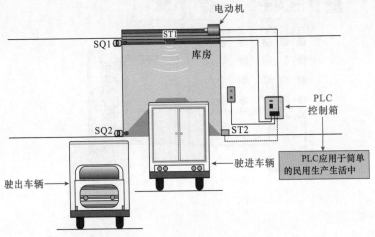

图 11-34　PLC 控制库房大门示意图

PLC 的控制特点与应用

12.1 PLC 控制的控制特点

12.1.1 传统电动机控制与 PLC 电动机控制

电动机控制系统主要是通过电气控制部件来实现对电动机的起动、运转、变速、制动和停机等；PLC 控制电路则是由大规模集成电路与可靠元件相结合，通过计算机控制方式实现了对电动机的控制。

图 12-1 所示为典型电动机控制系统，由图可知，典型电动机控制系统主要是由控制箱中的控制部件和电动机构成的。其中，各种控制部件是主要的操作和执行部件；电动机是将系统电能转换为机械能的输出部件，其执行的各种动作是控制系统实现的最终目的。

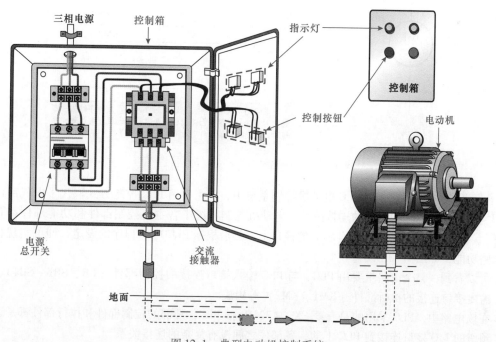

图 12-1 典型电动机控制系统

传统电动机控制系统主要是指由继电器、接触器、控制按钮、各种开关等电气部件构成的电动机控制线路，其各项控制功能或执行动作都是由相应的实际存在的电气物理部件来实现的，各部件缺一不可，如图 12-2 所示。

图 12-2　传统电动机顺序起/停控制系统

在 PLC 电动机控制系统中，则主要用 PLC 控制方式取代了电气部件之间复杂的连接关系。电动机控制系统中各主要控制部件和功能部件都直接连接到 PLC 相应的接口上，然后根据 PLC 内部程序的设定，即可实现相应的电路功能，如图 12-3 所示。

可以看到，整个电路主要由 PLC、与 PLC 输入接口连接的控制部件（FR、SB1～SB4）、与 PLC 输出接口连接的执行部件（KM1、KM2）等构成。

在该电路中，PLC 采用的是三菱 FX$_{2N}$－32MR 型 PLC，外部的控制部件和执行部件都是通过 PLC 预留的 I/O 接口连接到 PLC 上的，各部件之间没有复杂的连接关系。

　　控制部件和执行部件分别连接到 PLC 输入接口相应的 I/O 接口上，它是根据 PLC 控制系统设计之初建立的 I/O 分配表进行连接分配的，其所连接接口名称也将对应于 PLC 内部程序的编程地址编号。由 PLC 控制的电动机顺序起/停控制系统的 I/O 分配表见表 12-1 所列。

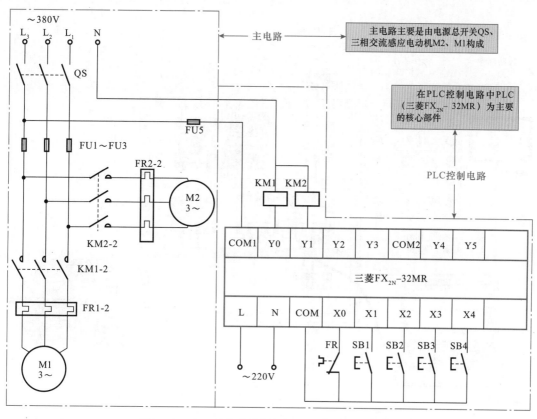

图 12-3　由 PLC 控制的电动机顺序起/停控制系统

表 12-1　由三菱 FX$_{2N}$ –32MR PLC 控制的电动机顺序起/停控制系统的 I/O 分配表

输入信号及地址编号			输出信号及地址编号		
名称	代号	输入点地址编号	名称	代号	输出点地址编号
过热保护继电器	FR	X0	电动机 M1 交流接触器	KM1	Y0
M1 停止按钮	SB1	X1	电动机 M2 交流接触器	KM2	Y1
M1 起动按钮	SB2	X2			
M2 停止按钮	SB3	X3			
M2 起动按钮	SB4	X4			

　　结合以上内容可知，电动机的 PLC 控制系统是指由 PLC 作为核心控制部件实现对电动机的起动、运转、变速、制动和停机等各种控制功能的控制线路。

　　如图 12-4 所示，该系统将电动机控制系统与 PLC 控制电路进行结合，主要是由操作部件、控制部件和电动机以及一些辅助部件构成的。

　　其中，各种操作部件用于为该系统输入各种人工指令，包括各种按钮开关、传感器件等；控制部件主要包括总电源开关（总断路器）、PLC、接触器、过热保护继电器等，用于输出控制指令和执行相应动作；电动机是将系统电能转换为机械能的输出部件，其执行的各种动作是该控制系统实现的最终目的。

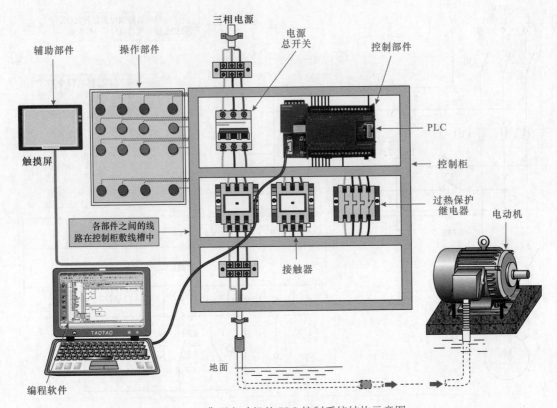

图 12-4　典型电动机的 PLC 控制系统结构示意图

12.1.2　工业设备中的 PLC 控制特点

PLC 控制电路主要用 PLC 控制方式取代了电气部件之间复杂的连接关系。控制电路中各主要控制部件和功能部件都直接连接到 PLC 相应的接口上，然后根据 PLC 内部程序的设定，即可实现相应的电路功能。

图 12-5 所示为传统电镀流水线的功能示意图和控制电路。在操作部件和控制部件的作用下，电动葫芦可实现在水平方向平移重物，并能够在设定位置（限位开关）处进行自动提升和下降重物的动作。

图 12-6 所示为由 PLC 控制的电镀流水线系统。整个电路主要由 PLC、与 PLC 输入接口连接的控制部件（SB1～SB4、SQ1～SQ4、FR）、与 PLC 输出接口连接的执行部件（KM1～KM4）等构成。

从图 12-6 中可以看到，电路所使用的电气部件没有变化，添加的 PLC 取代了电气部件之间的连接线路，极大地简化了电路结构，也方便实际部件的安装。

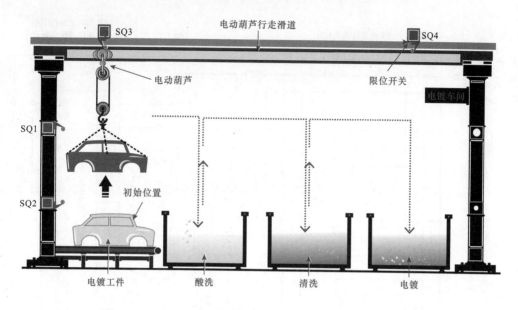

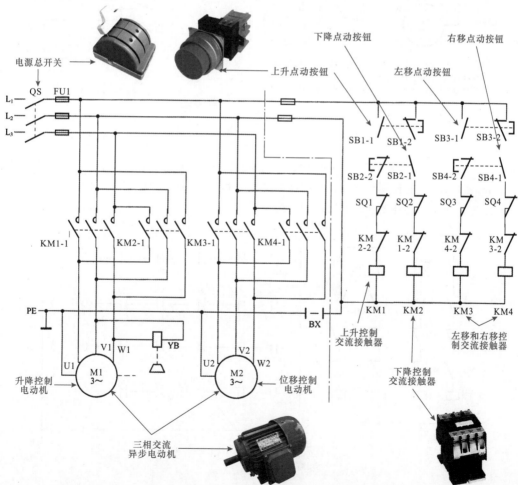

图 12-5　传统电镀流水线的功能示意图和控制电路

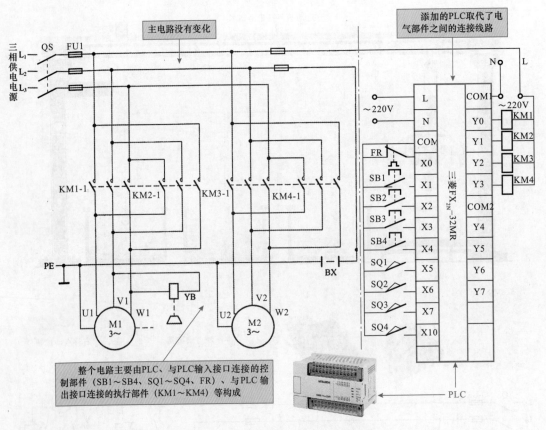

图 12-6　由 PLC 控制的电镀流水线系统

　　图 12-7 所示为 PLC 电路与传统控制电路的对应关系。PLC 电路中外部的控制部件和执行部件都是通过 PLC 预留的 I/O 接口连接到 PLC 上的，各部件之间没有复杂的连接关系。

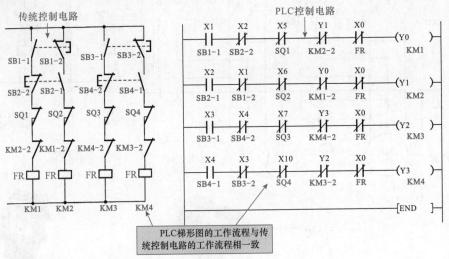

图 12-7　PLC 电路与传统控制电路的对应关系

提示说明　　　为了方便读者了解，我们在梯形图各编程元件下方标注了其对应在传统控制系统中相应的按钮、交流接触器的触点、线圈等字母标识（实际梯形图中是没有的）。

控制部件和执行部件是根据PLC控制系统设计之初建立的I/O分配表进行连接分配的，其所连接接口名称也将对应于PLC内部程序的编程地址编号，具体见表12-2所列。

表12-2　由三菱FX$_{2N}$-32MR型PLC控制的电镀流水线控制系统I/O分配表

输入信号及地址编号			输出信号及地址编号		
名称	代号	输入点地址编号	名称	代号	输出点地址编号
电动葫芦上升点动按钮	SB1	X1	电动葫芦上升接触器	KM1	Y0
电动葫芦下降点动按钮	SB2	X2	电动葫芦下降接触器	KM2	Y1
电动葫芦左移点动按钮	SB3	X3	电动葫芦左移接触器	KM3	Y2
电动葫芦右移点动按钮	SB4	X4	电动葫芦右移接触器	KM4	Y3
电动葫芦上升限位开关	SQ1	X5			
电动葫芦下降限位开关	SQ2	X6			
电动葫芦左移限位开关	SQ3	X7			
电动葫芦右移限位开关	SQ4	X10			

12.2　PLC控制技术的应用

12.2.1　运料小车往返运行的PLC控制系统

在日常生产生活中，自动运行的运料小车是比较常见的，而使用PLC进行控制，可以避免进行复杂的线路连接，并能够对小车的往返运行进行自动控制，避免出现人为误操作的现象。下面就以一种运料小车往返运行控制电路为例，介绍其PLC控制过程。

图12-8所示为运料小车往返运行的功能示意图。该运料小车由起动（右移起动、左移起动）和停止按钮进行控制，首先运料小车右移起动运行后，右移到限位开关SQ1处，此时小车停止并开始进行装料，30s后装料完毕。然后小车自动开始左移，当小车左移至限位开关SQ2处时，小车停止并开始进行卸料，1min后卸料结束，再自动右移，如此循环工作，直到按下停止按钮。

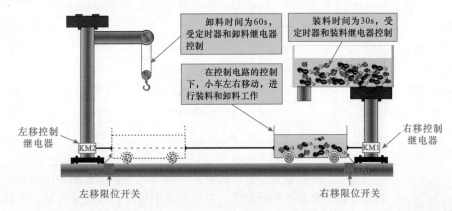

图12-8　运料小车往返运行的功能示意图

在分析运料小车往返运行的 PLC 控制过程前，应首先了解其控制电路的结构以及该 PLC 的输入和输出端接口的具体分配方式，图 12-9 所示为运料小车往返运行的控制电路。

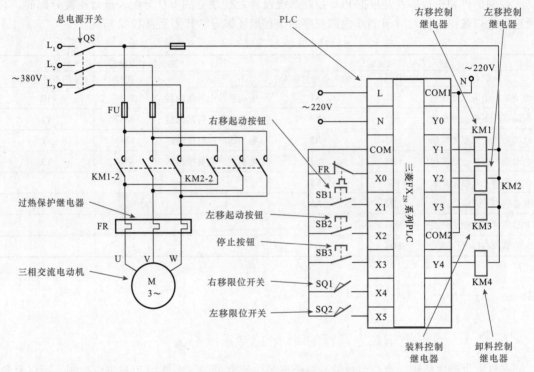

图 12-9　运料小车往返运行的控制电路

图 12-9 中的 SB1 为右移起动按钮，SB2 为左移起动按钮，SB3 为停止按钮，SQ1 和 SQ2 分别为右移和左移限位开关，KM1 和 KM2 分别为右移和左移控制继电器，KM3 和 KM4 分别为装料和卸料控制继电器。

该控制电路采用三菱 FX$_{2N}$ 系列 PLC，电路中 PLC 控制 I/O 分配见表 12-3 所列。

表 12-3　运料小车往返控制电路中三菱 FX$_{2N}$ 系列 PLC 控制 I/O 分配表

输入信号及地址编号			输出信号及地址编号		
名称	代号	输入点地址编号	名称	代号	输出点地址编号
过热保护继电器	FR	X0	右行控制继电器	KM1	Y1
右行控制起动按钮	SB1	X1	左行控制继电器	KM2	Y2
左行控制起动按钮	SB2	X2	装料控制继电器	KM3	Y3
停止按钮	SB3	X3	卸料控制继电器	KM4	Y4
右行限位开关	SQ1	X4			
左行限位开关	SQ2	X5			

图 12-10 所示为控制电路中 PLC 内部的控制梯形图和语句表。可对照 PLC 控制电路和 I/O 分配表，在梯形图中进行适当文字注解，然后再根据操作动作具体分析运料小车往返运行的控制过程。

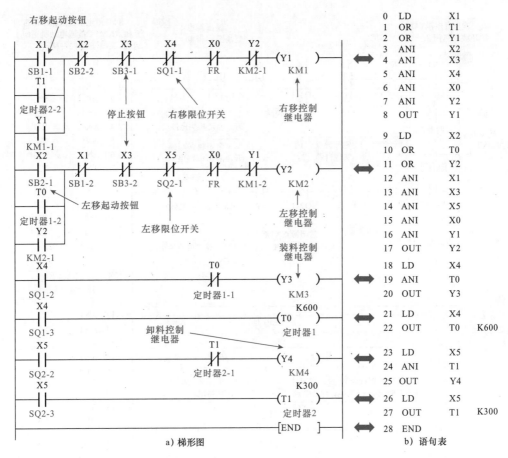

图 12-10 采用三菱 FX$_{2N}$ 系列 PLC 的控制梯形图和语句表

三菱 PLC 定时器的设定值（定时时间 T）＝计时单位×计时常数（K）。其中计时单位有 1ms、10ms 和 100ms，不同的编程应用中，不同的定时器，其计时单位也会不同。因此在设置定时器时，可以通过改变计时常数（K），来改变定时时间。三菱 FN$_{2X}$ 型 PLC 中，一般用十进制的数来确定"K"值（0～32767），例如三菱 FN$_{2X}$ 型 PLC 中，定时器的计时单位为 100ms，其时间常数 K 值为 50，则 $T = 100ms \times 50 = 5000ms = 5s$。

1. 运料小车右移和装料的工作过程

运料小车开始工作，需要先右移到装料点，然后在定时器和装料继电器的控制下进行装料，下面我们就分析一下运料小车右移和装料的工作过程，如图 12-11 所示。

❶按下右移起动按钮 SB1，将 PLC 程序中输入继电器常开触点 X1 置"1"，常闭触点 X1 置"0"。

❶→2-1控制输出继电器 Y1 的常开触点 X1 闭合。

→2-2控制输出继电器 Y2 的常闭触点 X1 断开，实现输入继电器互锁，防止 Y2 得电。

2-1→❺输出继电器 Y1 线圈得电。

→3-1自锁常开触点 Y1 闭合实现自锁功能。

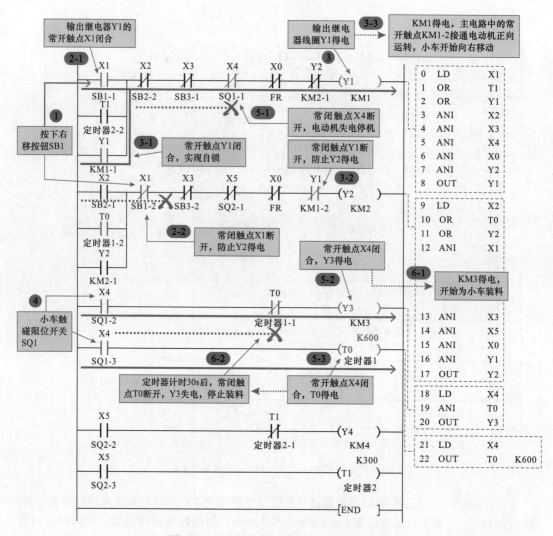

图 12-11 运料小车左移和装料的工作过程

→ 3-2 控制输出继电器 Y2 的常闭触点 Y1 断开，实现互锁，防止 Y2 得电。

→ 3-3 控制 PLC 外接交流接触器 KM1 线圈得电，主电路中的主触点 KM1 – 2 闭合，接通电动机电源，电动机起动正向运转，此时小车开始向右移动。

④ 小车右移至限位开关 SQ1 处，SQ1 动作，将 PLC 程序中输入继电器常闭触点 X4 置"0"，常开触点 X4 置"1"。

④ → 5-1 控制输出继电器 Y1 的常闭触点 X4 断开，Y1 线圈失电，即 KM1 线圈失电，电动机停机，小车停止右移。

→ 5-2 控制输出继电器 Y3 的常开触点 X4 闭合，Y3 线圈得电。

→ 5-3 控制输出继电器 T0 的常开触点 X4 闭合，定时器 T0 线圈得电。

5-2 → 6-1 控制 PLC 外接交流接触器 KM3 线圈得电，开始为小车装料。

5-3 → 6-2 定时器开始计时，计时时间到（延时 30 s），其控制输出继电器 Y3 的延时断开常闭触点 T0 断开，Y3 失电，即交流接触器 KM3 线圈失电，装料完毕。

2. 运料小车左移和卸料的工作过程

运料小车装料完毕后，需要左移到卸料点，在定时器和卸料继电器的控制下进行卸料，卸料后再右行进行装料。下面我们介绍一下运料小车左移和卸料的工作过程，如图12-12所示。

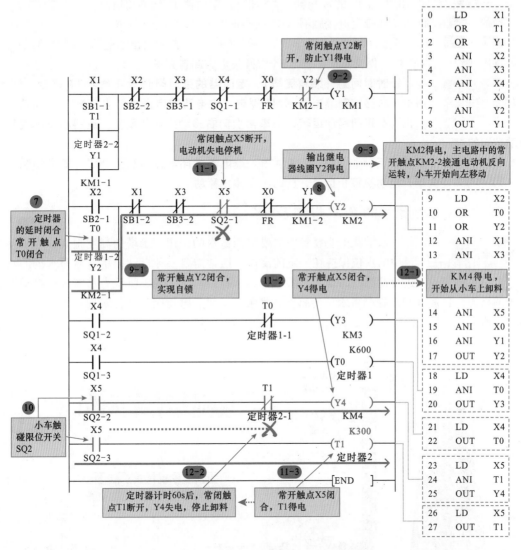

图12-12　运料小车左移和卸料的工作过程

6-2 → **7** 计时时间到（装料完毕），定时器的延时闭合常开触点 T0 闭合。

7 → **8** 控制输出继电器 Y2 的延时闭合常开触点 T0 闭合，输出继电器 Y2 线圈得电。

8 → **9-1** 自锁常开触点 Y2 闭合实现自锁功能。

→ **9-2** 控制输出继电器 Y1 的常闭触点 Y2 断开，实现互锁，防止 Y1 得电。

→ **9-3** 控制 PLC 外接交流接触器 KM2 线圈得电，主电路中的主触点 KM2 - 2 闭合，接通电动机电源，电动机起动反向运转，此时小车开始向左移动。

10 小车左移至限位开关 SQ2 处，SQ2 动作，将 PLC 程序中输入继电器常闭触点 X5 置 "0"，常开触点 X5 置 "1"。

10 → 11-1 控制输出继电器 Y2 的常闭触点 X5 断开，Y2 线圈失电，即 KM2 线圈失电，电动机停机，小车停止左移。

→ 11-2 控制输出继电器 Y4 的常开触点 X5 闭合，Y4 线圈得电。

→ 11-3 控制输出继电器 T1 的常开触点 X5 闭合，定时器 T1 线圈得电。

11-2 → 12-1 控制 PLC 外接交流接触器 KM4 线圈得电，开始为小车装料。

11-3 → 12-2 定时器开始计时，计时时间到（延时 60s），其控制输出继电器 Y4 的延时断开常闭触点 T1 断开，Y4 失电，即交流接触器 KM4 线圈失电，卸料完毕。

提示说明　计时时间到（装料完毕），定时器的延时闭合常开触点 T1 闭合，使 Y1 得电，右移控制继电器 KM1 得电，主电路的常开主触点 KM1 - 2 闭合，电动机再次正向起动运转，小车再次向右移动。如此反复，运料小车即实现了自动控制的过程。

当按下停止按钮 SB3 后，将 PLC 程序中输入继电器常闭触点 X3 置 "0"，即常闭触点断开，Y1 和 Y2 均失电，电动机停止运转，此时小车停止移动。

12. 2. 2　水塔给水的 PLC 控制系统

图解演示　水塔在工业设备中主要起到蓄水的作用，水塔的高度很高，为了使水塔中的水位保持在一定的高度，通常需要一种自动控制电路对水塔的水位进行检测，同时为水塔进行给水控制。图 12-13 所示为水塔水位自动控制系统的结构，它是由 PLC 控制各水位传感器、水泵电动机、电磁阀等部件实现对水塔和蓄水池蓄水、给水的自动控制。

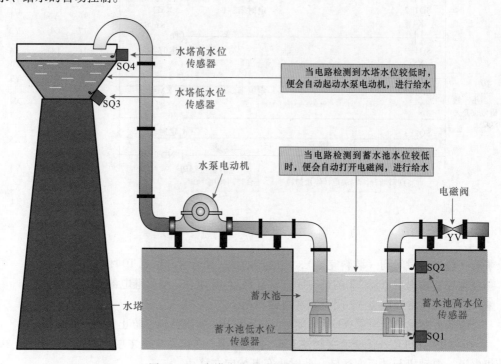

图 12-13　水塔水位自动控制系统的结构

图 12-14 所示为水塔水位自动控制电路中的 PLC 梯形图和语句表，表 12-4 所列为 PLC 梯形图的 I/O 地址分配。结合 I/O 地址分配表，了解该梯形图和语句表中各触点及符号标识的含义，并将梯形图和语句表相结合进行分析。

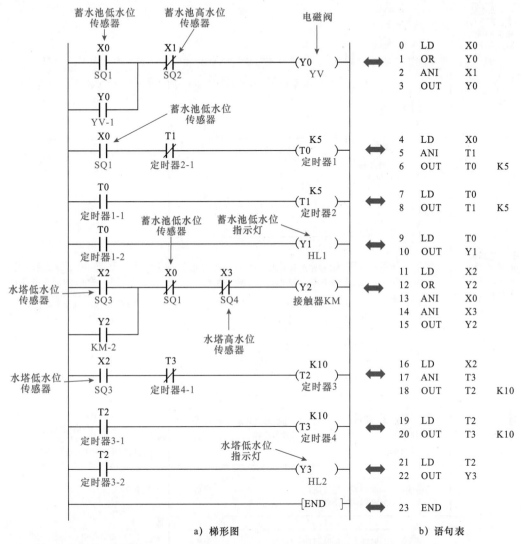

a) 梯形图　　　　　　　　　　b) 语句表

图 12-14　水塔水位自动控制电路中的 PLC 梯形图和语句表

表 12-4　水塔水位自动控制电路中的 PLC 梯形图的 I/O 地址分配表（三菱 FX_{2N} 系列 PLC）

输入信号及地址编号			输出信号及地址编号		
名称	代号	输入点地址编号	名称	代号	输出点地址编号
蓄水池低水位传感器	SQ1	X0	电磁阀	YV	Y0
蓄水池高水位传感器	SQ2	X1	蓄水池低水位指示灯	HL1	Y1
水塔低水位传感器	SQ3	X2	接触器	KM	Y2
水塔高水位传感器	SQ4	X3	水塔低水位指示灯	HL2	Y3

1. 水塔水位过低的控制过程

当水塔水位低于水塔低水位，并且蓄水池水位高于蓄水池低水位时，控制电路便会自动起动水泵电动机开始给水，图 12-15 所示为水塔水位过低时的控制过程。

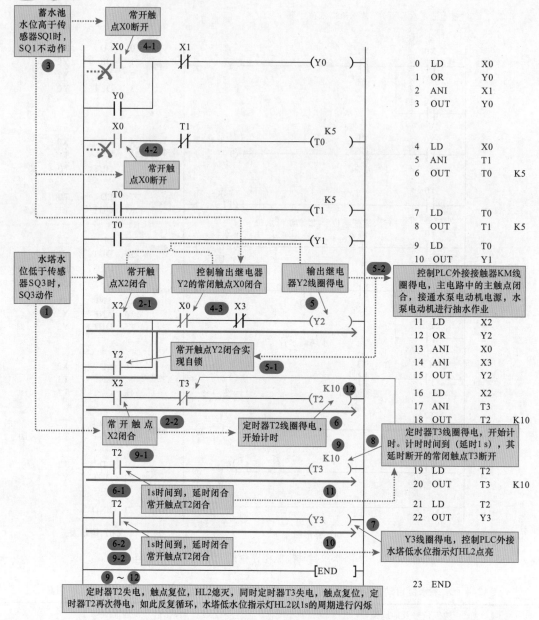

图 12-15　水塔水位过低时的控制过程

❶水塔水位低于低水位传感器 SQ3 时，SQ3 动作，将 PLC 程序中的输入继电器常开触点 X2 置 "1"。

❶→ 2-1 控制输出继电器 Y2 的常开触点 X2 闭合。

→ 2-2 控制定时器 T2 的常开触点 X2 闭合。

❸蓄水池水位高于蓄水池低水位传感器SQ1时，SQ1不动作，将PLC程序中的输入继电器常开触点X0置"0"，常闭触点X0置"1"。

❸→ 4-1 控制输出继电器Y0的常开触点X0断开。

→ 4-2 控制定时器T0的常开触点X0断开。

→ 4-3 控制输出继电器Y2的常闭触点X0闭合。

2-1 → 4-3 → ❺ 输出继电器Y2线圈得电。

→ 5-1 自锁常开触点Y2闭合实现自锁功能。

→ 5-2 控制PLC外接接触器KM线圈得电，带动主电路中的主触点闭合，接通水泵电动机电源，水泵电动机进行抽水作业。

2-2 → ❻定时器T2线圈得电，开始计时。

→ 6-1 计时时间到（延时1s），其控制定时器T3的延时闭合常开触点T2闭合。

→ 6-2 计时时间到（延时1s），其控制输出继电器Y3的延时闭合的常开触点T2闭合。

6-2 → ❼输出继电器Y3线圈得电，控制PLC外接水塔低水位指示灯HL2点亮。

6-1 → ❽定时器T3线圈得电，开始计时。计时时间到（延时1s），其延时断开的常闭触点T3断开。

❽ → ❾定时器T2线圈失电。

→ 9-1 控制定时器T3的延时闭合的常开触点T2复位断开。

→ 9-2 控制输出继电器Y3的延时闭合的常开触点T2复位断开。

9-2 → ❿输出继电器Y3线圈失电，控制PLC外接水塔低水位指示灯HL2熄灭。

9-1 → ⓫定时器线圈T3失电，延时断开的常闭触点T3复位闭合。

⓫ → ⓬定时器T2线圈再次得电，开始计时。如此反复循环，水塔低水位指示灯HL2以1s的周期进行闪烁。

2. 水塔水位高于水塔高水位时的控制过程

水泵电动机不停地往水塔中注入清水，直到水塔水位高于水塔高水位传感器时，才会停止注水。图12-16所示为水塔水位高于水塔高水位时的控制过程

❶水塔水位高于低水位传感器SQ3时，SQ3复位，将PLC程序中的输入继电器常开触点X2置"0"，常闭触点X2置"1"。

❶→ 2-1 控制输出继电器Y2的常开触点X2复位断开。

→ 2-2 控制定时器T2的常开触点X2复位断开。

2-2 → ❸定时器T2线圈失电。

❸ → 4-1 控制定时器T3的延时闭合常开触点T2复位断开。

→ 4-2 控制输出继电器Y3的延时闭合常开触点T2复位断开。

4-1 → ❺定时器线圈T3失电，延时断开常闭触点T3复位闭合。

4-2 → ❻输出继电器Y3线圈失电，控制PLC外接水塔低水位指示灯HL2熄灭。

❼水塔水位高于水塔高水位传感器SQ4时，SQ4动作，将PLC程序中的输入继电器常闭触点X3置"0"，即常闭触点X3断开。

❼→ ❽输出继电器Y2线圈失电。

❽ → 9-1 自锁常开触点Y2复位断开。

→ 9-2 控制PLC外接接触器KM线圈失电，带动主电路中的主触点复位断开，切断水泵电动机电源，水泵电动机停止抽水作业。

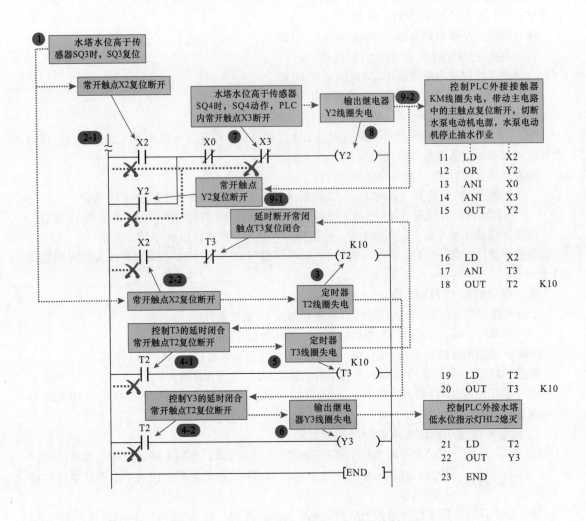

图 12-16　水塔水位高于水塔高水位时的控制过程

12.2.3　汽车自动清洗的 PLC 控制系统

　　　　　汽车自动清洗系统是由 PLC、喷淋器、刷子电动机、车辆检测器等部件组成的，当有汽车等待冲洗时，车辆检测器将检测信号送入 PLC，PLC 便会控制相应的清洗机电动机、喷淋器电磁阀以及刷子电动机动作，实现自动清洗、停止的控制，采用 PLC 的自动洗车系统可节约大量的人力、物力和自然资源。图 12-17 所示为汽车自动清洗控制电路的结构。

　　　　　图 12-18 所示为汽车自动清洗控制电路中的 PLC 梯形图和语句表，表 12-5 所列为 PLC 梯形图的 I/O 地址分配表。结合 I/O 地址分配表，了解该梯形图和语句表中各触点及符号标识的含义，并将梯形图和语句表相结合进行分析。

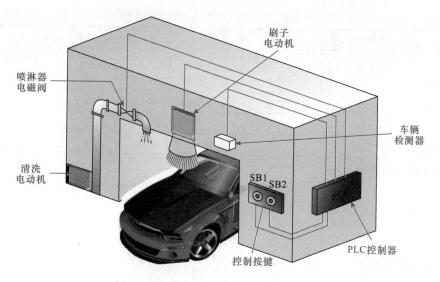

图 12-17　汽车自动清洗控制电路的结构

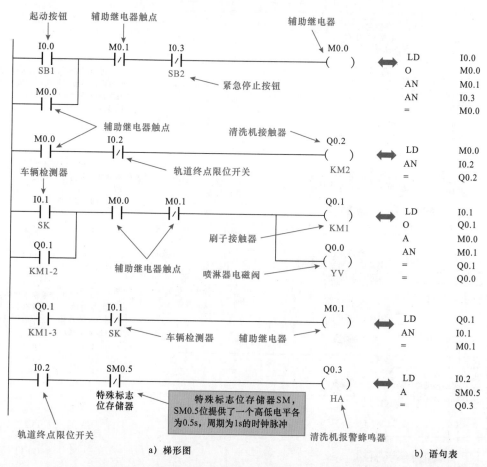

a）梯形图　　　　　　　　　　　　　　　　　　　　b）语句表

图 12-18　汽车自动清洗控制电路中的 PLC 梯形图和语句表

表 12-5　汽车自动清洗控制电路中 PLC 梯形图的 I/O 地址分配表（西门子 S7－200 系列）

输入信号及地址编号			输出信号及地址编号		
名称	代号	输入点地址编号	名称	代号	输出点地址编号
起动按钮	SB1	I0.0	喷淋器电磁阀	YV	Q0.0
车辆检测器	SK	I0.1	刷子接触器	KM1	Q0.1
轨道终点限位开关	FR	I0.2	清洗机接触器	KM2	Q0.2
紧急停止按钮	SB2	I0.3	清洗机报警蜂鸣器	HA	Q0.3

1. 车辆清洗的控制过程

检测器检测到待清洗的汽车，按下起动按钮就可以开始自动清洗过程，图 12-19 所示为车辆清洗的控制过程。

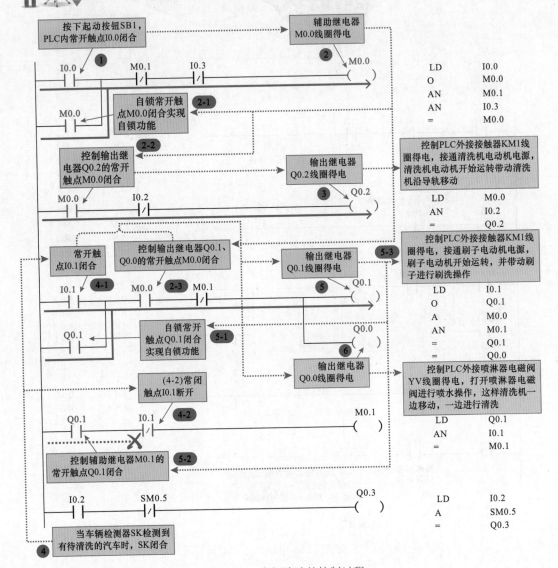

图 12-19　车辆清洗的控制过程

①按下起动按钮 SB1，将 PLC 程序中的输入继电器常开触点 I0.0 置"1"，即常开触点 I0.0 闭合。

①→②辅助继电器 M0.0 线圈得电。

→ 2-1 自锁常开触点 M0.0 闭合实现自锁功能。

→ 2-2 控制输出继电器 Q0.2 的常开触点 M0.0 闭合。

→ 2-3 控制输出继电器 Q0.1、Q0.0 的常开触点 M0.0 闭合。

2-2 →③输出继电器 Q0.2 线圈得电，控制 PLC 外接接触器 KM1 线圈得电，带动主电路中的主触点闭合，接通清洗机电动机电源，清洗机电动机开始运转，并带动清洗机沿导轨移动。

④当车辆检测器 SK 检测到有待清洗的汽车时，SK 闭合，将 PLC 程序中的输入继电器常开触点 I0.1 置"1"，常闭触点 I0.1 置"0"。

→ 4-1 常开触点 I0.1 闭合。

→ 4-2 常闭触点 I0.1 断开。

2-3 + 4-1 →⑤输出继电器 Q0.1 线圈得电。

→ 5-1 自锁常开触点 Q0.1 闭合实现自锁功能。

→ 5-2 控制辅助继电器 M0.1 的常开触点 Q0.1 闭合。

→ 5-3 控制 PLC 外接接触器 KM1 线圈得电，带动主电路中的主触点闭合，接通刷子电动机电源，刷子电动机开始运转，并带动刷子进行刷洗操作。

2-3 + 4-1 →⑥输出继电器 Q0.0 线圈得电，控制 PLC 外接喷淋器电磁阀 YV 线圈得电，打开喷淋器电磁阀，进行喷水操作，这样清洗机一边移动，一边进行清洗操作。

2. 车辆清洗完成的控制过程

车辆清洗完成后，检测器没有检测到待清洗的车辆，控制电路便会自动停止系统工作。图 12-20 所示为车辆清洗完成的控制过程。

⑦汽车清洗完成后，汽车移出清洗机，车辆检测器 SK 检测到没有待清洗的汽车时，SK 复位断开，PLC 程序中的输入继电器常开触点 I0.1 复位置"0"，常闭触点 I0.1 复位置"1"。

→ 7-1 常开触点 I0.1 复位断开。

→ 7-2 常闭触点 I0.1 复位闭合。

5-2 + 7-2 →⑧辅助继电器 M0.1 线圈得电。

→ 8-1 控制辅助继电器 M0.0 的常闭触点 M0.1 断开。

→ 8-2 控制输出继电器 Q0.1、Q0.0 的常闭触点 M0.1 断开。

8-1 →⑨辅助继电器 M0.0 线圈失电。

→ 9-1 自锁常开触点 M0.0 复位断开。

→ 9-2 控制输出继电器 Q0.2 的常开触点 M0.0 复位断开。

→ 9-3 控制输出继电器 Q0.1、Q0.0 的常开触点 M0.0 复位断开。

8-2 →⑩输出继电器 Q0.1 线圈失电。

→ 10-1 自锁常开触点 Q0.1 复位断开。

→ 10-2 控制辅助继电器 M0.1 的常开触点 Q0.1 复位断开。

→ 10-3 控制 PLC 外接接触器 KM1 线圈失电，带动主电路中的主触点复位断开，切断刷子电动机电源，刷子电动机停止运转，刷子停止刷洗操作。

8-2 →⑪输出继电器 Q0.0 线圈失电，控制 PLC 外接喷淋器电磁阀 YV 线圈失电，喷淋器电磁阀关闭，停止喷水操作。

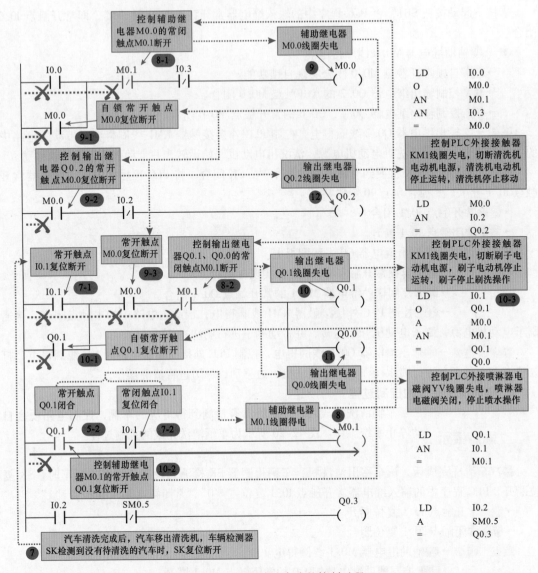

图 12-20　车辆清洗完成的控制过程

$\boxed{9\text{-}2}$ →⑫输出继电器 Q0.2 线圈失电，控制 PLC 外接接触器 KM1 线圈失电，带动主电路中的主触点复位断开，切断清洗机电动机电源，清洗机电动机停止运转，清洗机停止移动。

3. 车辆清洗过程中的报警控制过程

若清洗车辆过程中发生异常，控制电路会自动停止工作，并发出报警声。图 12-21 所示为车辆清洗过程中的报警控制过程。

⑬若汽车在清洗过程中碰到轨道终点限位开关 SQ2，SQ2 闭合，将 PLC 程序中的输入继电器常闭触点 I0.2 置"0"，常开触点 I0.2 置"1"。

→ $\boxed{13\text{-}1}$ 常闭触点 I0.2 断开。

→ $\boxed{13\text{-}2}$ 常开触点 I0.2 闭合。

$\boxed{13\text{-}1}$ →⑭输出继电器 Q0.2 线圈失电，控制 PLC 外接接触器 KM1 线圈失电，带动主电路中的主触点复位断开，切断清洗机电动机电源，清洗机电动机停止运转，清洗机停止移动。

🔵1s 脉冲发生器 SM0.5。

13-2 + **15** → **16** 输出继电器 Q0.3 间断接通，控制 PLC 外接蜂鸣器 HA 间断发出报警信号。

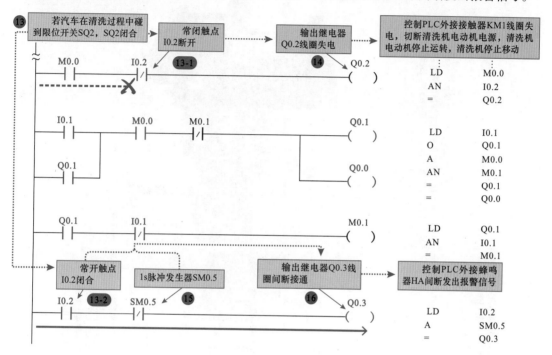

图 12-21　车辆清洗过程中的报警控制过程

📖 12.2.4　工控机床的 PLC 控制系统 👉

　　　　工控机床的 PLC 控制系统是指由 PLC 作为核心控制部件来对各种机床传动设备（电动机）的不同运转过程进行控制，从而实现其相应的切削、磨削、钻孔、传送等功能的控制线路。无论是实现怎样的功能，均是通过相关控制部件、功能部件以及不同的连接方式构成的。图 12-22 所示为典型工控机床中的 PLC 控制系统，可以看到，该系统主要是由操作部件、控制部件和机床设备构成的。

　　在 PLC 机床控制系统中，主要用 PLC 控制方式取代了电气部件之间复杂的连接关系。机床控制系统中各主要控制部件和功能部件都直接连接到 PLC 相应的接口上，然后根据 PLC 内部程序的设定，即可实现相应的电路功能。图 12-23 所示为由 PLC 控制摇臂钻床的控制系统。可以看到，整个电路主要由 PLC 控制器、与 PLC 输入接口连接的控制部件（KV－1、SA1－1～SA1－4、SB1～SB2、SQ1～SQ4）、与 PLC 输出接口连接的执行部件（KV、KM1～KM5）等构成，大大简化了图 12-23 中的控制部件。

　　在该电路中，PLC 控制器采用的是西门子 S7－200 型（CPU224）PLC，外部的控制部件和执行部件都是通过 PLC 控制器预留的 I/O 接口连接到 PLC 上的，各部件之间没有复杂的连接关系。

　　控制部件和执行部件分别连接到 PLC 输入接口相应的 I/O 接口上，它是根据 PLC 控制系统设计之初建立的 I/O 分配表进行连接分配的，其所连接的接口名称也将对应于 PLC 内部程序的编程地址编号。由 PLC 控制的摇臂钻床控制系统的 I/O 分配表见表 12-6 所列。

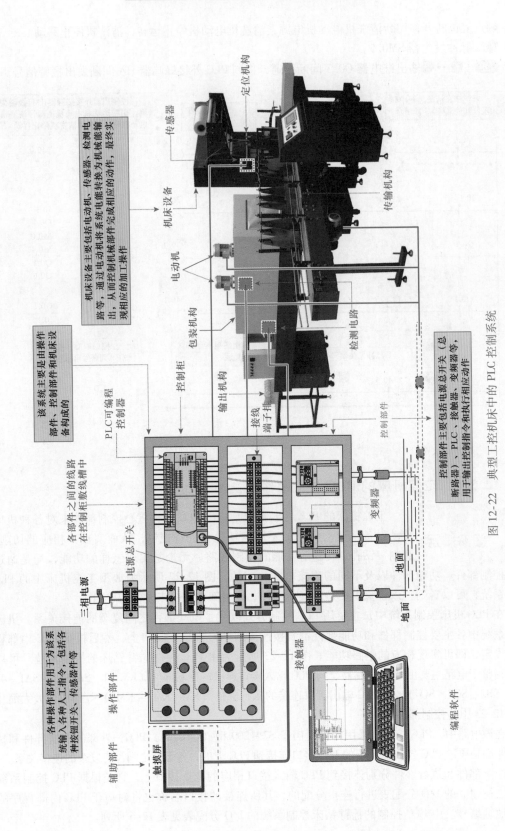

机床设备主要包括电动机、传感器、检测电路等，通过电动机将系统电能转换为机械能输出，从而控制部件完成相应的动作，最终实现相应的加工操作

该系统主要是由操作部件、控制部件和机床设备构构成的

PLC可编程控制器

各部件之间的线路在控制柜内数线槽中

电源总开关

三相电源

各种操作部件用于为该系统输入各种人工指令，包括各种按钮开关、传感器件等

操作部件

辅助部件

触摸屏

编程软件

定位机构

传感器

机床设备

传输机构

电动机

检测电路

控制柜

包装机构

输出机构

接线端子排

控制部件

变频器

地面

地面

控制部件主要包括电源总开关（总断路器）、PLC、接触器、变频器等，用于输出控制指令和执行相应动作

接触器

图 12-22 典型工控机床中的 PLC 控制系统

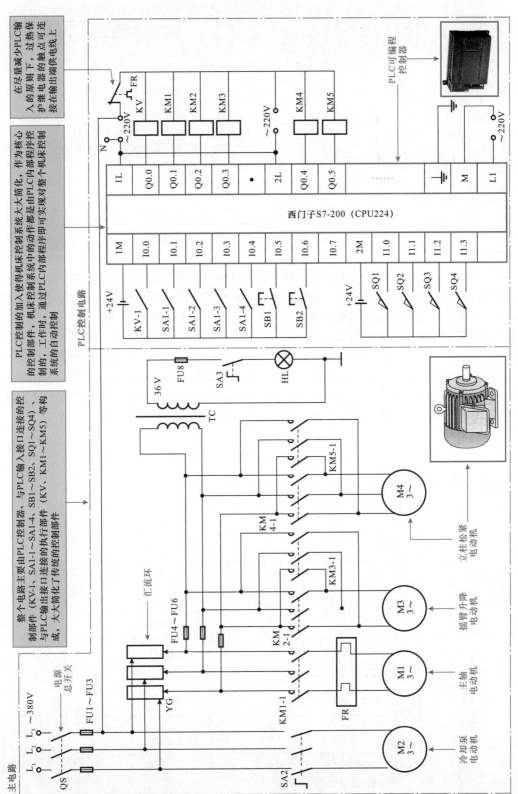

图12-23 由PLC控制摇臂钻床的控制系统

在尽量减少PLC输入的原则下，过热保护继电器的触点可直接在输出端供电线上

PLC控制的加入使得机床控制系统大大简化，作为核心的控制部件，机床控制系统中的动作都是由PLC内部程序控制的，工作时，通过PLC内部程序即可实现对整个机床控制系统的自动控制

整个电路主要由PLC控制器、与PLC输入接口连接的控制部件（KV-1、SA1-1~SA1-4、SB1~SB2、SQ1~SQ4），与PLC输出接口连接的执行部件（KV、KM1~KM5）等构成，大大简化了传统的控制部件

PLC控制电路

主电路

表 12-6　由西门子 S7－200 型 PLC 控制的摇臂钻床控制系统的 I/O 分配表

输入信号及地址编号			输出信号及地址编号		
名称	代号	输入点地址编号	名称	代号	输出点地址编号
电压继电器触点	KV－1	I0.0	电压继电器	KV	Q0.0
十字开关的控制电路电源接通触点	SA1－1	I0.1	主轴电动机 M1 接触器	KM1	Q0.1
十字开关的主轴运转触点	SA1－2	I0.2	摇臂升降电动机 M3 上升接触器	KM2	Q0.2
十字开关的摇臂上升触点	SA1－3	I0.3	摇臂升降电动机 M3 下降接触器	KM3	Q0.3
十字开关的摇臂下降触点	SA1－4	I0.4	立柱松紧电动机 M4 放松接触器	KM4	Q0.4
立柱放松按钮	SB1	I0.5	立柱松紧电动机 M4 夹紧接触器	KM5	Q0.5
立柱夹紧按钮	SB2	I0.6			
摇臂上升上限位开关	SQ1	I1.0			
摇臂下降下限位开关	SQ2	I1.1			
摇臂下降夹紧行程开关	SQ3	I1.2			
摇臂上升夹紧行程开关	SQ4	I1.3			

　　PLC 控制的加入使得机床控制系统大大简化,作为核心的控制部件,控制着机床控制系统中的所有动作。

　　工作时,当 PLC 输入接口外接控制部件输入控制信号时,由 PLC 内部微处理器识别该控制信号,然后通过调用其内部用户程序,控制其输出接口外接的执行部件动作,使控制系统主电路中实现相应动作,由此控制电动机运转,从而带动工控机床中的机械部件动作,进行加工操作,进而实现对整个工控机床的自动控制。

　　图 12-24 所示为该控制系统中 PLC 的梯形图。根据 PLC 控制的摇臂钻床控制电路的控制过程,将由 PLC 控制的摇臂钻床控制系统控制过程划分成 3 个阶段。即摇臂钻床主轴电动机 M1 的 PLC 控制过程、摇臂钻床摇臂升降电动机 M3 的 PLC 控制过程和摇臂钻床立柱松紧电动机 M4 的 PLC 控制过程。

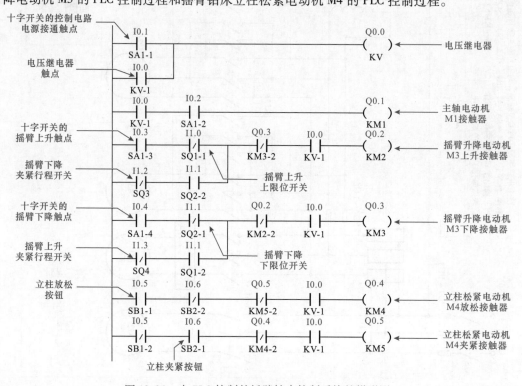

图 12-24　由 PLC 控制的摇臂钻床控制系统的梯形图

1. 摇臂钻床主轴电动机 M1 的 PLC 控制过程

图解演示

图 12-25 所示为将十字开关拨至左端常开触点 SA1－1 闭合的控制过程。

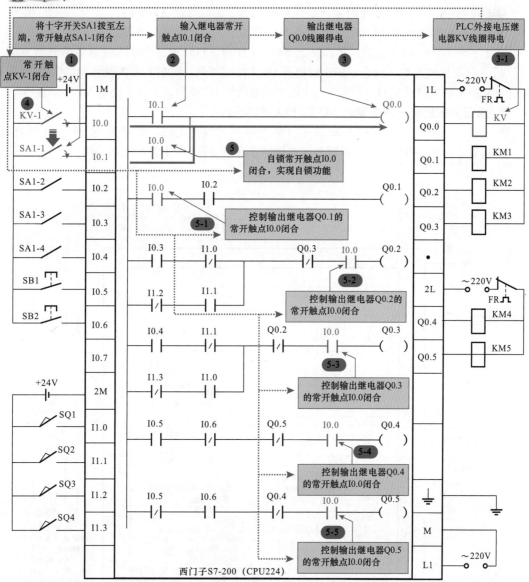

图 12-25　摇臂钻床主轴电动机 M1 的 PLC 控制过程

1 将十字开关 SA1 拨至左端，常开触点 SA1－1 闭合。

1→2 将 PLC 程序中输入继电器常开触点 I0.1 置 "1"，即常开触点 I0.1 闭合。

2→3 输出继电器 Q0.0 线圈得电。

3-1 控制 PLC 外接电压继电器 KV 线圈得电。

3-1→4 电压继电器常开触点 KV－1 闭合。

4→5 将 PLC 程序中输入继电器常开触点 I0.0 置 "1"。

⑤ 自锁常开触点 I0.0 闭合，实现自锁功能。

5-1 控制输出继电器 Q0.1 的常开触点 I0.0 闭合，为其得电做好准备。

5-2 控制输出继电器 Q0.2 的常开触点 I0.0 闭合，为其得电做好准备。

5-3 控制输出继电器 Q0.3 的常开触点 I0.0 闭合，为其得电做好准备。

5-4 控制输出继电器 Q0.4 的常开触点 I0.0 闭合，为其得电做好准备。

5-5 控制输出继电器 Q0.5 的常开触点 I0.0 闭合，为其得电做好准备。

将十字开关 SA1 拨至右端，常开触点 SA1 – 2 闭合。PLC 程序中输入继电器常开触点 I0.2 置"1"，即常开触点 I0.2 闭合。输出继电器 Q0.1 线圈得电。控制 PLC 外接接触器 KM1 线圈得电，主电路中的主触点 KM1 – 1 闭合，接通主轴电动机 M1 电源，主轴电动机 M1 起动运转。

2. 摇臂钻床摇臂升降电动机 M3 的 PLC 控制过程

如图 12-26 所示，将十字开关拨至上端，常开触点 SA1 – 3 闭合时，PLC 控制下摇臂钻床的摇臂升降电动机 M3 上升的控制过程。

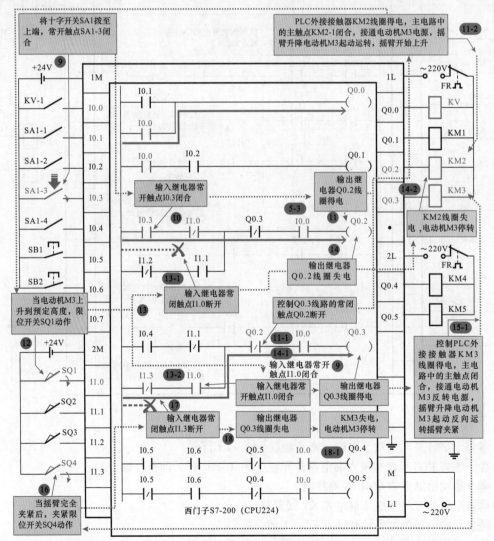

图 12-26　十字开关拨至上端时摇臂升降电动机 M3 上升的控制过程

⑨将十字开关拨至上端，常开触点 SA1 - 3 闭合。

⑨ → ⑩将 PLC 程序中输入继电器常开触点 I0.3 置"1"，即常开触点 I0.3 闭合。

⑩ + ⑤-3 → ⑪输出继电器 Q0.2 线圈得电。

⑪-1控制输出继电器 Q0.3 的常闭触点 Q0.2 断开，实现互锁控制。

⑪-2控制 PLC 外接接触器 KM2 线圈得电，主电路中的主触点 KM2 - 1 闭合，接通电动机 M3 电源，摇臂升降电动机 M3 起动运转，摇臂开始上升。

⑫当电动机 M3 上升到预定高度时，触动限位开关 SQ1 动作。

⑫ → ⑬将 PLC 程序中输入继电器 I1.0 相应动作。

⑬-1常闭触点 I1.0 置"0"，即常闭触点 I1.0 断开。

⑬-2常开触点 I1.0 置"1"，即常开触点 I1.0 闭合。

⑬-1 → ⑭输出继电器 Q0.2 线圈失电。

⑭-1控制输出继电器 Q0.3 的常闭触点 Q0.2 复位闭合。

⑭-2控制 PLC 外接接触器 KM2 线圈失电，带动主电路中的主触点 KM2 - 1 复位断开，切断电动机 M3 电源，摇臂升降电动机 M3 停止运转，摇臂停止上升。

⑬-2 + ⑭-1 + ⑤-4 → ⑮输出继电器 Q0.3 线圈得电。

⑮-1控制 PLC 外接接触器 KM3 线圈得电，带动主电路中的主触点 KM3 - 1 闭合，接通电动机 M3 反转电源，摇臂升降电动机 M3 起动反向运转，将摇臂夹紧。

⑮-1 → ⑯当摇臂完全夹紧后，夹紧限位开关 SQ4 动作。

⑯ → ⑰将 PLC 程序中输入继电器常闭触点 I1.3 置"0"，即常闭触点 I1.3 断开。

⑰ → ⑱输出继电器 Q0.3 线圈失电。

⑱-1控制 PLC 外接接触器 KM3 线圈失电，主电路中的主触点 KM3 - 1 复位断开，电动机 M3 停转，摇臂升降电动机自动上升并夹紧的控制过程结束。

3. 摇臂钻床立柱松紧电动机 M4 的 PLC 控制过程

如图 12-27 所示，按下立柱放松按钮 SB1 时，摇臂钻床的立柱松紧电动机 M4 起动，立柱松开的控制过程。

⑲按下按钮 SB1。

⑲ → ⑳PLC 程序中的输入继电器 I0.5 动作。

⑳-1控制输出继电器 Q0.4 的常开触点 I0.5 闭合。

⑳-2控制输出继电器 Q0.5 的常闭触点 I0.5 断开，防止输出继电器 Q0.5 线圈得电，实现互锁。

㉑-1 → ㉑输出继电器 Q0.4 线圈得电。

㉑-1控制 PLC 外接交流接触器 KM4 线圈得电，主电路中的主触点 KM4 - 1 闭合，接通电动机 M4 正转电源，立柱松紧电动机 M4 正向起动运转，立柱松开。

㉑-2控制输出继电器 Q0.5 的常闭触点 Q0.4 断开，实现互锁。

㉒松开按钮 SB1。

㉒ → ㉓PLC 程序中的输入继电器 I0.5 复位，其常开触点 I0.5 复位断开；常闭触点 I0.5 复位闭合。PLC 外接接触器 KM4 线圈失电，主电路中的主触点 KM4 - 1 复位断开，电动机 M4 停转。

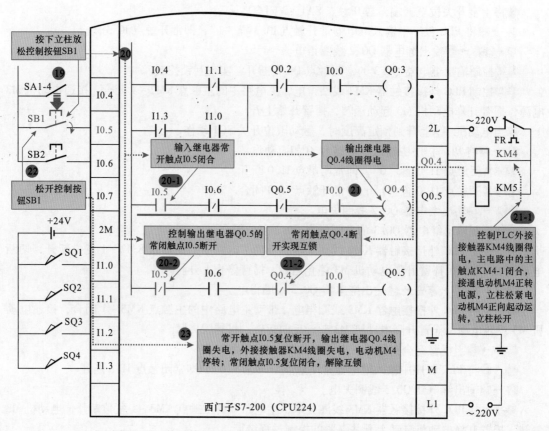

图 12-27　按下按钮 SB1 时立柱松紧电动机 M4 起动的控制过程

PLC 的编程语言

13.1 PLC 编程语言

13.1.1 PLC 梯形图的特点

PLC 梯形图是 PLC 程序设计中最常用的一种编程语言。它继承了继电器控制线路的设计理念，采用图形符号的连通图形式直观形象地表达电气线路的控制过程。它与电气控制线路非常类似，十分易于理解可以说是广大电气技术人员最容易接受和使用的编程语言。

 图 13-1 所示为典型电气控制线路与 PLC 梯形图的对应关系。

可以看到，从电气控制原理图到 PLC 梯形图，整个程序设计保留了电气控制原理图的风格。在 PLC 梯形图中，特定的符号和文字标识标注了控制线路各电气部件及其工作状态。整个控制过程由多个梯级来描述，也就是说每一个梯级通过能流线上连接的图形、符号或文字标识反映了控制过程中的一个控制关系。在梯级中，控制条件表示在左面，然后沿能流线逐渐表现出控制结果。这就是 PLC 梯形图，这种编程设计习惯非常直观、形象，与电气线路图十分对应，控制关系一目了然。

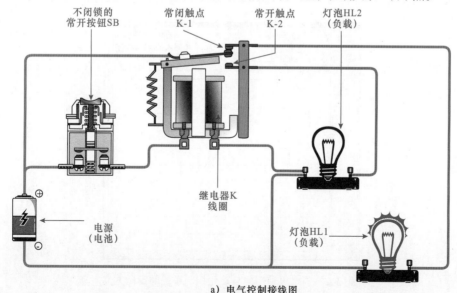

a）电气控制接线图

图 13-1　典型电气控制线路与 PLC 梯形图的对应关系

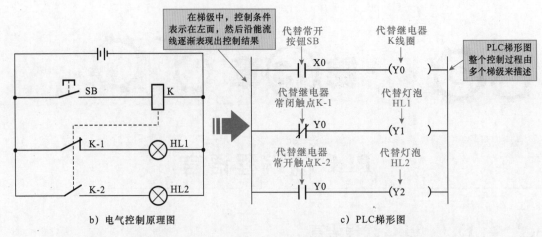

图 13-1　典型电气控制线路与 PLC 梯形图的对应关系（续）

因此，搞清 PLC 梯形图可以非常快速地了解整个控制系统的设计方案（编程），洞悉控制系统中各电气部件的连接和控制关系，为控制系统的调试、改造提供帮助，若控制系统出现故障，从 PLC 梯形图入手也可准确快捷地做出检测分析，有效地完成对故障的排查，可以说 PLC 梯形图在电气控制系统的设计、调试、改造以及检修中有着重要的意义。

由于 **PLC 生产厂家的不同，PLC 梯形图中所定义的触点符号，线圈符号以及文字标识等所表示的含义都会有所不同。例如，三菱公司生产的 PLC 就要遵循三菱 PLC 梯形图编程标准，西门子公司生产的 PLC 就要遵循西门子PLC 梯形图编程标准，具体要以设备生产厂商的标准为依据。**

1. PLC 梯形图在控制系统设计中的应用

图 13-2 所示为电气设计人员通过 PLC 梯形图完成的雨水再利用的自动化控制系统的设计方案。通过 PLC 编辑软件完成 PLC 梯形图的编写后，将编写程序输入 PLC，再根据设计要求完成各设备之间的连接，这就是 PLC梯形图最基础的应用。

图 13-2　雨水再利用的自动化控制系统的设计方案

2. PLC 梯形图在控制系统改造中的应用

若需要对原控制系统进行改造，通过 PLC 梯形图了解原先的设计方案，然后在原设计方案的基础上，改写程序，调整外部设备的连接关系，即可在最短的时间内以最小的成本投入完成项目的改造。

图 13-3 所示为采用上图（图 13-2）设计程序完成的雨水再利用的自动化控制系统。

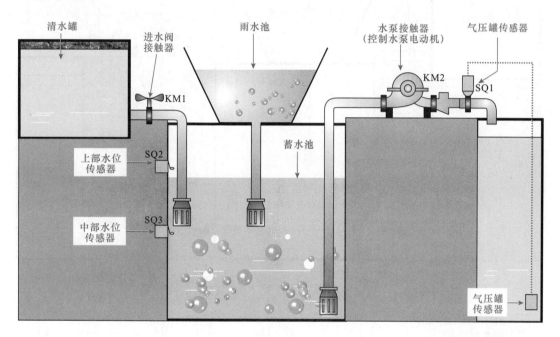

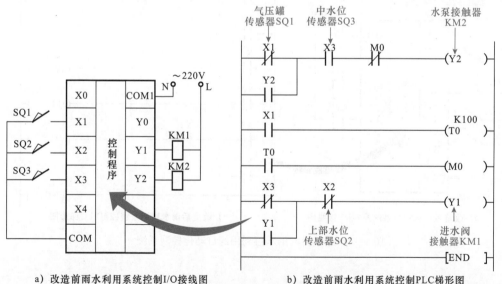

a）改造前雨水利用系统控制I/O接线图　　　b）改造前雨水利用系统控制PLC梯形图

图 13-3　雨水再利用的自动化控制系统

通过对原始 PLC 梯形图的分析即可快速完成对整个系统的改造方案。图 13-4 所示为改造后的雨水再利用的自动化控制系统。

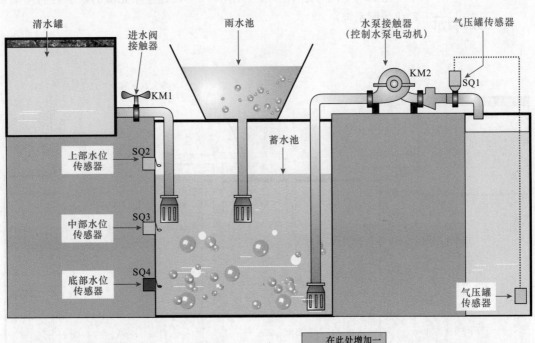

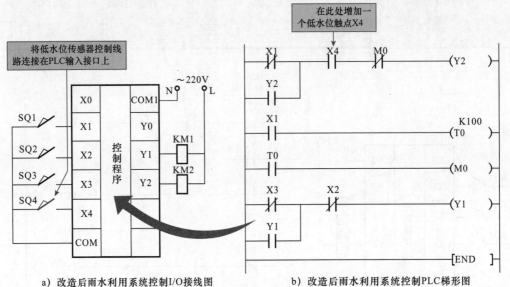

a）改造后雨水利用系统控制I/O接线图　　　b）改造后雨水利用系统控制PLC梯形图

图 13-4　改造后的雨水再利用的自动化控制系统

底部水位传感器增加完成后，绘制 PLC 梯形图编写时所需的 I/O 分配表，见表 13-1 所列。

表 13-1 雨水利用控制系统的 PLC 控制 I/O 分配表

输入信号及地址编号			输出信号及地址编号		
名称	代号	输入点地址编号	名称	代号	输出点地址编号
气压罐传感器	SQ1	X1	进水阀接触器	KM1	Y1
上部水位传感器	SQ2	X2	水泵接触器	KM2	Y2
中部水位传感器	SQ3	X3			
底部水位传感器	SQ4	X4			

可以看到，利用 PLC 梯形图非常方便地完成了低水位传感器的添加使系统能够对低水位状态进行有效的检测和控制。

3. PLC 梯形图在控制系统检修中的应用

一旦控制系统出现故障，PLC 梯形图仍然起着重要的作用。检测人员可根据对 PLC 梯形图的识读，了解整个控制系统的工作过程，然后检测人员便可根据 PLC 梯形图反映的动作关系，做出有效的检修分析方案，圈定故障范围，最终完成对整个控制系统的检修。如图 13-5 所示，依然是雨水再利用的自动化控制系统，若出现故障检修人员便可依据 PLC 梯形图完成故障的分析排查。

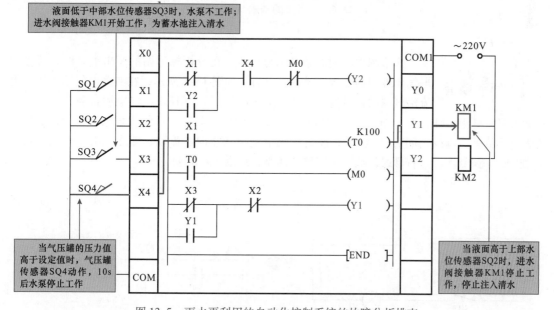

图 13-5 雨水再利用的自动化控制系统的故障分析排查

可见有了 PLC 梯形图，无论控制系统多么复杂，检修人员都能在短时间内找出故障线索完成检修工作。

13.1.2 PLC 梯形图的构成

1. 梯形图的构成及符号含义

梯形图主要是由母线、触点、线圈构成的，如图 13-6 所示。图中左、右的垂直线称为左、右母线；触点对应电气控制原理图中的开关、按钮、继电器触点、接触器触点等电气部件；线圈对应电气控制原理图中的继电

器线圈、接触器线圈等，通常用来控制外部的指示灯、电动机、继电器线圈、接触器线圈等输出元件。

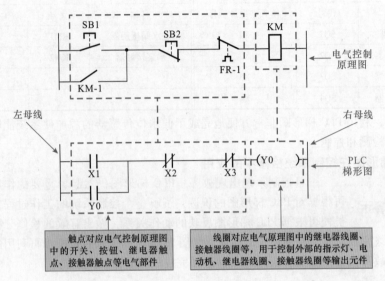

图 13-6　梯形图的构成及符号含义

（1）母线

　　梯形图中两侧的竖线称为母线，在分析梯形图的逻辑关系时，可参照电气原理图的分析方式进行分析。如图 13-7 所示，在典型电气原理图，电流由电源的正极流出，经开关 SB1 加到灯泡 HL1 上与电源负极构成一个完整的回路，灯泡 HL1 点亮；电气原理图所对应的梯形图中，假定左母线代表电源正极，右母线代表电源负极，母线之间有"能流"，能流代表电流，从左向右流动，即能流由左母线经触点 X0 加到线圈 Y0 上，与右母线构成一个完整的回路，线圈 Y0 得电。

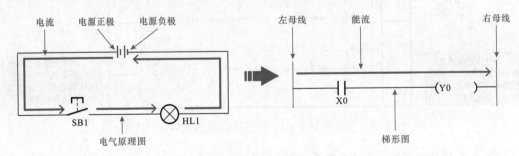

图 13-7　典型电气原理图与对应的梯形图

（2）触点

　　在 PLC 的梯形图中有两类触点，分别为常开触点"⊣⊢"和常闭触点"⊣/⊢"，触点的通断情况与触点的逻辑赋值有关，若逻辑赋值为"0"，常开触点"⊣⊢"断开，常闭触点"⊣/⊢"断开；若逻辑赋值为"1"，常开触点"⊣⊢"闭合，常闭触点"⊣/⊢"闭合，见表 13-2 所列，为 PLC 梯形图中触点的含义。

表 13-2　PLC 梯形图中触点的含义

触点符号	代表含义	逻辑赋值	状态	常用地址符号
⊣⊢	常开触点	"0" 或 "OFF" 时	断开	X、Y、M、T、C
		"1" 或 "ON" 时	闭合	
⊣/⊢	常闭触点	"1" 或 "ON" 时	闭合	
		"0" 或 "OFF" 时	断开	

图 13-8 所示为 PLC 梯形图内部触点的动作过程，从图可看出当常开触点 X1 赋值为 "1"，X2 赋值为 "1" 时，线圈 Y0 才可得电。

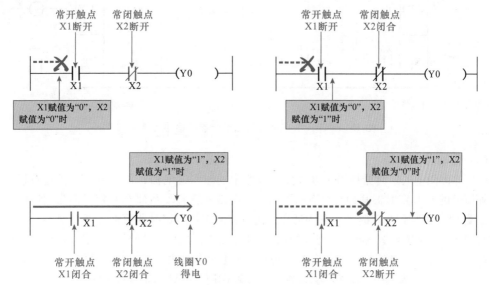

图 13-8　PLC 梯形图内部触点的动作过程

（3）线圈

在 PLC 的梯形图中线圈种类有很多，如输出继电器线圈 "—(　　)—"、辅助继电器线圈 "—(　　)—"、定时器线圈 "—(　　)—" 等，线圈通断情况与线圈的逻辑赋值有关，若逻辑赋值为 "0"，线圈失电；若逻辑赋值为 "1"，线圈得电，见表 13-3 所列，为 PLC 梯形图中线圈的含义。

表 13-3　PLC 梯形图中线圈的含义

触点符号	代表含义	逻辑赋值	状态	常用地址符号
—(　　)—	线圈	"0" 或 "OFF" 时	失电	Y、M、T、C
		"1" 或 "ON" 时	得电	

2. PLC 梯形图中的继电器

PLC 梯形图的内部是由许多不同功能的元件构成的，它们并不是真正的硬件物理元件，而是由电子电路和存储器组成的软元件，如 X 代表输入继电器，是由输入电路和输入映像寄存器构成的，用于直接输入给 PLC 的物理信号；Y 代表输出继电器，是由输出电路和输出映像寄存器构成的，用于从 PLC 直接输出物理信号；T 代表定时器、M 代表辅助继电器、C 代表计数器、S 代表状态继电器、D 代表数据寄存器，它们都是由存储器组成的，用于 PLC 内部的运算。

下面以典型的输入继电器、输出继电器和时间继电器为例进行介绍。

（1）输入/输出继电器

输入继电器常使用字母 X 进行标识，与 PLC 的输入端子相连，将接收外部输入的开关信号状态读入并存储在输入映像寄存器中，它只能够使用外部输入信号进行驱动，而不能使用程序进行驱动；输出继电器常使用字母 Y 进行标识，与 PLC 的输出端子相连，将 PLC 输出的信号送给输出模块，然后由输出接口电路将其信号输出来控制外部的继电器、交流接触器、指示灯等负载，它只能够使用 PLC 内部程序进行驱动，如图 13-9 所示，为输入继电器和输出继电器的信号传递过程。

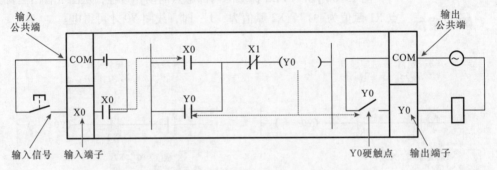

图 13-9　输入继电器和输出继电器的信号传递过程

（2）定时器

PLC 梯形图中的定时器相当于电气控制线路中的时间继电器，常使用字母 T 进行标识。不同品牌型号的 PLC 定时器其种类也有所不同，下面以三菱 FX_{2N} 系列 PLC 定时器为例进行介绍。

三菱 FX_{2N} 系列 PLC 定时器可分为通用型定时器和累计型定时器两种，该系列 PLC 定时器的定时时间 T = 分辨率等级（ms）× 计时常数（K），不同类型、不同号码的定时器所对应的分辨率等级也有所不同，计算定时器的定时号码对应关系可参见表 13-4 进行计算。

表 13-4　三菱 FX_{2N} 系列 PLC 定时器定时号码对应的分辨率等级

定时器类型	定时器号码	分辨率等级	计时范围
通用型定时器	T0 ~ T199	100ms	0.1 ~ 3276.7s
	T200 ~ T245	10ms	0.01 ~ 327.67s
累计型定时器	T246 ~ T249	1ms	0.001 ~ 32.767s
	T250 ~ T255	100ms	0.1 ~ 3276.7s

三菱 FN_{2X} 系列 PLC 中，一般用十进制的数来确定计时常数 "K" 值（0 ~ 32767），例如定时器 T0，其分辨率等级为 100ms，当计时常数 K 预设值为 50，则实际的定时时间 T = 100ms × 50 = 5000ms = 5s。

① 通用型定时器

通用型定时器的定时器线圈得电或失电后，经一段时间延时后，触点才会相应动作。但当输入电路断开或停电时，定时器不具有断电保持功能。如图 13-10 所示，为通用型定时器的内部结构及工作原理图。

输入继电器触点 X0 闭合，将计数数据送入计数器中，计数器从零开始对时钟脉冲进行计数，当计数值等于计时常数（设定值 K）时，电压比较器输出端输出控制信号控制定时器常开触点、常闭触点相应动作。当输入继电器触点 X0 断开或停电时，计数器复位，定时器常开、常闭触点也相应复位。

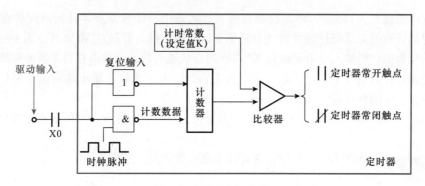

图 13-10　通用型定时器的内部结构及工作原理图

如图 13-11 所示，为典型通用型定时器的工作过程。

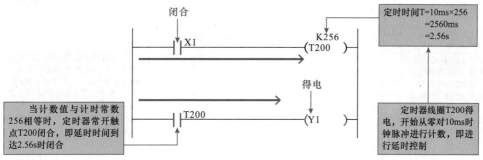

图 13-11　通用型定时器的工作过程

当输入继电器触点 X1 闭合时，定时器线圈 T200 得电，开始从零对 10ms 时钟脉冲进行计数，即进行延时控制，当计数值与计时常数 256 相等时，定时器常开触点 T200 闭合，即延时时间到达 2.56s 时闭合，此时输出继电器线圈 Y1 得电。

② 累计型定时器

　　　　　累计型定时器与通用型定时器不同的是，累计型定时器在定时过程中断电或输入电路断开时，定时器具有断电保持功能，能够保持当前计数值，当通电或输入电路闭合时，定时器会在保持当前计数值的基础上继续累计
计数，如图 13-12 所示，为累计型定时器的内部结构及工作原理图。

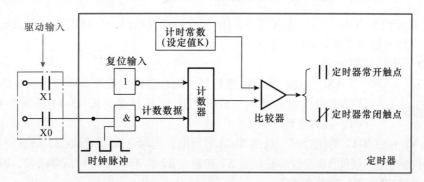

图 13-12　累计型定时器的内部结构及工作原理图

输入继电器触点 X0 闭合，将计数数据送入计数器中，计数器从零开始对时钟脉冲进行计数，当定时器计数值未达到计时常数（设定值 K）时输入继电器触点 X0 断开或断电时，计数器可保持当前计数值，当输入继电器触点 X0 再次闭合或通电时，计数器在当前值的基础上开始累计计数，当累计计数值等于计时常数（设定值 K）时，电压比较器输出端输出控制信号控制定时器常开触点、常闭触点相应动作。

当复位输入触点 X1 闭合时，计数器计数值复位，其定时器常开、常闭触点也相应复位。

如图 13-13 所示，为累计型定时器的工作过程。

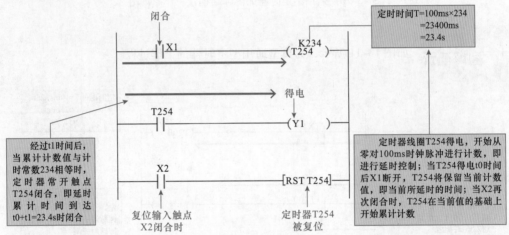

图 13-13　累计型定时器的工作过程

当输入继电器触点 X1 闭合时，定时器线圈 T234 得电，开始从零对 100ms 时钟脉冲进行计数，即进行延时控制；当定时器线圈 T254 得电 t0 时间后 X1 断开时，T254 将保留当前计数值，即当前所延时的时间；当 X1 再次闭合时，T254 在当前值的基础上开始累计计数，经过 t1 时间后，当累计计数值与计数常数 234 相等时，定时器常开触点 T254 闭合，即延时累计时间到达 t0 + t1 = 23.4 s 时闭合，输出继电器线圈 Y1 得电。

当复位输入触点 X2 闭合时，定时器 T254 被复位，当前值变为零，常开触点 T254 也随之复位断开。

13.1.3　PLC 梯形图中的基本电路形式

在 PLC 梯形图中 AND（与）运算电路、OR（或）运算电路、自锁电路、互锁电路、时间电路、分支电路等是非常基本的电路形式。

1. AND（与）运算电路

AND（与）运算电路是 PLC 编程语言中最基本最常用的电路形式，它是指线圈接收触点的 AND（与）运算结果，图 13-14 所示为典型 AND（与）运算电路。

当触点 X1 和触点 X2 均闭合时，线圈 Y0 才可得电；当触点 X1 和触点 X2 任意一点断开时，线圈 Y0 均不能得电。线圈 Y0 接收的是触点 X1 和触点 X2 的 AND（与）运算结果，因此该类型的电路称之为 AND（与）运算电路。

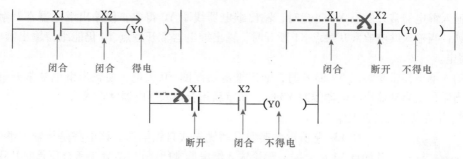

图 13-14　AND（与）运算电路

2. OR（或）运算电路

　　OR（或）运算电路也是最基本最常用的电路形式，它是指线圈接收触点的 OR（或）运算结果，图 13-15 所示为典型 OR（或）运算电路。

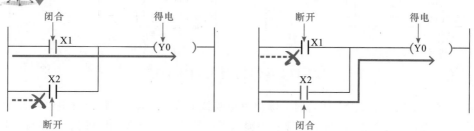

图 13-15　OR（或）运算电路

　　当触点 X1 和触点 X2 任意一点闭合时，线圈 Y0 均得电。线圈 Y0 接收的是触点 X1 和触点 X2 的 OR（或）运算结果，因此该类型的电路称为 OR（或）运算电路。

3. 自锁电路

　　自锁电路是机械锁定开关电路编程中常用的电路形式，它是指输入继电器触点闭合，输出继电器线圈得电，控制其输出继电器触点锁定输入继电器触点，当输入继电器触点断开后，输出继电器触点仍能维持输出继电器线圈得电。

　　PLC 编程中常用的自锁电路有两种形式，分别为关断优先式自锁电路和启动优先式自锁电路。

（1）关断优先式自锁电路

　　图 13-16 所示为典型关断优先式自锁电路。该电路是指当输入继电器常闭触点 X2 断开时，无论输入继电器常开触点 X1 处于闭合还是断开状态，输出继电器线圈 Y0 均不能得电。

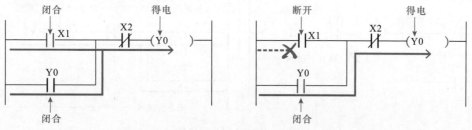

图 13-16　典型关断优先式自锁电路

当输入继电器常开触点 X1 闭合时，输出继电器线圈 Y0 得电，使输出继电器常开触点 Y0 闭合自锁；当输入继电器常开触点 X1 断开时，输出继电器常开触点 Y0 仍能维持输出继电器线圈 Y0 得电。

当输入继电器常闭触点 X2 断开时，输出继电器线圈 Y0 失电，使输出继电器常开触点 Y0 断开；当需再次启动输出继电器线圈 Y0 时，需重新闭合输入继电器触点 X1。

（2）启动优先式自锁电路

图 13-17 所示为典型启动优先式自锁电路。该电路是指输入继电器常开触点 X1 闭合时，无论输入继电器常闭触点 X2 处于闭合还是断开状态时，输出继电器线圈 Y0 均能得电。

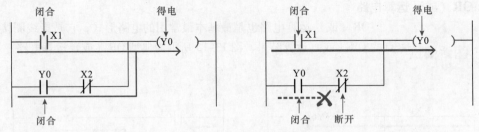

图 13-17 典型启动优先式自锁电路

当输入继电器常开触点 X1 闭合时，输出继电器线圈 Y0 得电，使输出继电器常开触点 Y0 闭合与输入继电器常闭触点 X2 配合自锁；当输入继电器常开触点 X1 断开时，输出继电器常开触点 Y0 与输入继电器常闭触点 X2 配合仍能维持输出继电器线圈 Y0 得电。

当输入继电器常闭触点 X1 断开时，输出继电器线圈 Y0 才失电，使输出继电器常开触点 Y0 断开；当需再次启动输出继电器线圈 Y0 时，需重新闭合输入继电器触点 X1。

4. 互锁电路

互锁电路是控制两个继电器不能够同时动作的一种电路形式，它是指通过其中一个线圈触点锁定另一个线圈，使其不能够得电，图 13-18 所示为典型互锁电路。

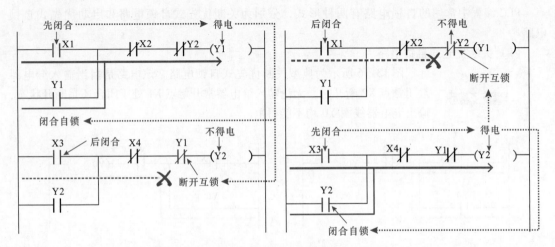

图 13-18 典型互锁电路

当输入继电器触点 X1 先闭合时，输出继电器线圈 Y1 得电，使其输出继电器常开触点 Y1 闭合自锁，输出继电器常闭触点 Y1 断开互锁，此时即使闭合输入继电器触点 X3，输出继电器线圈 Y2 也不能够得电。

当输入继电器触点 X3 先闭合时，输出继电器线圈 Y2 得电，使其输出继电器常开触点 Y2 闭合自锁，输出继电器常闭触点 Y2 断开互锁，此时即使闭合输入继电器触点 X1，输出继电器线圈 Y1 也不能够得电。

5. 分支电路

分支电路是由一条输入指令控制两条输出结果的一种电路形式，图 13-19 所示为典型分支电路。

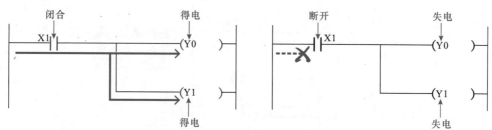

图 13-19　典型分支电路

当输入继电器触点 X1 闭合时，输出继电器线圈 Y0 和 Y1 同时得电；当输入继电器触点 X1 断开时，输出继电器线圈 Y0 和 Y1 同时失电。

6. 时间电路

时间电路是指由定时器进行延时、定时和脉冲控制的一种电路形式，相当于电气控制电路中的时间继电器的功能。

PLC 编程中常用的时间电路主要有由一个定时器控制的时间电路、由两个定时器组合控制的时间电路、由定时器串联控制的时间电路等。

（1）由一个定时器控制的时间电路

如图 13-20 所示，为一个定时器控制的时间电路。定时器 T1 的定时时间 $T = 100ms \times 30 = 3000ms = 3s$，即当定时器线圈 T 得电后，延时 3s 后，控制器常开触点 T1 闭合。

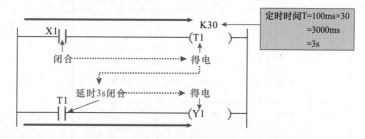

图 13-20　由一个定时器控制的时间电路

当输入继电器常开触点 X1 闭合时，定时器线圈 T1 得电，经 3s 延时后，定时器常开触点 T1 闭合，输出继电器线圈 Y1 得电。

（2）由两个定时器组合控制的时间电路

图解演示 如图 13-21 所示为由两个定时器组合控制的时间电路，该电路可利用多个定时器实现更长时间的延时控制。图中定时器 T1 的定时时间 T = 100ms×30 = 3000ms = 3s，即当定时器线圈 T1 得电后，延时 3s 后，控制器常开触点 T1 闭合；定时器 T245 的定时时间 T = 10ms×456 = 4560ms = 4.56s，即当定时器线圈 T245 得电后，延时 4.56s 后，控制器常开触点 T245 闭合。

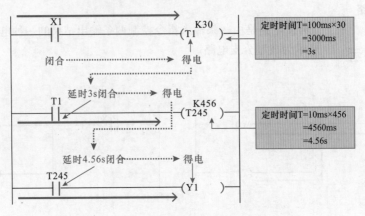

图 13-21　由两个定时器组合控制的时间电路

当输入继电器常开触点 X1 闭合时，定时器线圈 T1 得电，经 3s 延时后，定时器常开触点 T1 闭合，定时器线圈 T245 得电，经 4.56s 延时后，定时器常开触点 T245 闭合，输出继电器线圈 Y1 得电。

（3）由定时器串联控制的时间电路

图解演示 如图 13-22 所示为由定时器串联控制的时间电路。图中定时器 T1 的定时时间 T = 100ms×15 = 1500ms = 1.5s，即当定时器线圈 T1 得电后，延时 1.5s 后，控制器常开触点 T1 闭合；定时器 T2 的定时时间 T = 100ms×30 = 3000ms = 3s，即当定时器线圈 T2 得电后，延时 3s 后，控制器常开触点 T2 闭合。

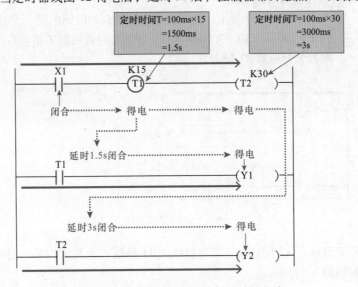

图 13-22　由定时器串联控制的时间电路

当输入继电器常开触点 X1 闭合时，定时器线圈 T1 和 T2 得电，经 1.5s 延时后，定时器常开触点 T1 闭合，输出继电器线圈 Y1 得电，经 3s 延时后，定时器常开触点 T2 闭合，输出继电器线圈 Y2 得电。

13.2 PLC 语句表

PLC 语句表是另一种重要的编程语言。这种编程语言形式灵活、简洁，易于编写和识读，深受很多电气工程技术人员的欢迎。因此无论是 PLC 的设计，还是 PLC 的系统调试、改造、维修都会用到 PLC 语句表。

13.2.1 PLC 语句表的特点

针对 PLC 梯形图的直观形象的图示化特色，PLC 语句表正好相反，它的编程最终以"文本"的形式体现，如图 13-23 所示，分别是用 PLC 梯形图和 PLC 语句表编写的同一个控制系统的程序。

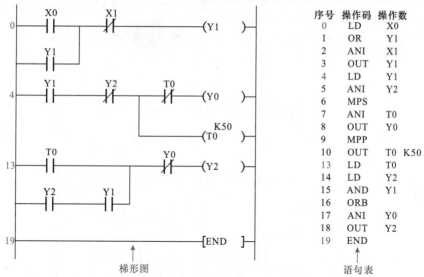

图 13-23　用 PLC 梯形图和 PLC 语句表编写的同一个控制系统的程序

可以看出，PLC 语句表没有 PLC 梯形图那样直观、形象，但 PLC 语句表的表达更加精练、简洁。如果能够了解 PLC 语句表和 PLC 梯形图的含义会发现 PLC 语句表和 PLC 梯形图是一一对应的。

从图可看出在 **PLC 梯形图的输入母线的每一条语句的分支处都标有数字编号，该编号代表该条语句的第一个指令在整个梯形图中的执行顺序，与语句表中的序号相对应。**

PLC 梯形图中的每一条语句都与语句表中若干条语句相对应，且每一条语句中的每一个触点、线圈都与 PLC 语句表中的操作码和操作数相对应，如图 13-24 所示。除此之外梯形图中的重要分支点，如并联电路块串联、串联电路块并联、进栈、读栈、出栈触点处等，在语句表中也会通过相应指令指示出来。

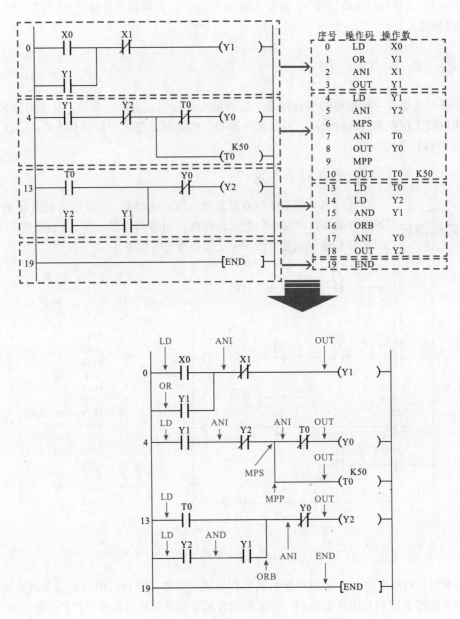

图 13-24   PLC 梯形图和语句表的对应关系

在很多 PLC 编程软件中，都具有 PLC 梯形图和 PLC 语句表的互换功能，如图 13-25 所示。通过"梯形图/指令表显示切换"按钮可实现 PLC 梯形图和语句表之间的转换。值得注意的是，在所有的 PLC 梯形图都可转换成所对应的语句表，但并不是所有的语句表都可以转换为所对应的梯形图。

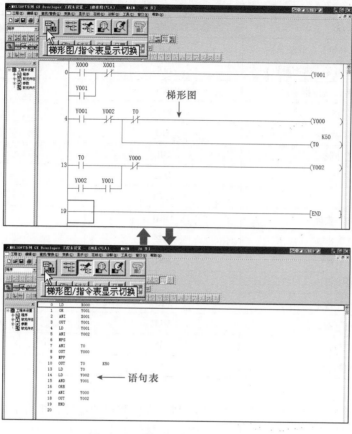

图 13-25 梯形图与语句表的转换

 13. 2. 2 PLC 语句表的构成

PLC 语句表是由序号、操作码和操作数构成的，如图 13-26 所示。

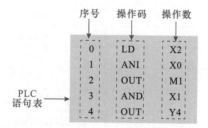

图 13-26 PLC 语句表的构成

1. 序号

序号使用数字进行标识，表示指令语句的顺序。

2. 操作码

操作码使用助记符进行标识，也称为编程指令，用于完成 PLC 的控制功能。不同厂家生产的 PLC 其语句表使用的助记符也不相同，表 13-5 所列为三菱 FX 系列和西门子 S7 – 200 系列 PLC 中常用的助记符。

表 13-5　三菱 FX 系列和西门子 S7 – 200 系列 PLC 中常用的助记符

功能	三菱 FX 系列（助记符）	西门子 S7 – 200 系列（助记符）
读指令（逻辑段开始 – 常开触点）	LD	LD
读反指令（逻辑段开始 – 常闭触点）	LDI	LDN
输出指令（驱动线圈指令）	OUT	=
"与"指令	AND	A
"与非"指令	ANI	AN
"或"指令	OR	O
"或非"指令	ORI	ON
"电路块"与指令	ANB	ALD
"电路块"或指令	ORB	OLD
"置位"指令	SET	S
"复位"指令	RST	R
"进栈"指令	MPS	LPS
"读栈"指令	MRD	LRD
"出栈"指令	MPP	LPP
上升沿脉冲指令	PLS	EU
下降沿脉冲指令	PLF	ED

3. 操作数

操作数使用地址编号进行标识，用于指示 PLC 操作数据的地址，相当于梯形图中软继电器的文字标识，不同厂家生产的 PLC 其语句表使用的操作数也有所差异，例如，表 13-6 所列为三菱 FX 系列和西门子 S7 – 200 系列 PLC 中常用的操作数。

表 13-6　三菱 FX 系列和西门子 S7 – 200 系列 PLC 中常用的操作数

三菱 FX 系列（操作数）		西门子 S7 – 200 系列（操作数）	
名称	地址编号	名称	地址编号
输入继电器	X	输入继电器	I
输出继电器	Y	输出继电器	Q
定时器	T	定时器	T
计数器	C	计数器	C
辅助继电器	M	通用辅助继电器	M
状态继电器	S	特殊标志继电器	SM
		变量存储器	V
		顺序控制继电器	S

第⑭章

西门子 PLC 的编程控制

14.1 西门子 PLC 梯形图的编程方法

14.1.1 西门子 PLC 梯形图的编程规则

西门子 PLC 梯形图的编程规则是编程人员的必备基础，在进行 PLC 编程前，应具备一些扎实的理论编程基础知识作为铺垫，以帮助编程人员尽快地掌握西门子 PLC 梯形图的编程方法。

这里我们将以西门子 PLC 梯形图的结构特点和常用编程元件作为入手点，在此基础上介绍其基本编程方法。

1. 西门子 PLC 梯形图的结构特点

图解演示 西门子 PLC 梯形图主要由母线、触点、线圈或用方框表示的指令框等构成的，图 14-1 所示。

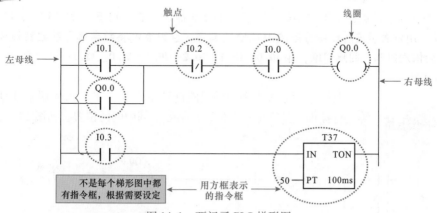

图 14-1 西门子 PLC 梯形图

（1）母线

在西门子 PLC 梯形图中，左右两侧的母线分别称为左母线和右母线，是每条程序的起始点和终止点，也就是说梯形图中的每一条程序都是始于左母线，终于右母线的。

图解演示 一般情况下，西门子 PLC 梯形图编程时，习惯性的只画出左母线，省略右母线，但其所表达梯形图程序中的能流仍是由左母线经程序中触点 I0.1、I0.2、线圈 Q0.0 等至右母线中的过程，如图 14-2 所示。

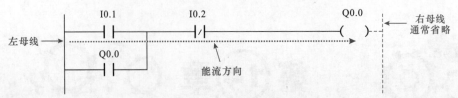

图 14-2　西门子 PLC 梯形图编程中的母线

（2）触点

在西门子 PLC 梯形图中，触点可分为常开触点和常闭触点，其中常开触点符号为"─┤├─"，常闭触点符号为"─┤/├─"，可使用字母 I、Q、M、T、C 进行标识，且这些标识一般写在其相应图形符号的正上方，如图 14-3 所示。

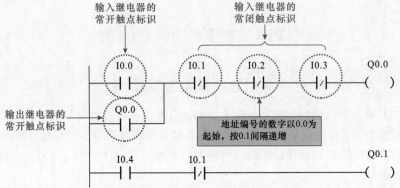

图 14-3　西门子 PLC 梯形图中的触点

西门子 PLC 梯形图中的触点字母标识中，I 表示输入继电器触点；Q 表示输出继电器触点；M 表示通用继电器触点；T 表示定时器触点；C 表示计数器触点。

完整的梯形图触点通常用"字母＋数字"的文字标识，如图 14-3 中的"I0.0、I0.1、I0.2、Q0.0"等，用以表示该触点所分配的编程地址编号，且习惯性将数字编号起始数设为 0.0，如 I0.0，然后依次以 0.1 间隔递增，如 I0.0、I0.1、I0.2…I0.7，I1.0、I1.1…I1.7 等。

（3）线圈

西门子 PLC 梯形图中的线圈符号为"─(　　)"，可使用字母 Q、M、SM 等进行标识，且字母一般标识在括号上部中间的位置，如图 14-4 所示。

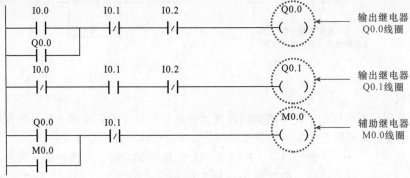

图 14-4　西门子 PLC 梯形图线圈

西门子 **PLC** 梯形图中的线圈字母标识中，**Q** 表示输出继电器线圈；**M** 或 **SM** 表示辅助继电器线圈。

完整的梯形图线圈通常用"字母＋数字"的文字标识，"字母"代表触点的类型，数字代表触点的序号。如图中的"Q0.0、M0.0"等；习惯性将数字编号起始数设为 0.0，如 Q0.0，然后依次以 0.1 间隔递增，如 Q0.0、Q0.1、Q0.2…Q0.7，Q1.0、Q1.1 等。

在西门子 **PLC** 梯形图中，除上述的触点、线圈等符号外，还通常使用一些指令框（也称为功能块）用来表示定时器、计数器或数学运算等附加指令，如图 **14-5** 所示，指令框的具体含义我们接下来将在常用编程元件中具体了解和学习。

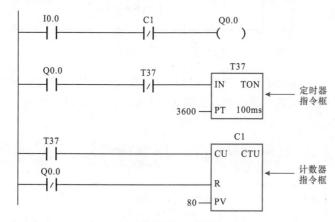

图 14-5 梯形图中的指令框

2. 西门子 **PLC** 梯形图中常用编程元件标识方法

在西门子 PLC 梯形图中，将其触点和线圈等称为程序中的编程元件。编程元件也称为软元件，是指在 PLC 编程时使用的输入/输出端子所对应的存储区，以及内部的存储单元、寄存器等。

根据编程元件的功能，西门子 PLC 梯形图中常用的编程元件主要有输入继电器（I）、输出继电器（Q）、辅助继电器（M、SM）、定时器（T）、计数器（C）和一些其他较常见的编程元件等。

（1）输入继电器（I）的标注

西门子 PLC 梯形图中的输入继电器用"字母 I ＋数字"进行标识，每个输入继电器均与 PLC 的一个输入端子对应，用于接收外部开关信号。

输入继电器由 PLC 端子连接的开关部件的通断状态（开关信号）进行驱动，当开关信号闭合时，输入继电器得电，其对应的常开触点闭合，常闭触点断开，如图 14-6 所示。

（2）输出继电器（Q）的标注

西门子 PLC 梯形图中的输出继电器用"字母 Q ＋数字"进行标识，每一个输出继电器均与 PLC 的一个输出端子对应，用于控制 PLC 外接的负载。

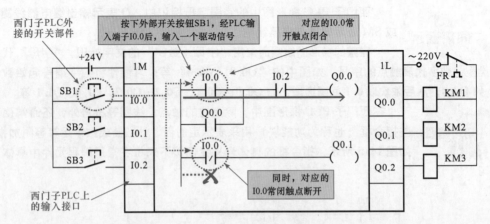

图14-6　西门子PLC梯形图中的输入继电器

　　　　输出继电器可以由PLC内部输入继电器的触点、其他内部继电器的触点，或输出继电器自己的触点来驱动，如图14-7所示。

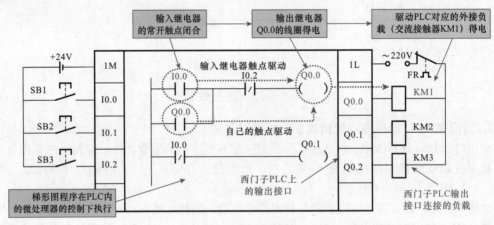

图14-7　西门子PLC梯形图中的输出继电器

　　　　西门子PLC梯形图中输入继电器、输出继电器的地址编号在程序设计之初由I/O分配表进行分配，一般PLC外接输入部件或负载部件对应的输入继电器、输出继电器编号为其所接端子的名称，表14-1所列为典型西门子PLC梯形图设计时给出的I/O分配表。

表14-1　典型西门子PLC梯形图设计时给出的I/O分配表

输入信号及地址编号			输出信号及地址编号		
开关部件名称	代号	地址编号	负载部件名称	代号	地址编号
起动按钮	SB1	I0.0	向左接触器	KM1	Q0.0
行程开关一	SQ1	I0.1	向右接触器	KM2	Q0.1
行程开关二	SQ2	I0.2			
行程开关三	SQ3	I0.3			

（3）辅助继电器（M、SM）的标注

在西门子 PLC 梯形图中，辅助继电器有两种，一种为通用辅助继电器，一种为特殊标志位辅助继电器。

① 通用辅助继电器的标注

通用辅助继电器，也称为内部标志位存储器，如同传统继电器控制系统中的中间继电器，用于存放中间操作状态，或存储其他相关数字，用"字母 M + 数字"进行标识，如图 14-8 所示。

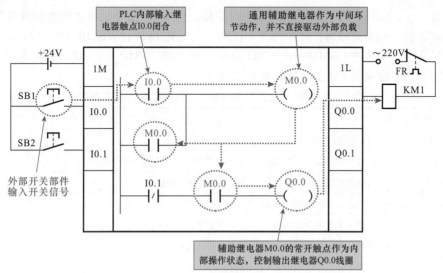

图 14-8　西门子 PLC 梯形图中的通用辅助继电器

可以看到，通用辅助继电器 M0.0 既不直接接收外部输入信号，也不直接驱动外接负载，它只是作为程序处理的中间环节，起到桥梁的作用。

西门子 PLC 梯形图中的通用辅助继电器的地址格式可以为位地址格式和字节、字、双字格式两种。

位地址格式：M［字节地址］.［位地址］，如 M31.7。

字节、字、双字格式：M［数据长度］［起始字节地址］，如 MB11、MW30、MD12 等；其中 B 为 BYTE（字节）缩写；W 为 WORD（字）缩写；M 为 DWORD（双字）缩写。

西门子 S7 - 200 系列 PLC 中，CPU226（型号）模块内部的通用辅助继电器有效地址范围：M（0.0 ~ 63.7），共 512 位；MB（0 ~ 63），共 64 个字节；MW（0 ~ 62），共 32 个字；MD（0 ~ 60），共 16 个双字。

② 特殊标志位辅助继电器的标注

特殊标志位辅助继电器，用"字母 SM + 数字"标识，如图 14-9 所示，通常简称为特殊标志位继电器，它是为保存 PLC 自身工作状态数据而建立的一种继电器，用于为用户提供一些特殊的控制功能及系统信息，如用于读取程序中设备的状态和运算结果，根据读取信息实现控制需求等。一般用户对操作的一些特殊要求也可通过特殊标志位辅助继电器通知 CPU 系统。

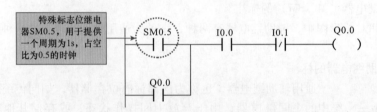

图 14-9　西门子 PLC 梯形图中的特殊标志位辅助继电器

西门子 S7 – 200 系列 PLC 中，CPU226 型号的特殊标志位继电器的有效地址范围为：SM（0. 0 ~ 179. 7），共有 1440 位；SMB（0 ~ 179），共有 180 个字节；SMW（0 ~ 178），共有 90 个字；SMD（0 ~ 176），共有 45 个双字。常用的特殊标志位继电器 SM 的功能见表 14-2 所列。

表 14-2　不同地址编号的特殊标志位继电器 SM 的功能

SM 地址编号	功　　能
SM0. 0	PLC 运行时该位始终为 1
SM0. 1	PLC 首次扫描时为 1，保持一个扫描周期。可用于调用初始化程序
SM0. 2	若保持数据丢失，该位为 1，保持一个扫描周期
SM0. 3	开机进入 RUN 模式，将闭合一个扫描周期
SM0. 4	提供一个周期为 1min 的时钟（高低电平各为 30s）
SM0. 5	提供一个周期为 1s 的时钟（高低电平各为 0. 5s）
SM0. 6	扫描时钟，本次扫描置 1，下次扫描置 0。可用于扫描计数器的输入
SM0. 7	指示 CPU 工作方式开关的位置，0 为 TEMR 位置；1 为 RUN 位置
SM1. 0	零标志，当执行某些命令的输出结果为 0 时，将该位置 1
SM1. 1	错误标志，当执行某些命令时，其结果溢出或出现非法数值时，将该位置 1
SM1. 2	负数标志，当执行某些命令时，其结果为负数时，将该位置 1
SM1. 3	试图除以零时，将该位置 1
SM1. 4	当执行 ATT（Add To Table）指令时，超出表范围时，将该位置 1
SM1. 5	当执行 LIFO 或 FIFO 时，从空表中读数时，将该位置 1
SM1. 6	当试图把一个非 BCD 数转换为二进制数时，将该位置 1
SM1. 7	当 ASCII 码不能转换为有效的十六进制时，将该位置 1

（4）定时器（T）的标注

在西门子 PLC 梯形图中，定时器是一个非常重要的编程元件，用"字母 T + 数字"进行标识，数字从 0 ~ 255，共 256 个。不同型号的 PLC，其定时器的类型和具体功能也不相同。在西门子 S7 – 200 系列 PLC 中，定时器分为 3 种类型，即接通延时定时器（TON）、有记忆接通延时定时器（TONR）、断开延时定时器（TOF），三种定时器定时时间的计算公式相同：

$$T = PT \times S \quad （T 为定时时间，PT 为预设值，S 为分辨率等级）$$

式中，PT 预设值根据编程需要输入设定值数值，分辨率等级一般有 1ms、10ms、100ms 三种，由定时器类型和编号决定，见表 14-3 所列。

表14-3 西门子 S7 – 200 定时器号码对应的分辨率等级及最大值等参数

定时器类型	定时器编号	分辨率等级	最大值
接通延时定时器（TON） 断开延时定时器（TOF）	T32，T96	1ms	32.767s
	T33～T36，T97～T100	10ms	327.67s
	T37～T63，T101～T255	100ms	3276.7s
有记忆接通延时定时器 （TONR）	T0，T64	1ms	32.767s
	T1～T4，T65～T68	10ms	327.67s
	T5～T31，T69～T95	100ms	3276.7s

① 接通延时定时器（TON）的标注

接通延时定时器是指定时器得电后，延时一段时间（由设定值决定）后其对应的常开或常闭触点才执行闭合或断开动作；当定时器失电后，触点立即复位。

接通延时定时器（TON）在 PLC 梯形图中的表示方法如图 14-10 所示，其中，方框上方的"???"为定时器的编号输入位置；方框内的 TON 代表该定时器类型（接通延时）；IN 为启动输入端；PT 为时间预设值端（PT 外部的"???"为预设值的数值）；S 为定时器分辨率，与定时器的编号有关，可参照表14-3所列。

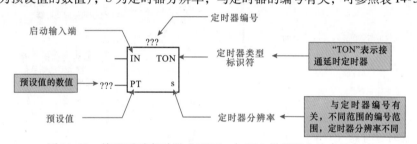

图 14-10 接通延时定时器（TON）在 PLC 梯形图中的表示方法

例如，某段 PLC 梯形图程序如图 14-11 所示，该程序中所用定时器编号为 T37，预设值 PT 为 300，定时分辨率为 100ms。

可以计算出，该定时器的定时时间为 $300 \times 100ms = 30000ms = 30s$；则在该程序中，当输入继电器 I0.3 闭合后，定时器 T37 得电，延时 30s 后控制输出继电器 Q0.0 的延时闭合的常开触点 T37 闭合，使输出继电器 Q0.0 线圈得电。

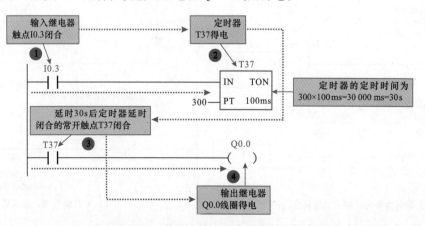

图 14-11 接通延时定时器（TON）应用

定时器的计时时间一般用 **16** 位符号整数来表示，最大计数值为 **32767**，定时器在进行计时过程中，当计时时间与预设值相等时，延时时间到，定时器的相应触点动作，这时，定时器将继续计时，直到 **32767** 时，才停止计时。直到启动输入端变为 **0**，定时器被复位。

② 有记忆接通延时定时器（TONR）的标注

有记忆接通延时定时器（TONR）与上述的接通延时定时器（TON）原理基本相同，不同之处在于在计时时间段内，未达到预设值前，定时器断电后，可保持当前计时值，当定时器得电后，从保留值的基础上再进行计时，可多间隔累加计时，当到达预设值时，其触点相应动作（常开触点闭合，常闭触点断开）。

有记忆接通延时定时器（TONR）在 PLC 梯形图中的表示方法如图 14-12 所示，其中，方框上方的 "???" 为定时器的编号输入位置；方框内的 TONR 代表该定时器类型（有记忆接通延时）；IN 为启动输入端；PT 为时间预设值端（PT 外部的 "???" 为预设值的数值）；S 为定时器分辨率，与定时器的编号有关，可参照表 14-3 所列。

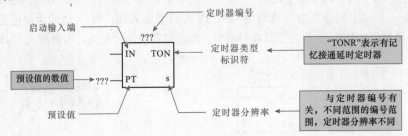

图 14-12　有记忆接通延时定时器（TONR）在 PLC 梯形图中的表示方法

③ 断开延时定时器（TOF）的标注

断开延时定时器（TOF）是指定时器得电后，其相应常开或常闭触点立即执行闭合或断开动作；当定时器失电后，需延时一段时间（由设定值决定），其对应的常开或常闭触点才执行复位动作。

断开延时定时器（TOF）在 PLC 梯形图中的表示方法与上述两种定时器基本相同，如图 14-13 所示为断开延时定时器（TOF）的典型应用。

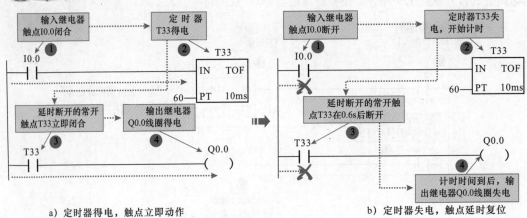

图 14-13　断开延时定时器（TOF）的典型应用

可以看到，该程序中所用定时器编号为 T33，预设值 PT 为 60，定时分辨率为 10ms。

可以计算出，该定时器的定时时间为 $60 \times 10ms = 600ms = 0.6s$；则该程序中，当输入继电器 I0.3 闭合后，定时器 T38 得电，控制输出继电器 Q0.0 的延时断开的常开触点 T38 立即闭合，使输出继电器 Q0.0 线圈得电；当输入继电器 I0.3 断开后，定时器 T38 失电，控制输出继电器 Q0.0 的延时断开的常开触点 T38 延时 0.6s 后才断开，输出继电器 Q0.0 线圈失电。

相关资料 西门子 S7 – 300/400 系列 PLC 中的定时器有 5 种类型，分别为脉冲型定时器（SP）、扩展脉冲型定时器（SE）、延时接通型定时器（SD）、延时接通保持型定时器（SS）和延时断开型定时器（SF），其表现形式有两种，一种为块图形式，另种为线圈形式。

用块图形式定时器表现比较直观，对应有 5 种定时器，分别为脉冲型定时器（SP_PULSE）、扩展脉冲型定时器（SE_PEXT）、延时接通型定时器（SD_ODT）、延时接通保持型定时器（SS_DDTS）和延时断开型定时器（SF_OFFDT），每种定时器有 6 个端子，其相关符号和文字标识含义如图 14-14 所示。用线圈形式表现的定时器也有 5 种，分别为脉冲型定时器（SP）、扩展脉冲型定时器（SE）、延时接通型定时器（SD）、延时接通保持型定时器（SS）、延时断开型定时器（SF），其相关符号和文字标识含义如图 14-15 所示。

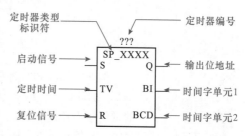

图 14-14　西门子 S7 – 300/400 系列 PLC 中的 5 种框图形式定时器

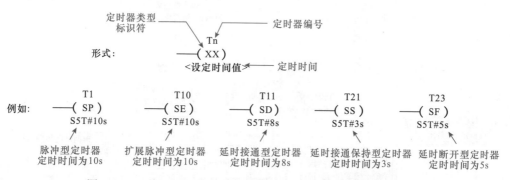

图 14-15　西门子 S7 – 300/400 系列 PLC 中的 5 种线圈形式定时器

（5）计数器（C）的标注

在西门子 PLC 梯形图中，计数器的结构和使用与定时器基本相似，也是应用广泛的一种编程元件，用来累计输入脉冲的次数，经常用来对产品进行计数。用"字母 C + 数字"进行标识，数字从 0 ~ 255，共 256 个。

不同型号的 PLC，其定时器的类型和具体功能也不相同。在西门子 S7 – 200 系列 PLC 中，计数器分为 3 种类型，即加计数器（CTU）、减计数器（CTD）、加减计数器（CTUD），一般情况下，计数器与定时器配合使用。

① 加计数器（CTU）的标注

加计数器（CTU）是指在计数过程中，当计数端输入一个脉冲时，当前值加 1，当脉冲数累加到等于或大于计数器的预设值时，计数器相应触点动作（常开触点闭合，常闭触点断开）。

在西门子 S7 – 200 系列 PLC 梯形图中，加计数器的图形符号及文字标识含义如图 14-16 所示，其中方框上方的"???"为加计数器编号输入位置，CU 为计数脉冲输入端，R 为复位信号输入端（复位信号为 0 时，计数器工作），PV 为脉冲预设值端。

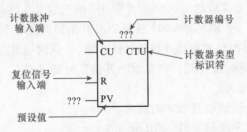

图 14-16　加计数器的图形符号及文字标识含义

例如，某段 PLC 梯形图程序如图 14-17 所示，该程序中计数器类型为 CTU，加计数器，编号为 C1，预设值 PV 为 80，复位端由输出继电器 Q0.0 的常闭触点控制。

可以看到，该程序中，初始状态下，输出继电器 Q0.0 的常闭触点闭合，即计数器复位端为 1，计数器不工作；当 PLC 外部输入开关信号使输入继电器 I0.0 闭合后，输出继电器 Q0.0 线圈得电，其常闭触点 Q0.0 断开，计数器复位端信号为 0，计数器开始工作；同时输出继电器 Q0.0 的常开触点闭合，定时器 T37 得电。

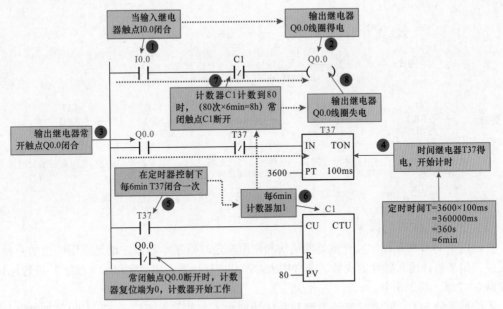

图 14-17　加计数器（CTU）的应用

在定时器 T37 控制下，其常开触点 T37 每 6min 闭合一次，即每 6min 向计数器 C1 脉冲输入端输入一个脉冲信号，计数器当前值加 1，当计数器当前值等于 80 时（历时时间为 8h），计数器触点动作，即控制输出继电器 Q0.0 的常闭触点在接通 8h 后自动断开。

与定时器相似，计数器的计数器累加脉冲数也一般用 **16** 位符号整数来表示，最大计数值为 **32767**、最小值为 **－32767**，加计数器在进行脉冲累加过程中，当累加数与预设值相等时，计数器的相应触点动作，这时再送入脉冲时，计数器的当前值仍不断累加，直到 **32767** 时，停止计数，直到复位端 **R** 再次变为 **1**，计数器被复位。

② 减计数器（CTD）的标注

减计数器（CTD）是指在计数过程中，将预设值装入计数器当前值寄存器，当计数端输入一个脉冲时，当前值减1，当计数器的当前值等于0时，计数器相应触点动作（常开触点闭合、常闭触点断开），并停止计数。

在西门子 S7－200 系列 PLC 梯形图中，减计数器的图形符号及文字标识含义如图 14-18 所示，其中方框上方的 "???" 为减计数器编号输入位置，CD 为计数脉冲输入端，LD 为装载信号输入端，PV 为脉冲预设值端。

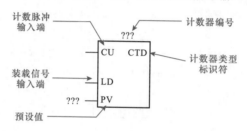

图 14-18　减计数器的图形符号及文字标识含义

当装载信号输入端 LD 信号为 1 时，其计数器的预设值 PV 被装入计数器的当前值寄存器，此时当前值为 PV。只有装载信号输入端 LD 信号为 0 时，计数器才可以工作。

例如，某段 PLC 梯形图程序如图 14-19 所示，该程序中计数器类型为 CTD，减计数器，编号为 C1，预设值 PV 为 3。

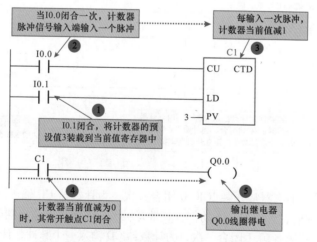

图 14-19　减计数器（CTD）的应用

可以看到，该程序中，由输入继电器常开触点 I0.1 控制计数器 C1 的装载信号输入端；输入继电器常开触点 I0.0 控制计数器 C1 的脉冲信号，I0.1 闭合，将计数器的预设值 3 装载到当前值寄存器中，此时计数器当前值为 3，当 I0.0 闭合一次，计数器脉冲信号输入端输入一个脉冲, 计数器当前值减1, 当计数器当前值减为0时, 计数器常开触点 C1 闭合, 控制输出继电器 Q0.0 线圈得电。

③ 加减计数器 (CTUD) 的标注

加减计数器 (CTUD) 有两个脉冲信号输入端, 其在计数过程中, 可进行计数加1, 也可进行计数减1。

在西门子 S7－200 系列 PLC 梯形图中, 加减计数器的图形符号及文字标识含义如图 14-20 所示, 其中方框上方的 "???" 为加减计数器编号输入位置, CU 为加计数脉冲输入端, CD 为减计数脉冲输入端, R 为复位信号输入端, PV 为脉冲预设值端。

当 CU 端输入一个计数脉冲时, 计数器当前值加1, 当计数器当前值等于或大于预设值时, 计数器由 OFF 转换为 ON, 其相应触点动作; 当 CD 端输入一个计数脉冲时, 计数器当前值减1, 当计数器当前值小于预设值时, 计数器由 OFF 转换为 ON, 其相应触点动作。

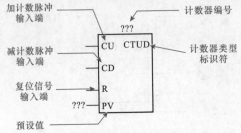

图 14-20　加减计数器的图形符号及文字标识含义

例如, 某段 PLC 梯形图程序如图 14-21 所示, 该程序中计数器类型为 CTUD, 加减计数器, 编号为 C48, 预设值 PV 为 4。

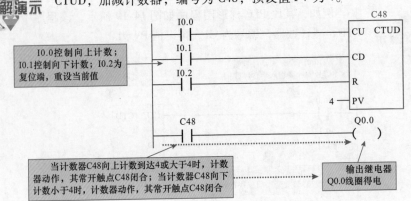

图 14-21　加减计数器 (CTUD) 的应用

可以看到, 当输入继电器常开触点 I0.0 闭合一次, 为计数器 CU 输入一个脉冲, 计数器当前值加1, 当累加至 4 时, 计数器 C48 动作, 其常开触点 C48 闭合, 输出继电器 Q0.0 线圈得电。

当输入继电器常开触点 I0.1 闭合一次, 为计数器 CD 输入一个脉冲, 计数器当前值减1, 当减至 4 时, 计数器 C48 动作, 其常开触点 C48 闭合, 输出继电器 Q0.0 线圈得电。

加减计数器在计数过程中, 当计数器的当前值大于等于预设值 PV 时, 计数器动作, 这时加计数脉冲输入端再输入脉冲时, 计数器的当前值仍不断累加, 达到最大值 32767 后, 下一个 CU 脉冲将使计数器当前值跳变为最小值

－32767 并停止计数。

同样，当计数器进行减 1 操作，当前值小于预设值 PV 时，计数器动作，这时减计数脉冲输入端再输入脉冲时，计数器的当前值仍不断递减，达到最大值 －32767 后，下一个 CD 脉冲将使计数器当前值跳变为最大值 32767 并停止计数。

（6）其他编程元件（V、L、S、AI、AQ、HC、AC）的标注

西门子 PLC 梯形图中，除上述 5 种常用编程元件外，还包含一些其他基本编程元件。

① 变量存储器（V）的标注

变量存储器用字母 V 标识，用来存储全局变量，可用于存放程序执行过程中控制逻辑操作的中间结果等。同一个存储器可以在任意程序分区被访问。

② 局部变量存储器（L）的标注

局部变量存储器用字母 L 标识，用来存储局部变量，同一个存储器只和特定的程序相关联。

③ 顺序控制继电器（S）的标注

顺序控制继电器用字母 S 标识，用在顺序控制和步进控制中，是一种特殊的继电器。

④ 模拟量输入、输出映像寄存器（AI、AQ）的标注

模拟量输入映像寄存器（AI）用于存储模拟量输入信号，并实现模拟量的 A－D 转换；模拟量输出映像寄存器（AQ）为模拟量输出信号的存储区，用于实现模拟量的 D－A 转换。

⑤ 高速计数器（HC）的标注

高速计数器（HC）与普通计数器基本相同，其用于累计高速脉冲信号。高速计数器比较少，在西门子 S7－200 系列 PLC 中，CPU226 中高速计数器为 HC（0～5），共 6 个。

⑥ 累加器（AC）的标注

累加器（AC）是一种暂存数据的寄存器，可用来存放运算数据、中间数据或结果数据，也可用于向子程序传递或返回参数等。西门子 S7－200 系列 PLC 中累加器为 AC（0～3），共 4 个。

3. 西门子 PLC 梯形图的编写要求

西门子 PLC 梯形图在编写格式上有严格的要求，使用西门子 PLC 梯形图编程的技术人员要对西门子 PLC 梯形图中各元素的编程格式、编写顺序以及梯形图梯次的编排等有所了解，采用正确规范的程序编写格式，方可确保西门子 PLC 梯形图编程的正确有效。

（1）西门子 PLC 梯形图中触点的编写要求

在西门子 PLC 梯形图中，触点的编写方法、排列顺序对程序执行可能会带来很大的影响，有时甚至会使程序无法运行，因此需要采取正确方法进行编写。

触点应画在梯形图的水平线上，所有触点均位于线圈符号的左侧，且应根据控制要求遵循自左至右、自上而下的原则，如图 14-22 所示。

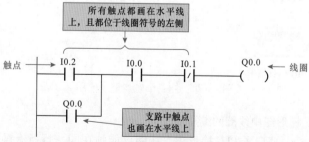

图 14-22　西门子 PLC 梯形图中触点的编写原则

相关资料 很多时候，梯形图是根据电气原理图进行绘制的，但需要注意的是，有些电气原理图中，为了节约继电器触点，常采用"桥接"支路，交叉实现对线圈的控制，这时有些编程人员在对应编写 PLC 梯形图时，也将触点放"桥接"支路上，这样触点便画在了垂直分支上，这种编写方法是错误的，如图 14-23 所示。可见，PLC 梯形图的编程不是简单的电气原理图的转化，还需要在此基础上根据编写原则进行修改和完善。

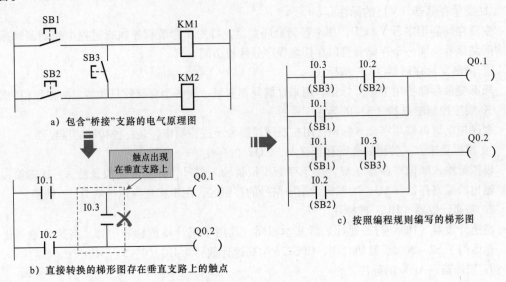

图 14-23　触点的编程规则训练

相关资料 同一个触点在 PLC 梯形图中可以多次使用，且可以有两种初始状态，用于实现不同的控制要求，例如，需要实现按下 PLC 外接开关部件，使其对应的触点控制输出继电器 Q0.0 线圈得电，同时控制输出继电器 Q0.1 线圈失电，对该要求下的程序编写如图 14-24 所示。

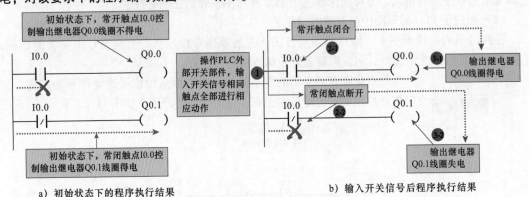

图 14-24　同一个触点重复使用

（2）西门子 PLC 梯形图中线圈的编写要求

图解演示 西门子 PLC 梯形中，线圈仅能画在同一行所有触点的最右边，而且，由于线圈输出作为逻辑结果必有条件，体现在梯形图中时，线圈与左母线之间必须有触点，如图 14-25 所示。

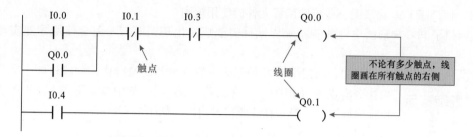

图 14-25 西门子 PLC 梯形图中线圈的编写原则

西门子 **PLC** 梯形图中，输入继电器、输出继电器、辅助继电器、定时器、计数器等编程元件的触点可重复使用，而输出继电器、辅助继电器、定时器、计数器等编程元件的线圈在梯形图中一般只能使用一次。

图 **14-26** 所示为西门子 **PLC** 梯形图中几种错误的编写方法。

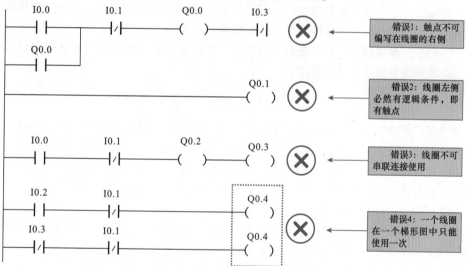

图 14-26 西门子 PLC 梯形图中几种错误的编写方法

（3）西门子 PLC 梯形图中母线分支的优化规则

在进行编程时，常遇到并联输出的支路，即一个条件下可同时实现两条或多条线路输出。西门子 PLC 梯形图一般用堆栈指令操作实现并联输出的功能，但由于通过堆栈操作会增加程序存储器容量等缺点，一般不编写并联输出支路，而是将每个支路都作为一条单独的输出进行编写，如图 14-27 所示。

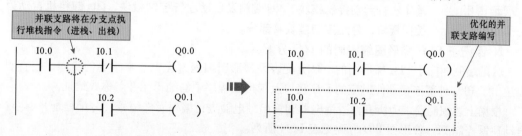

图 14-27 西门子 PLC 梯形图中并联输出支路的编写原则

（4）西门子 PLC 梯形图一些特殊编程元件的使用规则

在西门子 PLC 梯形图中一些特殊编程元件需要成对出现，即需要配合使用才能实现正确编程。

例如，西门子 PLC 梯形图中的置位和复位操作，一般这两个操作均是由指令实现的（相关指令含义将在第 14.2 节中具体介绍），其在西门子 PLC 梯形图中一般写在线圈符号内部，如图 14-28 所示。

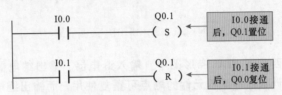

图 14-28　西门子 PLC 梯形图中的置位和复位

置位和复位操作在西门子 PLC 梯形图中成对出现，当梯形图中将某线圈置位时，后面的程序中必然会有对其复位操作。需要注意的是，复位指令可单独使用，如单独对计数器或定时器复位等，但若使用置位指令对某一线圈置位时，必须通过复位指令将其复位。

14.1.2　西门子 PLC 梯形图的编程训练

在使用西门子 PLC 梯形图编写程序时，可采用编写电气控制电路图类似的思路进行编写，首先对系统完成的各功能进行模块划分，并对 PLC 的各个 I/O 点进行分配，然后根据 I/O 分配表对各功能模块逐个进行编写，再根据各模块实现功能的先后顺序对其模块进行组合并建立控制关系，最后分析编写完成的梯形图并做调整，最终完成整个系统的编程工作。

1. 西门子 PLC 梯形图编程前的分析准备

使用 PLC 梯形图进行系统的编程前，应先理清控制对象的工作过程和控制要求，然后根据功能的不同对其各功能模块进行划分。例如运输车自动往返控制系统：

● 运输车的起动由左行起动按钮和右行起动按钮 SB1、SB2 进行控制。

● 运输车起动运行后，首先右行到限位开关 SQ1 处，此时运输车停止进行装料，30s 后装料完毕，运输车开始左行。

● 当运输车左行至限位开关 SQ2 处时，运输车停止进行卸料，60s 后卸料结束，再右行，行至限位开关 SQ1 处再停止，进行装料，如此循环工作。

● 按下停止按钮 SB3 后，运输车停止工作。

根据运输车的自动往返运行的控制要求，我们可以将功能模块划分为运输车右行起动控制模块、30s 装料及自动左行控制模块、60s 卸料机自动返回控制模块、停止控制模块 4 部分。

2. 西门子 PLC 梯形图编程时的 I/O 分配

分配绘制西门子 PLC 梯形图的 I/O 分配表是梯形图编程过程中非常重要的步骤，它直观地表达出了 PLC 外部连接部件对应的 I/O 接口及梯形图程序中的编程元件名称或地址。

根据上述控制要求为所有输入继电器和输出继电器进行编程元件编号（分配地址），运输车自动往返控制 PLC 梯形图 I/O 分配见表 14-4 所列。

表 14-4　运输车自动往返控制 PLC 梯形图 I/O 分配表（西门子 S7 – 200 系列 PLC）

输入信号及地址编号			输出信号及地址编号		
名称	代号	输入点地址编号	名称	代号	输出点地址编号
右行控制起动按钮	SB1	I0.0	右行控制继电器	KM1	Q0.0
左行控制起动按钮	SB2	I0.1	左行控制继电器	KM2	Q0.1
停止按钮	SB3	I0.2	装料控制继电器	KM3	Q0.2
右行限位开关	SQ1	I0.3	卸料控制继电器	KM4	Q0.3
左行限位开关	SQ2	I0.4			

在实际应用中，分配好 PLC 的 I/O 分配表后，即可将 PLC 与外部电器部件进行硬件之间的连接了，如图 14-29 所示。

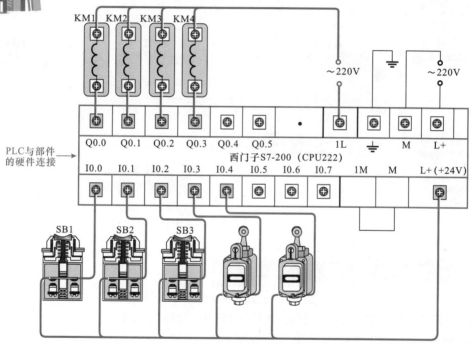

图 14-29　PLC 与外部控制和执行部件的硬件连接关系

3. 西门子 PLC 梯形图的程序编写

西门子 PLC 梯形图中，一条条程序基本上都是由触点或线圈的串联、并联或某部分程序块的串联、并联等构成的，这些串并联关系构成一定的逻辑关系，因而能够实现特定的控制结果，那么在编程过程中，如何确定触点间或程序块之间是串联关系还是并联关系，是梯形图程序的编程关键，也是程序编写的核心过程。

（1）运输车右行起动控制过程的西门子 PLC 梯形图编程解析

假设运输车初始位置位于左侧，起动时首先右行起动。

输入控制信号：

按下右行起动按钮 SB1。

输出结果：

输入继电器 I0.0 得电→Q0.0 得电→（同时导致 a，b，c）

a→KM1 线圈得电吸合→KM1 主触点闭合，运输车右行。

b→常闭辅助触点（Q0.0）断开，使 KM2 不能得电，实现连锁。

c→常开辅助触点（Q0.0）闭合，实现自锁。

另外，为了防止误操作同时按下左右行起动按钮，两只起动按钮均采用复合按钮，实现互锁控制。

根据上述分析过程，绘制梯形图时，将控制电路中的电气部件按 I/O 分配表对应梯形图的触点符号：其控制部件（输入元件）对应的编程元件在梯形图中作为输入继电器使用，即右行起动按钮 SB1、接触器的常开、常闭触点；其执行部件（输出元件）对应的编程元件在梯形图中作为输出继电器，即 KM1 线圈部分为输出继电器。

运输车右行起动控制过程的 PLC 梯形图编程如图 14-30 所示。

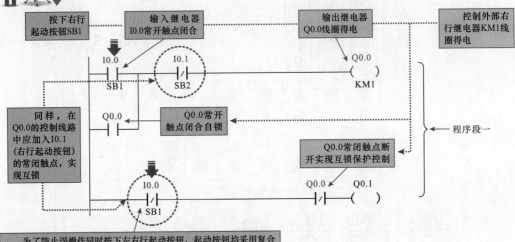

图 14-30　右行起动控制过程的 PLC 梯形图

（2）30s 装料及自动左行控制过程的西门子 PLC 梯形图编程解析

输入信号：

当运输车运行到右行限位开关 SQ1 位置。

输出结果：

限位开关 SQ1 动作→I0.3 动作→（同时导致 a、b）

a→ 其常闭触点（I0.3）断开→Q0.0 失电→KM1 失电→运输车停止运行。

　　　　　　　　　　　　　　→Q0.0 复位闭合，解除互锁。

　　　　　　　　　　　　　　→Q0.0 复位断开，解除自锁。

b→ 其常开触点（I0.3）闭合→Q0.2 得电→KM3 线圈得电→运输车开始装料。

　　　　　　　　　　　　　　→定时器 T37 闭合，开始装料计时。

当装料时间到（30s）→定时器常开触点 T37［1］闭合→Q0.1 得电→（同时导致 c、d、e）

c→ 左行继电器 KM2 线圈得电吸合→主触点闭合，运输车自动左行。

d→ 常闭辅助触点 Q0.1 断开，使 Q0.0 不能得电，实现互锁。

e→ 常开辅助触点 Q0.1 闭合，自锁。

图 14-31 为 30s 装料及自动左行控制过程的 PLC 梯形图编程。

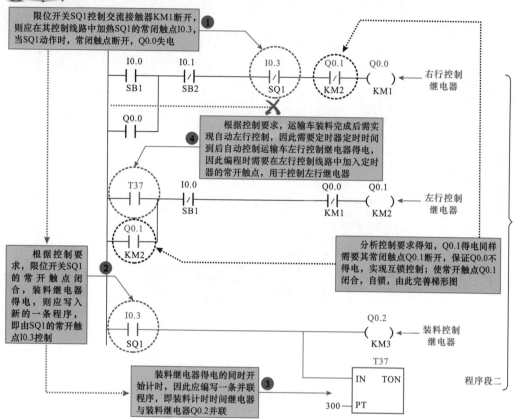

图 14-31　30s 装料控制过程的 PLC 梯形图

（3）60s 卸料及自动返回（右行）控制过程的西门子 PLC 梯形图编程解析

输入信号：

当运输车运行到左行限位开关 SQ2 位置。

输出结果：

限位开关 SQ2 动作→I0.4 动作→（同时导致 a、b）

a→ 其常闭触点（I0.4）断开→Q0.1 失电→KM2 失电→运输车停止运行。

　　　　　　　　　　　　　→Q0.1 复位闭合，解除互锁。

　　　　　　　　　　　　　→Q0.1 复位断开，解除自锁。

b→ 其常开触点（I0.4）闭合→Q0.3 得电→KM4 线圈得电→运输车开始卸料。

　　　　　　　　　　　　　→定时器 T38 闭合，开始卸料计时。

当卸料时间到（60s）→定时器 T38 的常开触点闭合→运输车左行控制继电器 Q0.1 得电→KM2 线圈得电吸合→主触点闭合，运输车自动左行。

当装料时间到（60s）→定时器常开触点 T38［1］闭合→Q0.0 得电→（同时导致 c、d、e）

　　c→ 右行继电器 KM1 线圈得电吸合→主触点闭合，运输车自动右行。

　　d→ 常闭辅助触点 Q0.0［1］断开，使 Q0.1 不能得电，实现互锁。

　　e→ 常开辅助触点 Q0.0［2］闭合，自锁。

60s 卸料及自动返回（右行）控制过程的 PLC 梯形图编程方法如图
14-32所示。

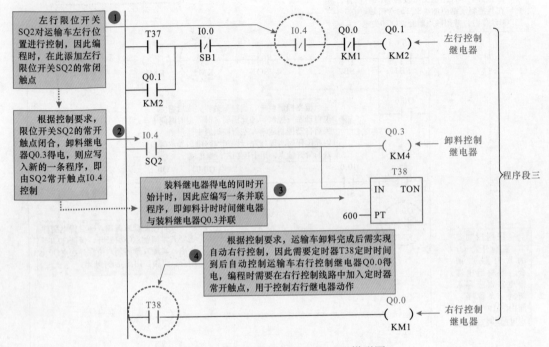

图 14-32　60s 卸料控制过程的 PLC 梯形图

（4）运输车停止控制过程的西门子 PLC 梯形图编程解析

输入信号：

当按下停止按钮 SB3。

输出结果：

不论运输车处于何种状态，均停止运行，即此时既能控制左行控制继电器 Q0.1，又能控制右行控制继电器 Q0.0。

运输车停止控制过程的 PLC 梯形图编程方法如图 14-33 所示。

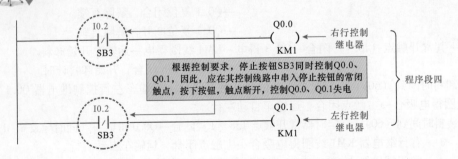

图 14-33　运输车停止控制的 PLC 梯形图编写

（5）程序的合并和调整

根据各模块的先后顺序，将上述4模块（控制过程）所得4段程序进行组合，得出总的梯形图程序，如图14-34所示。

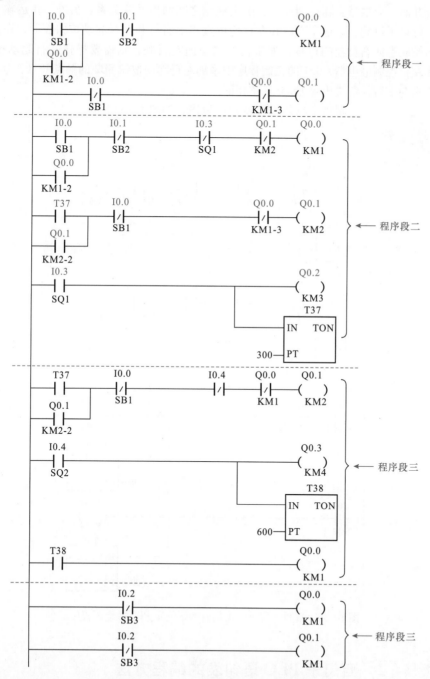

图 14-34　组合得出的总梯形图程序

直接根据先后顺序简单组合的总梯形图程序并不是最终程序，需要明确各个模块之间的关联，进行合并调整。另外，根据前面章节中对梯形图规则的确定，开关、继电器、定时器、计数器等软元件的触点可重复使用，没有必要特意采用复杂程序结构来减少触点的使用次数；而继电器、定时器等软元件的线圈在梯形图中只能使用一次，不能够重复地出现线圈，因此首先将4段程序中相同线圈的控制线路进行合并。

注意合并时，应根据实际控制要求，确定触点之间的串并联关系。另外，在运输车的控制要求中我们可以了解到，运输车右行和左行均可直接由右行和左行起动按钮控制，在前面我们分析的是初始状态向右行驶的过程，如果初始状态向左行驶，则需要操作左行起动按钮 SB2，因此需要在左行控制继电器 Q0.1 的控制程序中添加左行起动按钮 SB2 的触点 I0.1，其程序结构及串并联关系与右行控制继电器 Q0.0 基本相同。

最终获得的 PLC 梯形图程序，如图 14-35 所示。

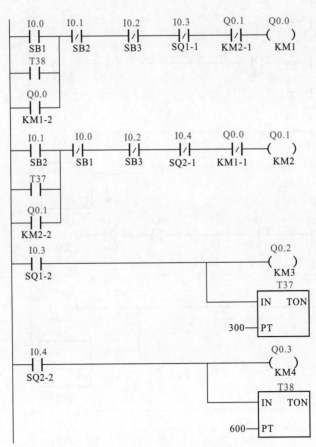

图 14-35　分析、完善、优化后的运输车 PLC 梯形图程序

14.2　西门子 PLC 语句表的编程方法

西门子 PLC 语句表也是电气技术人员普遍采用的编程方式，这种编程方式适用于需要使用编程器进行工业现场调试和编程的场合。

与西门子 PLC 梯形图编程方式相比，这种编程方式不是非常直观，对于控制过程全部依托指令语句表来表达。因此，若想掌握西门子 PLC 语句表的编程方法，要先要了解西门子 PLC 语句表的编程规则，明白西门子 PLC 语句表中常用编程指令的含义和用法，然后，通过实际的案例编程训练，领会西门子 PLC 语句表编程的要领。

14.2.1　西门子 PLC 语句表的编程规则

西门子 PLC 语句表是通过指令语句表来表达控制过程的，如图 14-36 所示为西门子 PLC 语句表编写的控制程序。

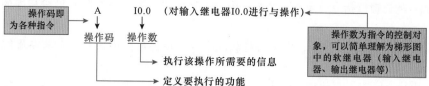

图 14-36　西门子 PLC 语句表的结构特点

1. 西门子 PLC 语句表的编写规则

对于西门子 PLC 语句表的程序编写，要求指令语句顺次排列，每一条语句都要将操作码书写在左侧，将操作数书写在操作码的右侧，而且要确保操作码和操作数之间要有间隔，不能连在一起。

对于操作码，其实就是西门子 PLC 语句表中的操作指令，常见的西门子 PLC 语句表中的编程指令（操作指令）见表 14-5 所列。

表 14-5　西门子 PLC 语句表中的编程指令（操作指令）

指令助记符	功能	指令助记符	功能
LD	"读"指令	NOP	空操作指令
LDN	"读反"指令	EU	上升沿脉冲指令
=	"输出"指令	ED	下降沿脉冲指令
A	"与"指令	LPS	逻辑入栈指令
AN	"与非"指令	LRD	逻辑读栈指令
O	"或"指令	LPP	逻辑出栈指令
ON	"或非"指令	LDS	载入堆栈指令
OLD	串联电路块的并联指令	TON	接通延时定时器指令
ALD	并联电路块的串联指令	TONR	有记忆接通延时定时器指令
S	置位指令	TOF	断开延时定时器指令
R	复位指令	CTU	加计数器指令
LDI	立即存（装载）指令	CTD	减计数器指令
LDNI	立即取指令	CTUD	加减计数器指令

可以看到，这些编程指令都是由若干个英文字母组合而成的，分别具有各自的功能，在书写时不可写错，或将英文字母组合断开。

而对于操作数，就是操作指令要控制的对象，如果学习了西门子 PLC 梯形图，不难发现，这些编程指令要控制的对象与西门子 PLC 梯形图中的触点标识一致，这就是所控制对象的地址编码，此编码的书写也需严格按规范书写。否则，西门子 PLC 语句表的编写就会发生错误。

在西门子 PLC 语句表中，有些编程指令也可不带操作数，这通常是因为被操作的对象是唯一的，故不再额外书写操作数。

2. 西门子 PLC 语句表中各常用编程指令的用法规则

下面，我们要进一步了解一下西门子 PLC 语句表中各常用编程指令的功能，看看这些编程指令的应用规则。

由于西门子 PLC 语句表中的编程指令非常抽象，我们会结合西门子 PLC 梯形图进行对比分析，在对应关系中体会西门子 PLC 语句表不同编程指令的特点和应用。

（1）触点的逻辑读、读反和线圈的输出指令（LD、LDN、=）的用法规则

LD：触点的逻辑读指令，也称为装载指令，在梯形图中表示一个与左母线相连的常开触点指令。

LDN：触点的逻辑读反指令，也称为装载反指令，在梯形图中表示一个与左母线相连的常闭触点指令。

=：输出指令，表示驱动线圈的指令，用于驱动输出继电器、辅助继电器等，但不能用于驱动输入继电器。

图 14-37 所示为触点的逻辑读、读反和线圈的输出（LD、LDN 和 =）指令及对应的梯形图符号。

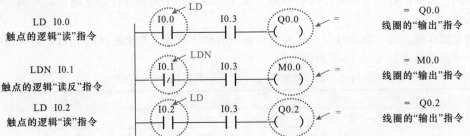

图 14-37　西门子 PLC 的 LD、LDN 和 = 指令及对应的梯形图符号

（2）触点串联指令（A、AN）的用法规则

A：逻辑与指令，用于常开触点与其他编程元件相串联。

AN：逻辑与非指令，用于常闭触点与其他编程元件相串联。

图 14-38 所示为触点串联指令（A、AN）及对应的梯形图符号。

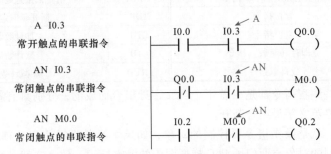

图 14-38　西门子 PLC 的 A、AN 指令及对应的梯形图符号

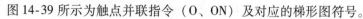

（3）触点并联指令（O、ON）的用法规则

O：逻辑或指令，用于常开触点与其他编程元件的并联。

ON：逻辑或非指令，用于常闭触点与其他编程元件的并联。

图14-39所示为触点并联指令（O、ON）及对应的梯形图符号。

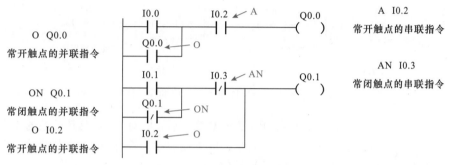

图14-39 西门子PLC的O、ON指令及对应的梯形图符号

（4）电路块串并联指令（OLD、ALD）的用法规则

OLD：串联电路块的并联指令，用于串联电路块再进行并联连接的指令。其中，串联电路块是指两个或两个以上的触点串联连接的电路模块，该指令用于并联第二个支路语句后，无操作数。

ALD：并联电路块的串联指令，用于并联电路块再进行串联连接的指令。其中，并联电路块是指两个或两个以上的触点并联连接的电路模块，该指令用于串联第二个支路语句后，无操作数。

图14-40所示为电路块串并联指令（OLD、ALD）及对应的梯形图符号。

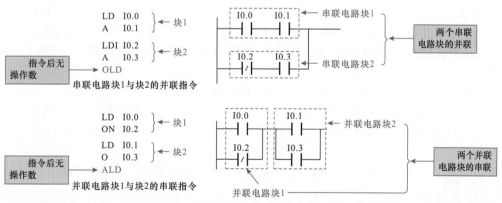

图14-40 西门子PLC的OLD、ALD指令及对应的梯形图符号

（5）置位、复位指令（S、R）的用法规则

S：置位指令，用于将操作对象置位并保持为"1（ON）"，即使置位信号变为0以后，被置

位的状态仍然可以保持，直到复位信号的到来。

R：复位指令，用于将操作对象复位并保持为"0（OFF）"，即使复位信号变为0以后，被复位的状态仍然可以保持，直到置位信号的到来。

图14-41所示为置位、复位指令（S、R）及对应的梯形图符号。其表示置位和复位指令可以将位存储区某一位（bit）开始的一个或多个（n）同类存储器置1或置0。

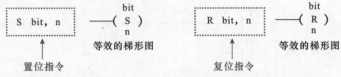

图14-41　西门子PLC的S、R指令及对应的梯形图符号（一）

例如，图4-42所示，I0.0接通后，将对Q0.0及其开始的4个同类存储器（Q0.0~Q0.3）置位；I0.1接通后，将对Q0.1及其开始的2个同类存储器（Q0.1~Q0.2）复位。

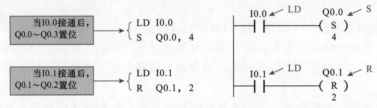

图14-42　西门子PLC的S、R指令及对应的梯形图符号（二）

◆ **S置位指令可对I、Q、M、SM、T、C、V、S和L进行置位操作。在图14-42中，当I0.0闭合时，S置位指令将线圈Q0.0及其开始的4个线圈（Q0.0~Q0.3）均置位，即线圈Q0.0~Q0.3得电，即使当I0.0断开时，线圈Q0.0~Q0.3仍保持得电。**

◆ **R复位指令可对I、Q、M、SM、T、C、V、S和L进行复位操作。在图14-42中，当I0.1闭合时，R复位指令将线圈Q0.1及其开始的2个线圈（Q0.1~Q0.2）均复位，即线圈Q0.1~Q0.2被复位（线圈失电），并保持为0，即使当I0.1断开时，线圈Q0.1~Q0.2仍保持失电状态。**

（6）立即存取指令（LDI、LDNI、=I、SI、RI）的用法规则

西门子S7-200PLC可通过立即存取指令加快系统的响应速度，较常用的立即存取指令主要有触点的立即存取指令（LDI、LDNI）、立即输出指令（=I）和立即置位、复位指令（SI、RI）。

图14-43所示为西门子PLC中的立即存取指令及对应的梯形图符号。

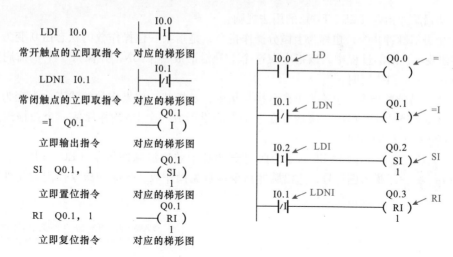

图 14-43　西门子 PLC 的立即存取指令及对应的梯形图符号

（7）空操作指令（NOP）的用法规则

NOP：空操作指令，它是一条无动作的指令，将稍微延长扫描周期的长度，但不影响用户程序的执行，主要用于改动或追加程序时使用。

图 14-44 所示为西门子 PLC 中的空操作指令（NOP）及对应的梯形图符号，??? 处为操作数 N，操作数 N 为执行空操作指令的次数，N = 0～255。

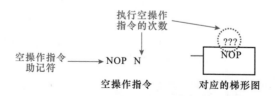

图 14-44　西门子 PLC 的 NOP 指令及对应的梯形图符号

图 14-45 所示为 NOP 操作指令在程序调试时的应用。

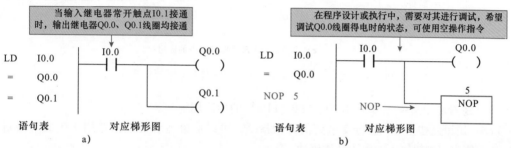

图 14-45　NOP 操作指令在程序调试时的应用

（8）边沿脉冲指令（EU、ED）的用法规则

EU：上升沿脉冲指令，也称为上微分操作指令，是指某一位操作数的状态由 0 变为 1 的过程，即在出现上升沿的过程中，该指令在这个上升沿形成一个 ON，并保持一个扫描周期的脉冲，且只存在一个扫描周期。

ED：下降沿脉冲指令，也称为下微分操作指令，是指某一位操作数的状态由 1 变为 0 的过程，即在出现下降沿的过程中，该指令在这个下降沿形成一个 ON，并保持一个扫描周期的脉冲，且只存在一个扫描周期。

图解演示 图 14-46 所示为西门子 PLC 中的边沿脉冲指令（EU、ED）及对应的梯形图符号，边沿脉冲指令本身无操作数，受脉冲指令控制的元件写在该脉冲指令之后。

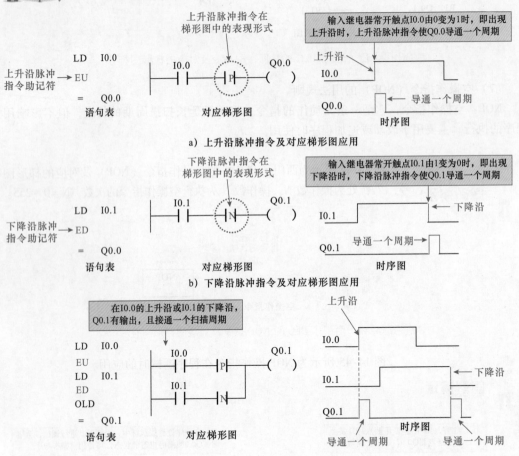

a) 上升沿脉冲指令及对应梯形图应用

b) 下降沿脉冲指令及对应梯形图应用

c) 上升沿和下降沿脉冲指令的应用

图 14-46　西门子 PLC 的 EU、ED 指令及对应的梯形图符号

（9）逻辑堆栈指令（LPS、LRD、LPP、LDS）的用法规则

LPS：逻辑入栈指令，指分支电路的开始指令，可以形象地看为该指令用于生成一条新母线，其左侧为主逻辑块，右侧为从逻辑块。

LRD：逻辑读栈指令，在分支结构中，新母线右侧的第一个从逻辑块开始用 LPS 指令，第二个及以后的逻辑块用 LRD 指令。其中是将第二个堆栈值复制到堆栈顶部，原栈顶值被替换。

LPP：逻辑出栈指令，在分支结构中，LPP 用于最后一个从逻辑块的开始，执行完该指令后将转移至上一层母线。

LDS：载入堆栈指令，其指令形式为"LDS n"，该指令不常用。

图 14-47 所示为西门子 PLC 中的堆栈指令及对应的梯形图符号，各堆栈指令均无操作数，且 LPS 和 LPP 指令必须成对使用，其中间的读栈操作可使用 LRD 指令。

一般由于使用堆栈指令将占用 PLC 很大内存空间，影响执行速度，所以 LPS 和 LPP 指令连续使用应少于 9 次，或对语句表进行优化，减少堆栈使用情况。

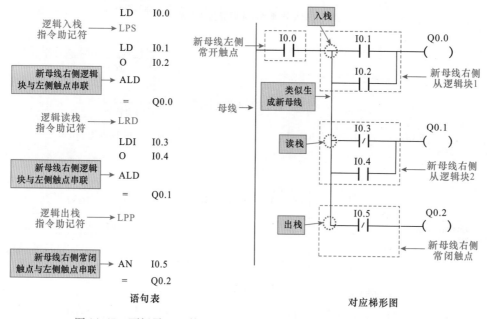

图 14-47　西门子 PLC 的 LPS、LRD、LPP 指令及对应的梯形图符号

（10）定时器指令（TON、TONR、TOF）的用法规则

西门子 S7 - 200 系列 PLC 中的定时器指令主要有三种：TON（接通延时定时器指令）、TONR（有记忆接通延时定时器指令）和 TOF（断开延时定时器指令），三种定时器的功能及含义在前一节中已具体介绍，这里重点介绍其在语句表程序中的指令格式。

图 14-48 所示为西门子 S7 - 200 系列 PLC 中的定时器指令及对应的梯形图符号。

例如，图 14-49 所示为典型西门子 S7 - 200 系列 PLC 中应用到定时器的语句表程序及对应的梯形图符号。

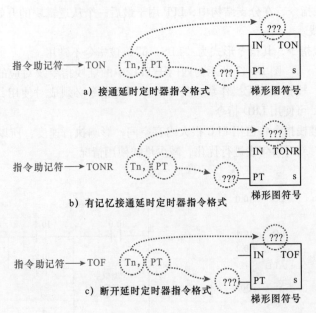

图 14-48　西门子 S7 – 200 系列 PLC 中的定时器指令及对应的梯形图符号

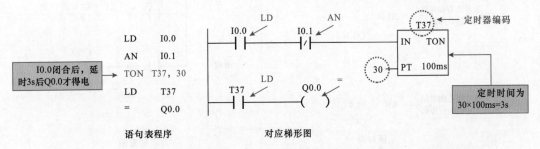

图 14-49　西门子 S7 – 200 系列 PLC 中应用到定时器的语句表程序及对应的梯形图符号

**　　　　　　　在使用定时器指令时应注意，不能把一个定时器编码同时用作接通延时定时器和断开延时定时器；有记忆接通延时定时器只能通过复位指令进行复位。**

（11）计数器指令（CTU、CTD、CTUD）的用法规则

西门子 S7 – 200 系列 PLC 中的计数器指令也主要有三种：CTU（加计数器指令）、CTD（减计数器指令）和 CTUD（加减计数器指令）。

图 14-50 所示为西门子 S7 – 200 系列 PLC 中的计数器指令及对应的梯形图符号。

例如，图 14-51 所示为典型西门子 S7 – 200 系列 PLC 中应用到计数器的语句表程序及对应的梯形图符号。

在使用定时器指令时应注意，在一个语句表程序中，同一个计数器号码只能使用一次；可以用复位指令对 3 种计数器进行复位。

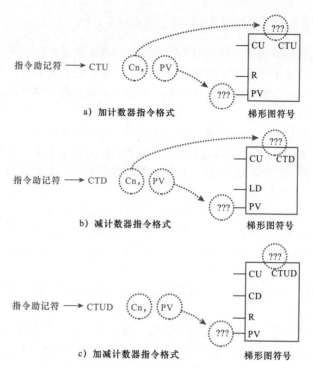

指令助记符 ⟶ CTU (Cn,) PV

a）加计数器指令格式

梯形图符号

指令助记符 ⟶ CTD (Cn,) PV

b）减计数器指令格式

梯形图符号

指令助记符 ⟶ CTUD (Cn,) PV

c）加减计数器指令格式

梯形图符号

图 14-50　西门子 S7 – 200 系列 PLC 中的计数器指令及对应的梯形图符号

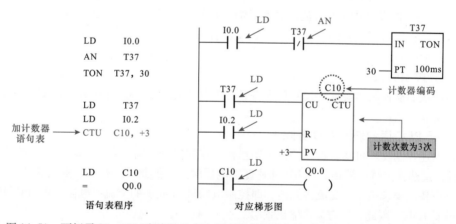

```
LD      I0.0
AN      T37
TON     T37, 30

LD      T37
LD      I0.2
CTU     C10, +3

LD      C10
=       Q0.0
```

加计数器语句表 ⟶ CTU　C10, +3

语句表程序　　　　　　　　　　对应梯形图

图 14-51　西门子 S7 – 200 系列 PLC 中应用到计数器的语句表程序及对应的梯形图符号

　　上述几种均为西门子 **S7 – 200** 系列 **PLC** 语句表程序中应用最多、最基本的逻辑指令，除了这些指令外，西门子 **S7 – 200** 系列 **PLC** 还有很多比较重要的指令，如比较操作指令（=、> =、< =、>、<和< >）、移位操作指令（**SHR_B、SHL_B** 等）、结束指令（**END、MEND**）、暂停指令（**STOP**）、看门狗指令（**WDR**）、跳转指令（**JMP**）、循环指令（**FOR、NEXT**）、子程序操作指令（**SBR_n、RET**）以及各种数学运算指令等。

14.2.2　西门子 PLC 语句表的编程训练

西门子 PLC 语句表的编程思路同梯形图的编程思路基本类似，也应先根据系统完成的功能进行模块的划分，然后对其 PLC 各个 I/O 点进行分配，并根据分配的 I/O 点对其各功能模块进行程序的编写，再对其各功能模块的语句表进行组合，最后分析编写好的语句表并做调整，最终完成整个系统的编写工作。

其中，西门子 PLC 语句表编程的重点是正确判断出控制功能的实现使用什么编程指令，或不同的指令应用于哪些场合等。一般情况下，编程指令如何使用的关键是判断编程元件的状态（读还是驱动）和关系（串联还是并联），其他各种指令的使用也是建立在了解状态和关系的基础上编写的。

以三相交流电动机反接制动控制的西门子 PLC 语句表编程为例：

● 按下起动按钮 SB1，控制交流接触器 KM1 线圈得电，电动机起动并正向运转。

● 在电动机起动过程中，当转速大于 120r/min 时，速度继电器 KS 触点闭合，为制动停机接通做好准备。

● 按下制动停机按钮 SB2，控制反接制动交流接触器 KM2 线圈得电，电动机电源相序反接，电动机开始反接制动。

● 在反接制动过程中，电动机转速越来越低，当速度小于一定转速时，速度继电器触点断开，切断反接制动交流接触器 KM2 线圈供电，交流接触器 KM2 线圈失电，电动机停机。

● 使用过热保护继电器 FR 接入控制线路中，若线路中出现过载、过热故障则由过热保护继电器 FR 自动切断控制线路。

● 为了避免因误操作导致交流接触器 KM1、KM2 同时得电造成电源相间短路，在起动控制线路中串入反转控制接触器的常闭触点，在反转控制线路中串入正转控制接触器的常闭触点，实现电气互锁控制。

1. 划分控制关系

根据反接制动控制的要求，我们首先将各控制功能进行分解，并按其功能划分为起动和制动两个模块。

2. 分配 PLC 语句表的 I/O 分配表

根据上述控制要求可知，输入设备主要包括：控制信号的输入 4 个，即起动按钮 SB1、制动按钮 SB2、过热保护继电器热元件 RR 和速度继电器触点，因此，应有 4 个输入信号。

输出设备主要包括 2 个交流接触器，即控制电动机 M 起动的交流接触器 KM1 和反接制动的交流接触器 KM2，因此，应有 2 个输出信号。

将输入设备和输出设备的元件编号与西门子 PLC 语句表中的操作数（编程元件的地址编号）进行对应，填写西门子 PLC 语句表的 I/O 分配表，见表 14-6 所列。

表 14-6　电动机反接制动控制的西门子 PLC 语句表的 I/O 分配表

输入信号及地址编号			输出信号及地址编号		
名称	代号	输入点地址编号	名称	代号	输出点地址编号
起动按钮	SB1	I0.0	交流接触器	KM1	Q0.0
制动按钮	SB2	I0.1	交流接触器	KM2	Q0.1
过热保护继电器热元件	FR	I0.2			
速度继电器触点	KS	I0.3			

相关资料 　除了根据控制要求划分功能模块，并分配 I/O 表外，还可根据功能分析并确定两个功能模块中器件的初始状态，类似 PLC 梯形图的 I/O 分配表，相当于为程序中的编程元件"赋值"，以此来确定使用什么编程指令。例如，原始状态为常开触点，其读指令用 LD，串并联关系指令用 A、O；若原始状态为常闭触点，其相关指令为读反指令 LDN，串并联关系指令为 AN、ON 等。

确定两个功能模块中器件的初始状态，为编程元件"赋值"，如图 14-52 所示和表 14-7 所列。

控制模块一
（电动机的起动
控制线路）

- 电动机起动按钮SB1
- 电动机制动控制按钮SB2
- 过热保护继电器触点FR
- 交流接触器KM1的自锁触点KM1-2
- 交流接触器KM2的互锁触点KM2-3
- 交流接触器KM1的线圈

控制模块二
（电动机的反接
制动控制线路）

- 电动机制动控制按钮SB2
- 速度继电器触点KS
- 过热保护继电器触点FR
- 交流接触器KM2的自锁触点KM2-2
- 交流接触器KM1的互锁触点KM1-3
- 交流接触器KM2的线圈

图 14-52　分析功能模块中器件的初始状态

表 14-7　各功能部件对应编程元件的"赋值"表

	地址分配	初始状态
起动按钮 SB1	I0.0	常开触点
制动控制按钮（复合按钮）SB2 – 1	I0.1	常闭触点
过热保护继电器触点 FR	I0.2	常闭触点
KM1 的自锁触点 KM1 – 2	Q0.0	常开触点
KM1 的互锁触点 KM1 – 3	Q0.0	常闭触点
KM1 的线圈	Q0.0	输出继电器
制动控制按钮（复合按钮）SB2 – 2	I0.1	常开触点
速度继电器触点 KS	I0.3	常开触点
KM2 的自锁触点 KM2 – 2	Q0.1	常开触点
KM2 的互锁触点 KM2 – 3	Q0.1	常闭触点
KM2 的线圈	Q0.1	输出继电器

3. 程序编写

电动机反接制动控制模块划分和 I/O 分配表绘制完成后，便可根据各模块的控制要求进行语句表的编写，最后将各模块语句表进行组合。

根据上述分析分别编写电动机起动控制和反接制动控制两个模块的语句表。

（1）电动机起动控制模块语句表的编程

控制要求：按下起动按钮 SB1，控制交流接触器 KM1 得电，电动机 M 起动运转，且当松开起动按钮 SB1 后，仍保持连续运转；按下反接制动按钮 SB2，交流接触器 KM1 失电，电动机失电；交流接触器 KM1、KM2 不能同时得电。

电动机起动控制模块语句表的编程过程，如图14-53所示。

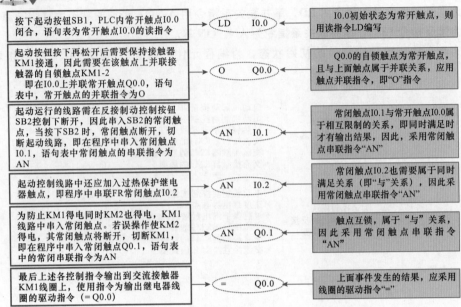

| 按下起动按钮SB1，PLC内常开触点I0.0闭合，语句表为常开触点I0.0的读指令 | LD I0.0 | I0.0初始状态为常开触点，则用读指令LD编写 |
| 起动按钮按下再松开后需要保持接触器KM1接通，因此需要在该触点上并联接触器的自锁触点KM1-2 即在I0.0上并联常开触点Q0.0，语句表中，常开触点的并联指令为O | O Q0.0 | Q0.0的自锁触点为常开触点，且与上面触点属于并联关系，应用触点并联指令，即"O"指令 |

图14-53 电动机起动控制模块语句表的编程

（2）电动机反接制动控制模块语句表的编程

控制要求：按下反接制动按钮SB2，交流接触器KM2得电，KM1失电，且松开SB2后，仍保持KM2得电；且要求电动机速度达到一定转速后，才可能实现反接制动控制；另外，交流接触器KM1、KM2不能同时得电。

电动机反接制动控制模块语句表的编程如图14-54所示。

按下反接制动控制按钮SB2，实现反接制动接触器KM2得电，PLC内应实现常开触点闭合，语句表程序应为常开触点I0.1的读指令	LD I0.1	I0.1初始状态为常开触点，则用读指令LD编写
反接制动控制按钮SB2按下再松开后需要保持接触器KM2接通，因此需要在该触点上并联接触器的自锁触点KM2-2。 即在I0.1上并联常开触点Q0.1，语句表中，常开触点的并联指令为O	O Q0.1	Q0.1的自锁触点为常开触点，且与上面触点属于"或"关系，应用触点并联指令，即"O"指令
在电动机起动控制中，电动机运转达一定转速后，速度继电器触点闭合，用以为反接制动接触器KM2得电做好准备，因此将常开触点串联在KM2控制线路中	A I0.3	常开触点的"与"关系，采用常开触点的串联指令"A"
为防止KM1得电同时KM2也得电，KM1线路中串入常闭触点。若误操作使KM2得电，其常闭触点将断开，切断KM1	AN Q0.0	触点互锁，属于"与"关系，因此采用常闭触点串联指令"AN"
最后上述各控制指令输出到交流接触器KM2线圈上，指令为输出继电器线圈的驱动指令	= Q0.1	上面事件发生的结果，应采用线圈的输出指令"="

图14-54 电动机反接制动模块语句表的编程

将两个模块的语句表组合，整理后得到电动机反接制动 PLC 控制的语句表程序如图 14-55 所示。

```
LD    I0.0    //如果按下起动按钮SB1
O     Q0.0    //起动运行自锁
AN    I0.1    //并且停止按钮SB2未动作
AN    I0.2    //并且电动机未过热，过热保护继电器FR未动作
AN    Q0.1    //并且反接制动接触器KM2未接通
=     Q0.0    //电动机接触器KM1得电，电动机起动运转

LD    I0.1    //如果按下反接制动控制按钮SB2
O     Q0.1    //起动反接制动自锁
A     I0.3    //并且速度继电器已动作（起动运行中控制）
AN    Q0.0    //并且接触器KM1未接通
=     Q0.1    //电动机接触器KM2得电，电动机反接制动
```

图 14-55　最终组合得到的电动机反接制动 PLC 控制的语句表程序

由于直接使用指令进行语句表编程比较抽象，对于初学者比较困难，因此大多数情况下编写语句表时通常与梯形图语言配合使用，先编写梯形图程序，然后按照编程指令的应用规则进行逐条转换。

例如，在上述电动机反接制动 **PLC** 控制中，根据控制要求很容易画出十分直观的梯形图，如图 **14-56** 所示。

图 14-56　电动机反接制动 PLC 控制的梯形图程序

按照各编程指令的应用规则，将梯形图直接转换为语句表，如图 14-57 所示，其基本原则为：按照梯形图从上到下、从左到右的顺序逐一编写。

大部分编程软件中都能够实现梯形图和语句表的自动转换，因此可在编程软件中绘制好梯形图，然后通过软件进行"梯形图/语句表"转换，如图 14-58 所示。

值得注意的是，在编程软件中，梯形图和指令语句表之间可以相互转换，基本所有的梯形图都可直接转换为对应的指令语句表；但指令语句表不一定全部可以直接转换为对应的梯形图，需要注意相应的格式及指令的使用

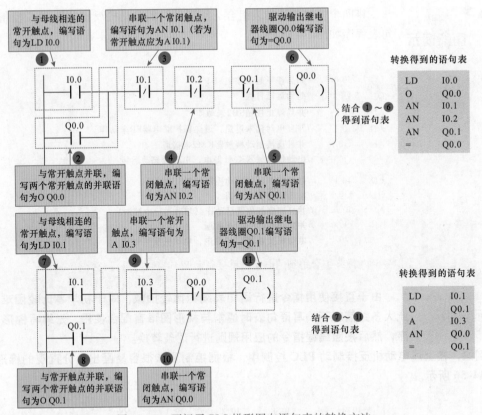

图 14-57　西门子 PLC 梯形图向语句表的转换方法

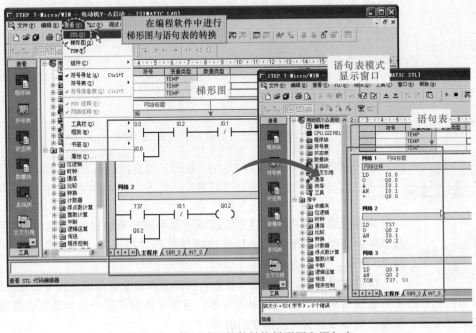

图 14-58　使用编程软件转换梯形图和语句表

第⑮章

三菱 PLC 的编程控制

15.1 三菱 PLC 梯形图的编程方法

15.1.1 三菱 PLC 梯形图的编程规则

了解三菱 PLC 梯形图的编程规则，我们先从三菱 PLC 梯形图的结构特点入手。认识三菱 PLC 梯形图常用编程元件的表达和标注方式，然后在三菱 PLC 梯形图中总结编程规范要领和注意事项。

1. 三菱 PLC 梯形图的结构特点

三菱 PLC 梯形图主要是由母线、触点、线圈构成的，如图 15-1 所示。

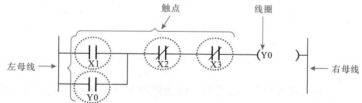

图 15-1 三菱 PLC 梯形图结构组成

（1）母线

在三菱 PLC 梯形图中，左母线为起始母线（左母线），右边为结束母线（右母线），每一个梯形图都是始于左母线，终于右母线的，如图 15-2 所示，能流由左母线流出，经常开触点 X0、常闭触点 X1 和线圈 Y0 流入右母线中。

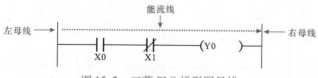

图 15-2 三菱 PLC 梯形图母线

（2）触点

在三菱 PLC 梯形图中，触点可分为常开触点和常闭触点，其中常开触点符号为"┤├"，常闭触点符号为"┤╱├"，可使用字母 X、Y、M、T、C 进行标识，如图 15-3 所示。其中 X 表示输入继电器触点；Y 表示输出继电

器触点；M 表示通用继电器触点；T 表示定时器触点；C 表示计数器触点。

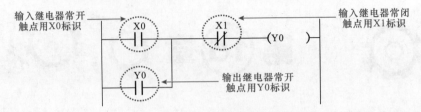

图 15-3　三菱 PLC 梯形图触点

（3）线圈

三菱 PLC 梯形图中的线圈符号为"─（　）─"，可使用字母 Y、M、T、C 进行标识，且字母一般标识在括号内靠左侧的位置，而定时器 T 和计数器 C 的设定值 K 通常标识在括号上部居中的位置，如图 15-4 所示。

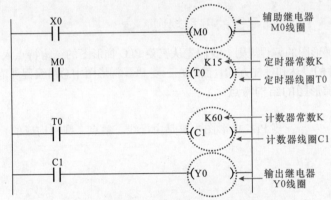

图 15-4　三菱 PLC 梯形图线圈

在三菱 PLC 梯形图中，除上述的触点、线圈等符号外，还通常使用一些指令符号，如复位指令、置位指令、梯形图的结束指令、脉冲输出指令、主控指令和主控复位指令等，均采用中括号的表现形式，如图 15-5 所示，置位指令符号为"─[SET]─"，复位指令符号为"─[RST]─"，梯形图结束指令符号为"─[END]─"。

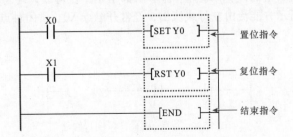

图 15-5　三菱 PLC 梯形图中其他指令的表现形式

2. 三菱 PLC 梯形图中编程元件的标注方法
三菱 PLC 梯形图中的编程元件主要由字母和数字组成，标注时通常采用字母＋数字的组合方式，其中字母表示编程元件的类型，如输入继电器 X、输出继电器 Y、辅助继电器 M、定时器 T、计数器 C 等。而数字则表示该编程元件的序号。

下面，我们就具体了解一下三菱 PLC 梯形图中常用编程元件的标注方法。

（1）输入/输出继电器的标注

输入继电器在三菱 PLC 梯形图中使用字母 X 进行标识，采用八进制编号。与 PLC 的输入端子相连，用于将外部输入的开关信号状态读入并存储在输入映像寄存器中，它只能够使用外部输入信号进行驱动，而不能使用程序进行驱动。

输出继电器在三菱 PLC 梯形图中使用字母 Y 进行标识，也采用八进制编号，与 PLC 的输出端子相连，将 PLC 输出的信号送给输出模块，然后由输出接口电路将其信号输出来控制外部的继电器、交流接触器、指示灯等功能部件，它只能够使用 PLC 内部程序进行驱动。

如图 15-6 所示为三菱 PLC 中输入继电器与输出继电器的标注效果。

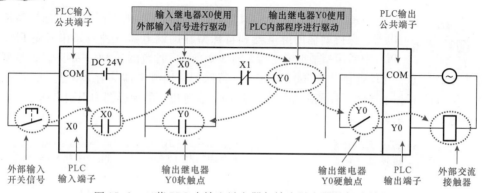

图 15-6 三菱 PLC 中输入继电器与输出继电器的标注效果

在三菱 PLC 中，不同系列不同型号的输入继电器和输出继电器的编号是不同的，如三菱 FX_{2N} 系列 PLC 可包括 16M、32M、48M、64M、80M、128M 几种型号，其各型号的输入继电器和输出继电器的编号见表 15-1 所列。

表 15-1 三菱 FX_{2N} 系列 PLC 各型号输入继电器和输出继电器的编号

FX_{2N} 系列 PLC 型号	输入继电器 X	输入点数	输出继电器 Y	输出点数
FX_{2N} – 16M	X0 ~ X7	8	Y0 ~ Y7	8
FX_{2N} – 32M	X0 ~ X17	16	Y0 ~ Y17	16
FX_{2N} – 48M	X0 ~ X27	24	Y0 ~ Y27	24
FX_{2N} – 64M	X0 ~ X37	32	Y0 ~ Y37	32
FX_{2N} – 80M	X0 ~ X47	40	Y0 ~ Y47	40
FX_{2N} – 128M	X0 ~ X77	64	Y0 ~ Y77	64

（2）辅助继电器的标注

辅助继电器是 PLC 编程中应用较多的一种编程元件，它不能直接读取外部输入，也不能直接驱动外部功能部件，只能作为辅助运算。如图 15-7 所示，辅助继电器在三菱 PLC 梯形图中使用字母 M 进行标识，采用十进制编号。由输入继电器 X0 读取外部输入，即 X0 闭合，辅助继电器 M0 线圈得电，常开触点闭合，控制输出继电器 Y0 线圈得电，并由输出继电器 Y0 驱动外部交流接触器线圈得电。

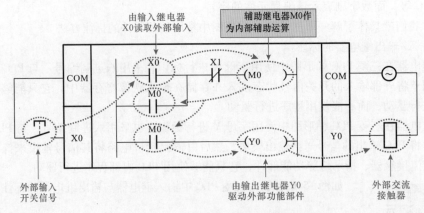

图 15-7　辅助继电器的工作方式

三菱 PLC 梯形图中的辅助继电器根据功能的不同可分为通用型辅助继电器、保持型辅助继电器和特殊型辅助继电器三种。如在三菱 FX$_{2N}$ 系列 PLC 中通用型辅助继电器共有 500 点，元件范围为 M0 ~ M499；保持型辅助继电器共有 2572 点，元件范围为 M500 ~ M3071；特殊型辅助继电器共有 256 点，元件范围为 M8000 ~ M8255。根据上述的元件范围即可在三菱 FX$_{2N}$ 系列 PLC 的梯形图中识别出辅助继电器的类型，如图 15-8 所示。

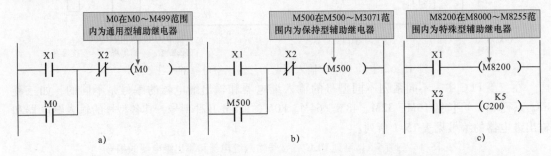

图 15-8　三菱 FX$_{2N}$ 系列 PLC 梯形图中辅助继电器类型的识别

通用型辅助继电器在三菱 PLC 中常用于辅助运算、移位运算等，该类型辅助继电器不具备断电保持功能。

保持型辅助继电器在三菱 PLC 中常用于要求能够记忆电源中断前的瞬时状态，该类型辅助继电器在 PLC 运行过程中突然断电时，可使用后备锂电池对其映像寄存器中的内容进行保持，当 PLC 再次接通电源的第一个扫描周期保持断电瞬时状态。

特殊型辅助继电器具有特殊的功能，如在三菱 PLC 中常用于设定计数器的计数方向、禁止中断、设定 PLC 的运行方式等。

（3）定时器的标注

定时器是将 PLC 内的 1ms、10ms、100ms 等的时钟脉冲进行累计计时的，当定时器计时到达预设值时，其延时动作的常开、常闭触点才会相应动作。

在三菱 PLC 梯形图中，定时器使用字母 T 进行标识，采用十进制编号，如图 15-9 所示。

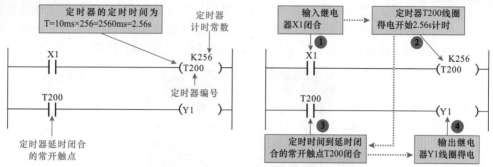

图 15-9 定时器在三菱 PLC 梯形图中的标注效果及作用

一般来说，在三菱 FX_{2N} 系列 PLC 中，根据功能的不同定时器可分为通用型定时器和累计型定时器两种，其中通用型定时器共有 246 点，元件范围为 T0 ~ T245；累计型定时器共有 10 点，元件范围为 T246 ~ T255。不同类型不同编号的定时器其时钟脉冲和计时范围也有所不同，如图 6 − 9 所示为定时器在三菱 PLC 梯形图中的标注效果及作用。表 15-2 所列为三菱 FX_{2N} 系列 PLC 不同类型不同编号的定时器所对应的时钟脉冲和计时范围。

表 15-2 三菱 FX_{2N} 系列 PLC 不同类型不同编号的定时器所对应的时钟脉冲和计时范围

定时器类型	定时器编号	时钟脉冲	计时范围
通用型定时器	T0 ~ T199	100ms	0.1 ~ 3276.7s
	T200 ~ T245	10ms	0.01 ~ 327.67s
累计型定时器	T246 ~ T249	1ms	0.001 ~ 32.767s
	T250 ~ T255	100ms	0.1 ~ 3276.7s

（4）计数器的标注

计数器在三菱 PLC 梯形图中使用字母 C 进行标识，根据记录开关量的频率可分为内部信号计数器和外部高速计数器。

① 内部计数器

内部计数器是用来对 PLC 内部软元件 X、Y、M、S、T 提供的信号进行计数的，当计数值到达计数器的预设值时，计数器的常开、常闭触点会相应动作。

在三菱 FX_{2N} 系列 PLC 中，内部计数器可分为 16 位加计数器和 32 位加/减计数器，这两种类型的计数器又分别可分为通用型计数器和累计型计数器两种。表 15-3 所列为三菱 FX_{2N} 系列 PLC 计数器的类型及编号对照表。

表 15-3 三菱 FX_{2N} 系列 PLC 计数器的类型及编号对照表

计数器类型	计数器功能类型	计数器编号	设定值范围 K
16 位加计数器	通用型计数器	C0 ~ C99	1 ~ 32767
	累计型计数器	C100 ~ C199	
32 位加/减计数器	通用型计数器	C200 ~ C219	−2147483648 ~ +214783647
	累计型计数器	C220 ~ C234	

◆ 16 位加计数器

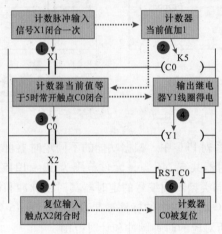

三菱 FX₂ₙ 系列 PLC 中通用型 16 位加计数器是在当前值的基础上累计加 1，当计数值等于计数常数 K 时，计数器的常开、常闭触点相应动作，如图 15-10 所示。累计型 16 位加计数器与通用型 16 位加计数器的工作过程基本相同，不同的是，累计型计数器在计数过程中断电时，计数器具有断电保持功能，能够保持当前计数值，当通电时，计数器会在所保持当前计数值的基础上继续累计计数。

图 15-10　通用型 16 位加计数器

◆ 32 位加/减计数器

三菱 FX₂ₙ 系列 PLC 中，32 位加/减计数器具有双向计数功能，其计数方向是由特殊辅助继电器 M8200 ~ M8234 进行设定的。当特殊辅助继电器为 "OFF" 状态时，其计数器的计数方向为加计数；当特殊辅助继电器为 "ON" 状态时，其计数器的计数方向为减计数。如图 15-11 所示，当特殊辅助继电器 M8200 为 "OFF" 时，32 位加/减通用型计数器 C200 执行加计数；当特殊辅助继电器 M8200 为 "ON" 时，32 位加/减通用型计数器 C200 执行减计数。

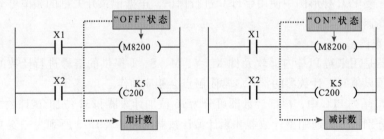

图 15-11　32 位加/减计数器

② 外部高速计数器

外部高速计数器简称高速计数器，在三菱 FX₂ₙ 系列 PLC 中高速计数器共有 21 点，元件范围为 C235 ~ C255，其类型主要有 1 相 1 计数输入高速计数器、1 相 2 计数输入高速计数器和 2 相 2 计数输入高速计数器三种，均为 32 位加/减计数器，设定值为 −2147483648 ~ +214783648，其计数方向也是由特殊辅助继电器或指定的输入端子进行设定的。

◆ 1 相 1 计数输入高速计数器

1相1计数输入高速计数器是指具有一个计数器输入端子的计数器，该计数器共有11点，元件范围为C235～C245，计数器的计数方向取决于特殊辅助继电器M8235～M8245的状态。如图15-12所示，C235～C240为无启动/复位端1相1计数输入高速计数器，该计数器复位需要使用梯形图中的输入信号X11进行软件复位；C241～C245为有启动/复位端，其设定值由数据寄存器D0或D1进行指定，该计数器具有启动/复位输入端，除了使用复位端子进行硬件复位外，也可利用输入信号X11进行软件复位。

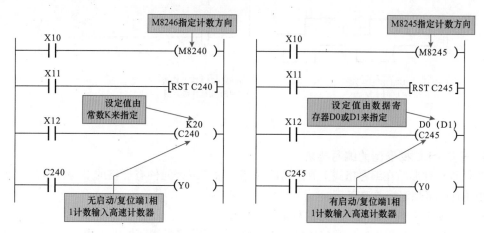

图15-12　1相1计数输入高速计数器

◆ 1相2计数输入高速计数器

1相2计数输入高速计数器是指具有两个计数器输入端的计数器，分别用于加计数和减计数，该计数器共有5点，元件范围为C246～C250，其计数器的计数方向取决于M8246～M8250的状态，如图15-13所示。

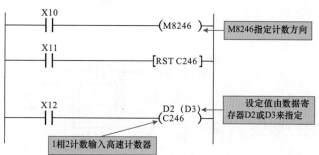

图15-13　1相2计数输入高速计数器

◆ 2相2计数输入高速计数器

2相2计数输入高速计数器也称为A－B相型高速计数器，共有5点，元件范围为C251～C255 其计数器的计数方向取决于A相和B相的信号，如图15-14所示，当A相为"ON"，B相由"OFF"变为"ON"时，计数器进行加计数，当A相为"ON"，B相由"ON"变为"OFF"时，计数器进行减计数。

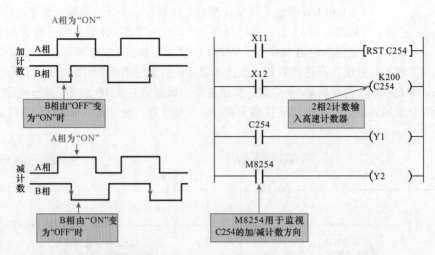

图 15-14 2相2计数输入高速计数器

3. 三菱 PLC 梯形图的编写要求

三菱 PLC 梯形图在编写格式上有严格的规范,除了编程元件有严格的书写规范外,在编程过程中还有很多规定需要遵守。

(1)三菱 PLC 梯形图编程顺序的规定

编写三菱 PLC 梯形图时要严格遵循能流的概念,就是将母线假想成"能量流"或"电流",在梯形图中从左向右流动,与执行用户程序时的逻辑运算的顺序一致。

根据三菱 PLC 梯形图编写规定,三菱 PLC 梯形图应遵循"能流从左向右流动"的原则。如图 15-15 所示,能流①经过触点 X3、X5、X2;能流②经过触点 X1、X2;能流③经过触点 X1、X5、X4;能流④经过触点 X3、X4;由此可知,每一个触点经过的能流均符合从左向右的原则,因此在绘制编写三菱 PLC 梯形图时通常采用这种方式。

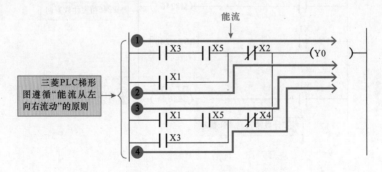

图 15-15 梯形图能流流向的要求

由于整个三菱 PLC 梯形图是由多个梯级组成,每个梯级表示一个因果关系。为了能够清晰、条理地表达指令,便于电气技术人员阅读,同时避免引起歧义,规定在三菱 PLC 梯形图中,事件发生的条件表示在梯形图的左面,事件发生的结果表示在梯形图的右面。编写梯形图时,应按从左到右,从上到下的顺序进行编写,如图 15-16 所示。

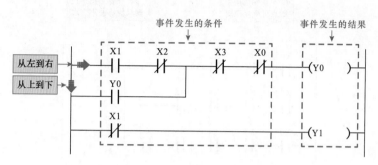

图 15-16　三菱 PLC 梯形图的编写顺序

（2）三菱 PLC 梯形图编程元件位置关系的规定

A. 触点与线圈的位置关系的编写规定

　　　　　　　三菱 PLC 梯形图的每一行都是从左母线开始，右母线结束，触点位于线圈的左边，线圈接在最右边与右母线相连，如图 15-17 所示。

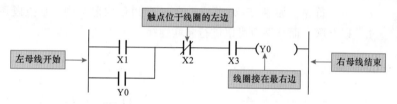

图 15-17　梯形图中触点与线圈的位置关系

B. 线圈与左母线的位置关系的编写规定

　　　　　　　在三菱 PLC 梯形图中，线圈输出作为逻辑结果必有条件，体现在梯形图中时，线圈与左母线之间必须有触点，如图 15-18 所示。

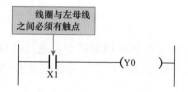

图 15-18　梯形图中线圈与左母线的位置关系

C. 线圈与触点的使用要求

　　　　　　　在三菱 PLC 梯形图中，输入继电器、输出继电器、辅助继电器、定时器、计数器等编程元件的触点可重复使用，而输出继电器、辅助继电器、定时器、计数器等编程元件的线圈在梯形图中一般只能使用一次，如图 15-19所示。

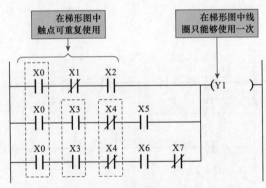

图 15-19 梯形图中线圈与触点的使用次数

（3）三菱 PLC 梯形图母线分支的规定

在三菱 PLC 梯形图中，是通过一条条的母线来反映梯级的关系，每一条母线上都会关联多个触点和线圈，而由于控制关系的影响，很多时候这些触点和线圈会产生串联或并联的关系。这就会使母线出现分支。为了规范程序的书写，三菱 PLC 在母线分支（即触电或线圈的连接关系）上有明确的规定。

首先，如图 15-20 所示，在三菱 PLC 梯形图中，触点既可以串联也可以并联，而线圈只可以进行并联连接。

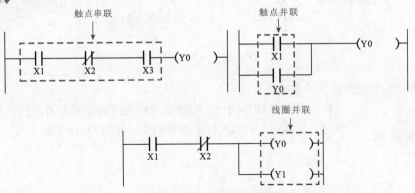

图 15-20　触点及线圈的串并联方式

其次，在三菱 PLC 梯形图中，进行并联模块串联时，应将其触点多的一条线路放在梯形图的左方，符合左重右轻的原则，如图 15-21 所示。

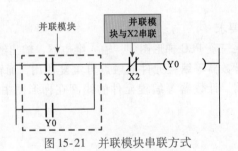

图 15-21　并联模块串联方式

再有，在三菱 PLC 梯形图中，进行串联模块并联时，应将触点多的一条线路放在梯形图的上方，符合上重下轻的原则，如图 15-22 所示。

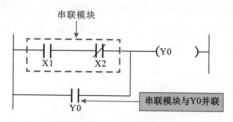

图 15-22　串联模块并联方式

（4）三菱 PLC 梯形图结束方式的规定

三菱 PLC 梯形图程序编写完成后，应在最后一条程序的下一条线路上加上 END 结束符，代表程序结束，如图 15-23 所示。

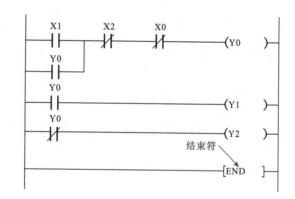

图 15-23　结束符的编写

15.1.2　三菱 PLC 梯形图的编程训练

与西门子 PLC 梯形图编程的流程类似，在使用三菱 PLC 梯形图编写程序时，首先也要对系统完成的各功能进行模块划分，并对 PLC 的各个 I/O 点进行分配，然后根据 I/O 分配表对各功能模块逐个进行编写，再根据各模块实现功能的先后顺序对其模块进行组合并建立控制关系，最后分析编写完成的梯形图并做调整，最终完成整个系统的编程工作。

以电动机连续运转控制系统为例：

按下正转起动按钮 SB2，控制交流接触器 KM1 得电，电动机起动并正向运转。

按下反转起动按钮 SB3，控制交流接触器 KM2 得电，电动机起动并反向运转。

按下停机按钮 SB1，控制线路中所有接触器失电，电动机停转。

若线路中出现过载、过热故障由过热保护继电器 FR 自动切断控制线路。

除此之外，为了避免正反转两个交流接触器同时得电造成电源相间短路，在正转控制线路中串入反转控制接触器的常闭触点，在反转控制线路中串入正转控制接触器的常闭触点，实现电气互锁控制。

1. 三菱 PLC 梯形图编程前的分析准备

在进行三菱 PLC 梯形图编程的前期，要对当前控制系统的控制过程进行认真的分析。理清控制关系，划分出控制系统的功能模块。

根据编程案例中对控制过程的描述，我们可以将整个控制关系划分成：电动机正转控制模块、电动机反转控制模块、电动机正反转互锁控制模块、电动机停机控制模块、电动机过热保护控制模块 5 部分，如图 15-24 所示。

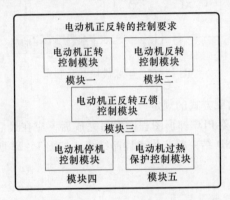

图 15-24　电动机的正反转控制模块的划分

2. 三菱 PLC 梯形图编程时的 I/O 分配

确定了电动机连续控制电路中的功能模块划分后，接下来，要进行 I/O 分配，也就是将与三菱 PLC 外部链接部件对应的 I/O 电与三菱 PLC 梯形图中的编程元件建立——对应的关系。

根据上述控制要求可知，输入设备主要包括：控制信号的输入 3 个，即停止按钮 SB1、正转起动按钮 SB2、反转起动按钮 SB3，自动保护输入信号有 1 个，即过热保护继电器的 FR 的保护触点。因此，应有 4 个输入信号。

输出设备主要包括 2 个接触器，即正转交流接触器 KM1、反转交流接触器 KM2，因此，应有 2 个输出信号。

通常，最终我们会将 I/O 分配的关系通过 I/O 分配表的形式体现。

将输入设备和输出设备的元件编号与三菱 PLC 梯形图中的输入继电器和输出继电器的编号进行对应，填写三菱 PLC 梯形图的 I/O 分配表，见表 15-4 所列。

表 15-4　电动机正反转的 PLC 控制梯形图 I/O 分配表

输入设备及地址编号			输出设备及地址编号		
名称	代号	输入点地址编号	名称	代号	输出点地址编号
过热保护继电器	FR	X0	正转交流接触器	KM1	Y0
停止按钮	SB1	X1	反转交流接触器	KM2	Y1
正转起动按钮	SB2	X2			
反转起动按钮	SB3	X3			

3. 三菱 PLC 梯形图的程序编写

电动机正反转控制模块划分和 I/O 分配表绘制完成后，便可根据各模块的控制要求进行梯形图的编写，最后将各模块梯形图进行组合。

（1）电动机正转控制模块梯形图的编写

控制要求：按下正转起动按钮SB2，正转控制交流接触器KM1得电，电动机正向起动并连续运转。

将控制要求中的控制部件及控制关系在梯形图中进行体现，如图15-25所示，使用输入继电器常开触点X2代替正转起动按钮SB2；使用输出继电器Y0线圈代替正转交流接触器KM1；使用输出继电器Y0常开触点实现Y0线圈的自锁，进行连续控制。编写该控制模块的梯形图时应根据PLC梯形图的编写方法中的第1条和第2条的原则进行编写。

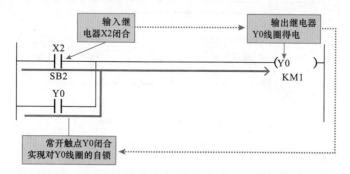

图15-25　电动机正转控制模块梯形图

（2）电动机反转控制模块梯形图的编写

控制要求：按下反转起动按钮SB3，控制反转交流接触器KM2得电，电动机反向起动并连续运转。

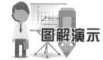

将控制要求中的控制部件及控制关系在梯形图中进行体现，如图15-26所示，使用输入继电器常开触点X3代替反转启动按钮SB3；使用输出继电器Y1线圈代替反转交流接触器KM2；使用输出继电器Y1常开触点实现Y1线圈的自锁，进行连续控制。编写该控制模块的梯形图时应根据PLC梯形图的编写方法中的第1条和第2条的原则进行编写。

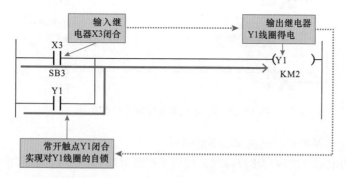

图15-26　电动机反转控制模块梯形图

（3）电动机正反转互锁模块梯形图的编写

控制要求：为了避免正反转两个交流接触器同时得电造成电源相间短路，在正转控制线路中串入反转控制接触器的常闭触点，在反转控制线路中串入正转控制接触器的常闭触点，实现电气互锁控制。

将控制要求中的控制部件及控制关系在梯形图中进行体现，如图 15-27 所示，将输出继电器常闭触点 Y1 串入正转控制线路中，将输出继电器常闭触点 Y0 串入反转控制线路中，使其输出继电器 Y0 和 Y1 线圈不可同时得电。编写该控制模块的梯形图时应根据 PLC 梯形图的编写方法中的第 1 条和第 2 条的原则进行编写。

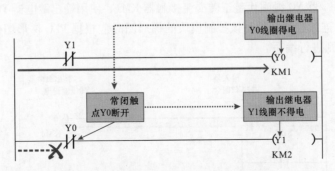

图 15-27　电动机正反转互锁模块梯形图

（4）电动机停机控制模块梯形图的编写

控制要求：按下停止按钮 SB1，不论是正转还是反转状态下，都可以使交流接触器 KM1 或 KM2 失电，电动机停止运转。

将控制要求中的控制部件及控制关系在梯形图中进行体现，如图 15-28 所示，使用输入继电器常开触点 X1 代替停止按钮 SB1，使其在梯形图中能够控制输出继电器 Y0 和 Y1 失电。编写该控制模块的梯形图时应根据 PLC 梯形图的编写方法中的第 1 条、第 2 条和第 5 条的原则进行编写。

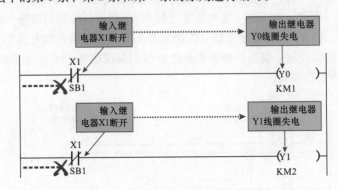

图 15-28　电动机停机控制模块梯形图

（5）电动机过热保护控制模块梯形图的编写

控制要求：当电动机出现过热故障时，过热保护继电器 FR 自动切断控制线路，电动机停止运转。

将控制要求中的控制部件及控制关系在梯形图中进行体现，如图 15-29 所示，使用输入继电器常开触点 X0 代替过热保护继电器 FR，当电动机出现过热时，使其在梯形图中能够控制输出继电器 Y0 和 Y1 失电。编写该控制模块的梯形图时应根据 PLC 梯形图的编写方法中的第 1 条、第 2 条和第 5 条的原则进行编写。

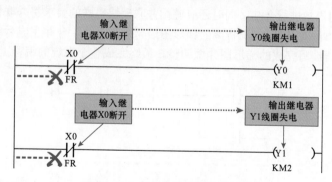

图 15-29 电动机控制模块梯形图

（6）5 个控制模块梯形图的组合

根据各模块的先后顺序，将上述 5 个控制模块所得梯形图进行组合，得出总的梯形图程序，如图 15-30 所示。

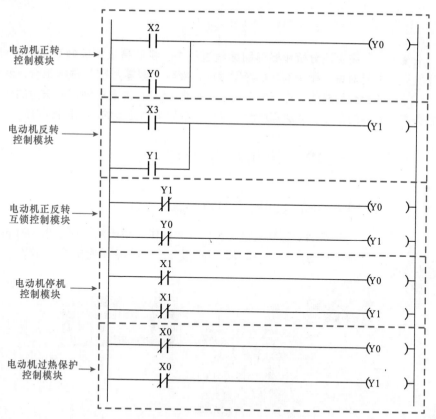

电动机正转控制模块

电动机反转控制模块

电动机正反转互锁控制模块

电动机停机控制模块

电动机过热保护控制模块

图 15-30 组合得出的总梯形图程序

根据三菱 PLC 梯形图的编写要求（编写规范），对上述组合得出的总梯形图进行整理、合并，如图 15-31 所示。触点 X0、X1、X2、Y1 均对 Y0 线圈控制，根据编程元件的线圈在梯形图中只能使用一次的原则，将其控

制 Y0 线圈的梯形图语句进行合并，同时还应遵循并联模块串联的要求将并联模块放在梯形图的左方。使用同样的方法对其控制 Y1 线圈的梯形图语句进行合并，合并完成后编写 PLC 梯形图的结束语句。最后分析编写完成的梯形图并做调整，最终完成整个系统的编程工作。

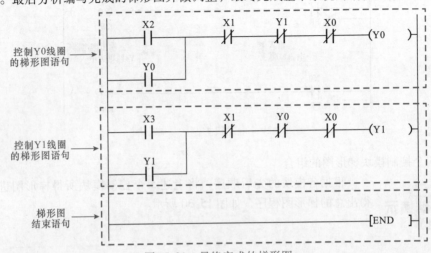

图 15-31　最终完成的梯形图

在上述分析和梯形图编程过程中，我们是根据控制要求进行模块划分，并针对每个模块编写梯形图程序，接着"聚零为整"进行组合，然后再在初步组合而成的总梯形图基础上，根据 PLC 梯形图的编写方法中的一些要求和规则进行相关编程元件的合并，添加程序结束指令，最后得到完善的总梯形图程序。

15.2　三菱 PLC 语句表的编程方法

15.2.1　三菱 PLC 语句表的编程规则

三菱 PLC 语句表是由操作码和操作数构成的，通过指令语句表来表达控制过程的，图 15-32 所示为三菱 PLC 语句表编写的控制程序。

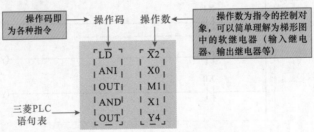

图 15-32　三菱 PLC 语句表的结构组成

1. 三菱 PLC 语句表的编写规则

对于三菱 PLC 语句表的程序编写，要求指令语句顺次排列，每一条语句都要将操作码书写在左侧，将操作数书写在操作码的右侧，而且要确保操作码和操作数之间要有间隔，不能连在一起。

三菱 PLC 语句表中的操作码使用助记符进行标识，也称为编程指令，用于完成 PLC 的控制功能，常见的三菱 PLC 语句表中的编程指令（操作指令）见表 15-5 所列。

表 15-5 三菱 FX 系列 PLC 中常用的编程指令

三菱 FX 系列	功能	三菱 FX 系列	功能
LD	"读"指令	ANB	"电路块与"指令
LDI	"读反"指令	ORB	"电路块或"指令
LDP	"读上升沿脉冲"指令	SET	"置位"指令
LDF	"读下降沿脉冲"指令	RST	"复位"指令
OUT	"输出"指令	PLS	"上升沿脉冲"指令
AND	"与"指令	PLF	"下降沿脉冲"指令
ANI	"与非"指令	MC	"主控"指令
ANDP	"与脉冲"指令	MCR	"主控复位"指令
ANDF	"与脉冲（F）"指令	MPS	"进栈"指令
OR	"或"指令	MRD	"读栈"指令
ORI	"或非"指令	MPP	"出栈"指令
ORP	"或脉冲"指令	INV	"取反"指令
ORF	"或脉冲（F）"指令	NOP	"空操作"指令
		END	"结束"指令

三菱 PLC 语句表中的操作数使用编程元件的地址编号进行标识，即用于指示执行该指令的数据地址，它通常是由被控元件的字母代号与数字组合而成。表 15-6 所列为三菱 FX 系列 PLC 中常用的被控元件的字母代号。

表 15-6 三菱 FX 系列 PLC 中常用的操作数

名称	地址编号	名称	地址编号
输入继电器	X	计数器	C
输出继电器	Y	辅助继电器	M
定时器	T	状态继电器	S

2. 三菱 PLC 语句表中编程指令的用法规则

下面，我们要进一步了解一下三菱 PLC 语句表中各常用编程指令的功能，看看这些编程指令的应用规则。

由于三菱 PLC 语句表中的编程指令非常抽象，我们会结合三菱 PLC 梯形图进行对比分析，在对应关系中体会三菱 PLC 语句表不同编程指令的特点和应用。

（1）逻辑读、读反及输出指令（LD、LDI、OUT）的用法规则

LD：读指令，表示一个与输入母线相连的常开触点指令，即常开触点逻辑运算起始。

LDI：读反指令，表示一个与输入母线相连的常闭触点指令，即常闭触点逻辑运算起始。

OUT：输出指令，表示驱动线圈的输出指令。

图 15-33 所示为逻辑读、读反及输出指令及对应的梯形图表示方法。LD 读指令和 LDI 读反指令通常用于每条电路的第一个触点，用于将触点接到输入母线上，其中 LD 用于将常开触点接到母线上，LDI 用于将常闭触点

接到母线上；而 OUT 输出指令则是用于对输出继电器、辅助继电器、定时器、计数器等线圈的驱动，但不能用于对输入继电器的驱动使用。

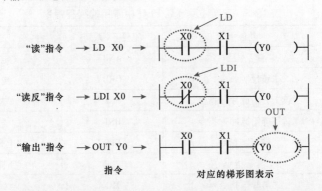

图 15-33   逻辑读、读反及输出指令及对应的梯形图表示方法

使用 **OUT** 输出指令驱动定时器 **T**、计数器 **C** 时，应在 PLC 语句表相应操作数的后面设置常数 **K**，常数 **K** 在三菱 **PLC** 语句表中的设置方法如图 **15-34** 所示。

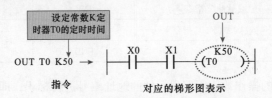

图 15-34   常数 K 在三菱 PLC 语句表中的设置方法

（2）与、与非指令（AND、ANI）的用法规则

AND：与指令，用于单个常开触点的串联。

ANI：与非指令，用于单个常闭触点的串联。

图 15-35 所示为与、与非指令及对应的梯形图表示方法。AND 与指令和 ANI 与非指令可控制触点进行简单的串联连接，其中 AND 用于常开触点的串联，ANI 用于常闭触点的串联，其串联触点的个数没有限制，该指令可以多次重复使用。

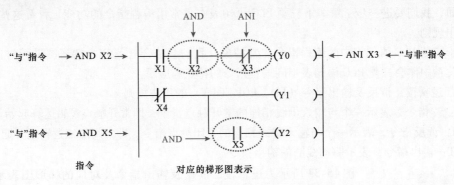

图 15-35   与、与非指令及对应的梯形图表示方法

（3）或、或非指令（OR、ORI）的用法规则

OR：或指令，用于单个常开触点的并联。

ORI：或非指令，用于单个常闭触点的并联。

图 15-36 所示为或、或非指令及对应的梯形图表示方法。OR 或指令和 ORI 或非指令可控制触点进行简单并联连接，其中 OR 用于常开触点的并联，ORI 用于常闭触点的并联，其并联触点的个数没有限制，该指令可以多次重复使用。

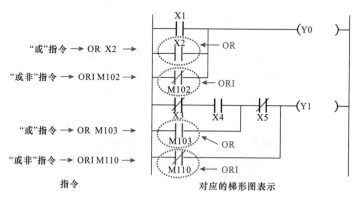

图 15-36 或、或非指令及对应的梯形图表示方法

（4）电路块与、电路块或指令（ANB、ORB）的用法规则

ANB：电路块与指令，用于并联电路块的串联连接。其中，并联电路块是指两个或两个以上的触点并联连接的电路模块。

ORB：电路块或指令，用于串联电路块再进行并联连接的指令。其中，串联电路块是指两个或两个以上的触点串联连接的电路模块。

图 15-37 所示为电路块与、电路块或指令及对应的梯形图表示方法。ANB 电路块与指令是一种无操作数的指令，当这种电路块之间进行串联连接时，分支的开始用 LD、LDI 指令，并联结束后分支的结果用 ANB 指令，该指令编程方法对串联电路块的个数没有限制；ORB 电路块或指令也是一种无操作数的指令，当这种电路块之间进行并联连接时，分支的开始用 LD、LDI 指令，串联结束后分支的结果用 ORB 指令，该指令编程方法对并联电路块的个数没有限制。

图 15-38 所示为电路块与、电路块或指令的混合应用。混合应用时无论是并联电路块还是串联电路块，分支的开始都是用 LD 或 LDI 指令，且当串联或并联结束后分支的结果使用 ORB 或 ANB 指令。

（5）置位、复位指令（SET、RST）的用法规则

SET：置位指令，用于将操作对象置位并保持"1（ON）"。

RST：复位指令，用于将操作对象复位并保持为"0（OFF）"。

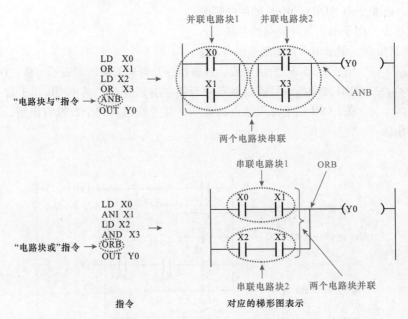

图15-37 电路块与、电路块或指令及对应的梯形图表示方法

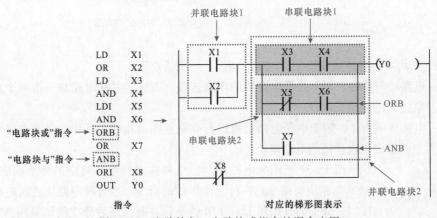

图15-38 电路块与、电路块或指令的混合应用

图15-39所示为置位、复位指令及对应的梯形图表示方法。SET置位指令可对Y（输出继电器）、M（辅助继电器）、S（状态继电器）进行置位操作。RST复位指令可对Y（输出继电器）、M（辅助继电器）、S（状态继电器）、T（定时器）、C（计数器）、D（数据寄存器）、V/Z（变址寄存器）进行复位操作。SET置位指令和RST复位指令在三菱PLC中可不限次数，不限顺序地使用。

图15-39 置位、复位指令及对应的梯形图表示方法

（6）上升沿脉冲、下降沿脉冲指令（PLS、PLF）的用法规则

PLS：上升沿脉冲指令，该指令在输入信号上升沿，即由 OFF 转换为 ON 时产生一个扫描脉冲输出。

PLF：下降沿脉冲指令，该指令在输入信号下降沿，即由 ON 转换为 OFF 时产生一个扫描脉冲输出。

 图 15-40 所示为上升沿脉冲、下降沿脉冲指令及对应的梯形图表示方法。使用 PLS 上升沿脉冲指令，线圈 Y 或 M（特殊辅助继电器 M 除外）仅在驱动输入闭合后（上升沿）的一个扫描周期内动作，执行脉冲输出。使用 PLF 下降沿指令，线圈 Y 或 M 特殊辅助继电器 M 除外）仅在驱动输入断开后（下降沿）的一个扫描周期动作，执行脉冲输出。

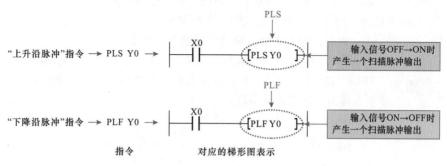

图 15-40　上升沿脉冲、下降沿脉冲指令及对应的梯形图表示方法

 根据图 15-41 可知，在 X0 闭合（上升沿）时，Y0 执行脉冲输出，在 X0 断开（下降沿）时，Y0 执行脉冲输出，其上升沿脉冲、下降沿脉冲指令时序图及执行过程如图 15-41 所示。

（7）读上升沿脉冲、读下降沿脉冲指令（LDP、LDF）的用法规则

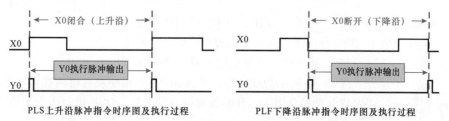

图 15-41　上升沿脉冲、下降沿脉冲指令时序图及执行过程

LDP：读上升沿脉冲指令，表示一个与输入母线相连的上升沿检测触点，即上升沿检测运算起始。

LDF：读下降沿脉冲指令，表示一个与输入母线相连的下降沿检测触点，即下降沿检测运算起始。

图 15-42 所示为读上升沿脉冲、读下降沿脉冲指令及对应的梯形图表示方法。LDP 读上升沿脉冲指令用于将上升沿检测触点接到输入母线上，当指定的软元件由 OFF 转换为 ON 上升沿变化时，才驱动线圈接通一个扫描周期；LDF 用于将下降沿检测触点接到输入母线上，当指定的软元件由 ON 转换为 OFF 下降沿变化时，才驱动线圈接通一个扫描周期。

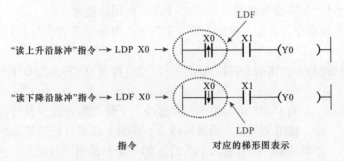

图 15-42 读上升沿脉冲、读下降沿脉冲指令及对应的梯形图表示方法

（8）与脉冲、与脉冲（F）指令（ANDP、ANDF）的用法规则

ANDP：与脉冲指令，用于单个上升沿检测触点的串联。

ANDF：与脉冲（F）指令，用于单个下降沿检测触点的串联。

图 15-43 所示为与脉冲、与脉冲（F）指令及对应的梯形图表示方法。ANDP 与脉冲指令用于上升沿检测触点的串联，ANDF 与脉冲（F）指令用于下降沿检测触点的串联。

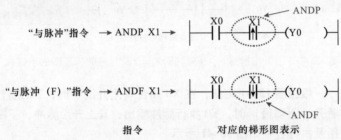

图 15-43　与脉冲、与脉冲（F）指令及对应的梯形图表示方法

（9）或脉冲、或脉冲（F）指令（ORP、ORF）的用法规则

ORP：或脉冲指令，用于单个上升沿检测触点的并联。

ORF：或脉冲（F）指令，用于单个下降沿检测触点的并联。

图 15-44 所示为或脉冲、或脉冲（F）指令及对应的梯形图表示方法。ORP 或脉冲指令用于上升沿检测触点的并联，ORF 指令用于下降沿检测触点的并联。

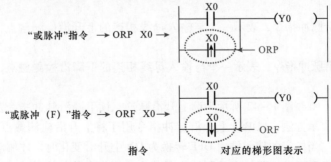

图 15-44　或脉冲、或脉冲（F）指令及对应的梯形图表示方法

（10）主控、主控复位指令（MC、MCR）的用法规则

MC：主控指令，用于公共触点的串联连接，可以有效地实现多个线圈同时受一个或一组触点控制，节省存储器单元。

MCR：为主控复位指令，也就是对 MC 主控指令进行复位的指令。

图 15-45 所示为主控、主控复位指令及对应的梯形图表示方法。使用 MC 主控指令的触点称为主控触点，它在梯形图中与一般的触点垂直，是与母线相连接的常开触点；使用 MCR 主控复位指令时应与 MC 主控指令成对使用。

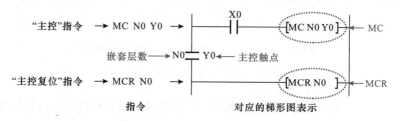

图 15-45　主控、主控复位指令及对应的梯形图表示方法

操作数 N 为嵌套层数（0～7 层），它是指在 MC 主控指令区内嵌套 MC 主控指令，根据嵌套层数的不同，嵌套层数 N 的编号逐渐增大，使用 MCR 主控复位指令进行复位时，嵌套层数 N 的编号逐渐减小，如图 15-46 所示。

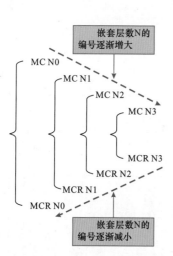

主控指令与主控复位指令的嵌套关系

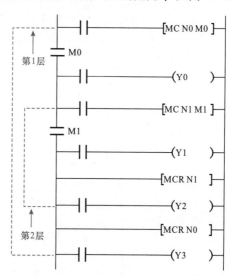

主控指令与主控复位指令嵌套关系对应的梯形图表示

图 15-46　主控指令与主控复位指令的嵌套

图 15-47 所示为主控和主控复位指令的应用。在主控指令和主控复位指令之间的所有触点都用 LD 或 LDI 连接，通常在手绘梯形图时，在主控指令后新加一条子母线，与主控触点进行连接，当主控指令执行结束后，应用主控复位指令 MCR 结束子母线，后面的触点仍与主母线进行连接。从图 15-47 中可看出当 X1 闭合后，执行 MC 与 MCR 之间的指令，当 X1 断开后，将跳过 MC 主控指令控制的梯形图语句模块，直接执行下面的语句。

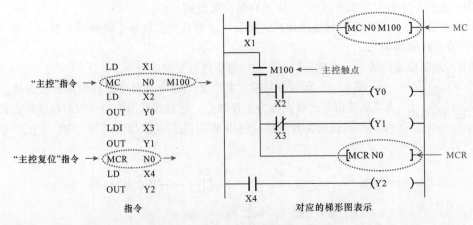

图 15-47　主控和主控复位指令的应用

在梯形图中新加一条子母线和主指令触点是为了更加直观地识别出主指令触点及逻辑执行语句的层次关系，在实际的 PLC 编程软件中输入上述梯形图时，不需要输入主控指令触点 M100 和子母线，只需要将子母线上连接的触点直接与主母线相连即可，如图 15-48 所示。

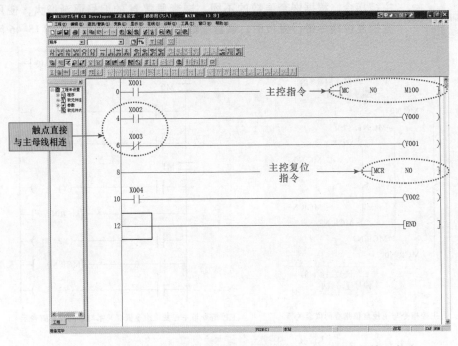

图 15-48　在 PLC 编程软件中主控和主控复位指令在梯形图中的输入方法

（11）进栈、读栈、出栈指令（MPS、MRD、MPP）的用法规则

在三菱 FX 系列 PLC 中有 11 个存储运算中间结果的存储器，称其为栈存储器，如图 15-49 所示。这种存储器采用先进后出的数据存储方式。

MPS：进栈指令，是指将运算结果送入栈的第一个单元（栈顶），同时让栈中原有的数据顺序下移一个栈单元。

MRD：读栈指令，是指将栈中栈顶的数据读出，读出时，栈中数据不发生移动。

MPP：出栈指令，是指将栈中栈顶的数据取出，原栈中的数据依次上移一个栈单元。

图 15-50 所示为 MPS 进栈指令和 MPP 出栈指令工作过程。

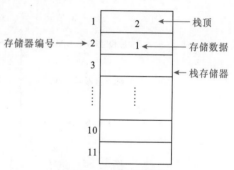

图 15-49　栈存储器

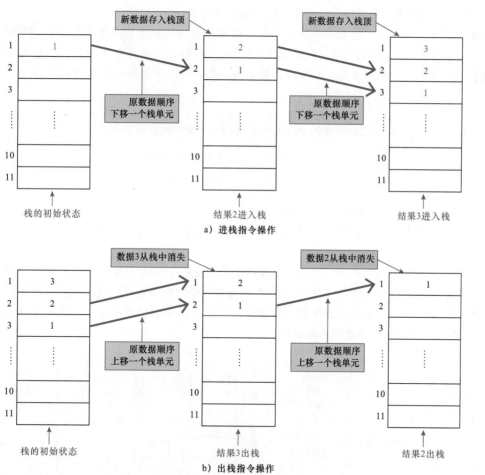

图 15-50　MPS 进栈指令和 MPP 出栈指令工作过程

图 15-51 所示为进栈、读栈、出栈指令及对应的梯形图表示方法。进栈、读栈、出栈指令是一种无操作数的指令，其中 MPS 进栈指令和 MPP 出栈指令必须成对使用，而且连续使用次数应少于 11。程序读取时 MPS 进栈指令将多重输出电路中的连接点处的数据先存储在栈中，然后再使用读栈指令 MRD 将连接点处的数据从栈中读出，最后使用出栈指令 MPP 将连接点处的数据读出。

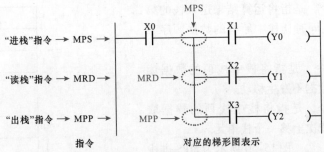

图 15-51　进栈、读栈、出栈指令及对应的梯形图表示方法

（12）取反指令（INV）的用法规则

INV：取反指令，是指将执行指令之前的运算结果取反。

　　图 15-52 所示为取反指令及对应的梯形图表示方法。当运算结果为 0（OFF）时，取反后结果变为 1（ON），当运算结果为 1（ON）时，取反后结果变为 0（OFF），取反指令在梯形图中使用一条 45°的斜线表示。

图 15-52　取反指令及对应的梯形图表示方法

（13）空操作指令（NOP）的用法规则

NOP：空操作指令，它是一条无动作、无目标元件的指令，主要用于改动或追加程序时使用。

　　图 15-53 所示为空操作指令及对应的梯形图表示方法。在三菱 PLC 中，使用 NOP 空操作指令，可将程序中的触点短路、输出短路或将某点前部分的程序全部短路不再执行，但它占据一个程序步，当在程序中加入空操作指令 NOP 时，可适当地改动或追加程序。

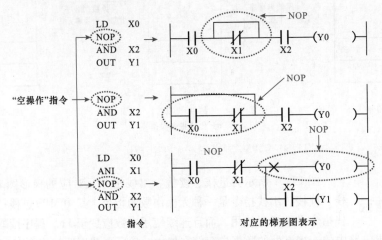

图 15-53　空操作指令及对应的梯形图表示方法

（14）结束指令（END）的用法规则

END：结束指令，也是一条无动作、无目标元件的指令，对于复杂的 PLC 程序若在一段程序后写入 END 指令，则 END 以后的程序不再执行，可将 END 前面的程序结果进行输出。

图 15-54 所示为结束指令及对应的梯形图表示方法。结束指令多应用于复杂程序的调试中，我们将复杂程序划分为若干段，每段后写入 END 指令后，可分别检验每段程序执行是否正常，当所有程序段执行无误后再依次删除 END 指令即可。当程序结束时，应在最后一条程序的下一条线路上加上结束指令。

图 15-54　结束指令及对应的梯形图表示方法

15.2.2　三菱 PLC 语句表的编程训练

三菱 PLC 语句表的编程思路同梯形图的编程思路基本类似，也应先根据系统完成的功能进行模块的划分，然后对其 PLC 各个 I/O 点进行分配，并根据分配的 I/O 点对其各功能模块进行程序的编写，再对其各功能模块的语句表进行组合，最后分析编写好的语句表并做调整，最终完成整个系统的编写工作。

其中，三菱 PLC 语句表编程的重点是正确判断出控制功能的实现使用什么编程指令，或不同的指令应用于哪些场合等。一般情况下，编程指令如何使用的关键是判断编程元件的状态（读还是驱动）和关系（串联还是并联），其他各种指令的使用也是建立在了解状态和关系的基础上编写的，因此，这里我们重点介绍编程元件状态和关系指令的判断和处理。

1. 根据控制或输出的关系编写 PLC 语句表

语句表是由多条指令组成的，每条指令表示一个控制条件或输出结果，在三菱 PLC 语句表中，事件发生的条件表示在语句表的上面，事件发生的结果表示在语句表的下面，如图 15-55 所示。

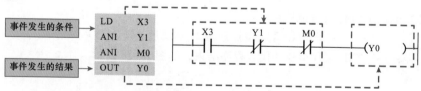

图 15-55　根据控制或输出的关系编写 PLC 语句表

2. 根据控制顺序编写 PLC 语句表

语句表是由多组指令组成的，在三菱 PLC 中，进行语句表编程时，通常会根据系统的控制顺序由上到下逐条进行编写，图 15-56 所示为电动机 Y – △减压起动的 PLC 语句表的编写顺序。

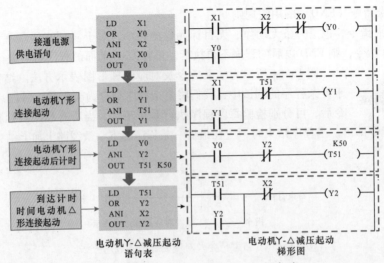

图 15-56 根据控制顺序编写 PLC 语句表

3. 根据控制条件编写 PLC 语句表

图解演示

在语句表中使用哪种编程指令可根据该指令的控制条件进行选用,如图 15-57 所示。如运算开始常闭触点则选用 LDI 指令、串联连接常闭触点则选用 ANI 指令、并联连接常开触点则选用 OR 指令、线圈驱动则选用 OUT 指令。

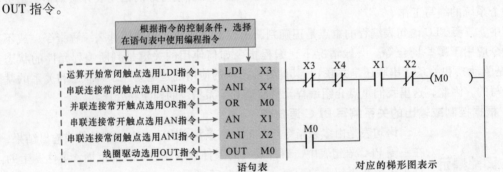

图 15-57 根据控制条件编写 PLC 语句表

4. 编写 PLC 语句表的结束指令

图解演示

三菱 PLC 语句表程序编写完成后,应在最后一条程序的下一条加上 END 编程指令,代表程序结束,如图 15-58 所示。

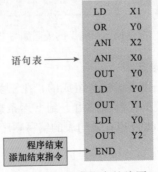

图 15-58 结束指令的编写